新工科信息技术基础系列规划教材

U0185212

数据科学基础

杨志强 王睿智 肖　杨

孙丽君 李湘梅 丛培盛

中国教育出版传媒集团

高等教育出版社·北京

内容提要

本书是根据教育部高等学校大学计算机课程教学指导委员会编制的大学计算机基础课程教学基本要求编写的。

本书以 Python 语言为工具,通过大量案例讲述了数据组织与科学计算、数据统计分析、数据可视化、网络爬虫与信息提取、人工智能与机器学习的基本流程和方法,既重视基本方法的介绍,又强调实际应用能力的培养。

本书脉络清晰、实例丰富,可作为高等学校非计算机类专业学生学习数据科学的入门教材,也可作为数据科学技术爱好者和相关专业人员的自学参考书。

图书在版编目(CIP)数据

数据科学基础 / 杨志强等主编 . --北京:高等教育出版社,2022.7

ISBN 978-7-04-058612-1

Ⅰ.①数… Ⅱ.①杨… Ⅲ.①数据管理-基本知识
Ⅳ.①TP274

中国版本图书馆 CIP 数据核字(2022)第 071679 号

Shuju Kexue Jichu

策划编辑 唐德凯	责任编辑 耿 芳	封面设计 王 洋	版式设计 童 丹
责任绘图 于 博	责任校对 刁丽丽	责任印制 韩 刚	

出版发行	高等教育出版社	网 址	http://www.hep.edu.cn
社 址	北京市西城区德外大街 4 号		http://www.hep.com.cn
邮政编码	100120	网上订购	http://www.hepmall.com.cn
印 刷	北京华联印刷有限公司		http://www.hepmall.com
开 本	850 mm × 1168 mm 1/16		http://www.hepmall.cn
印 张	21.75		
字 数	420 千字	版 次	2022 年 7 月第 1 版
购书热线	010-58581118	印 次	2022 年 7 月第 1 次印刷
咨询电话	400-810-0598	定 价	48.00 元

本书如有缺页、倒页、脱页等质量问题,请到所购图书销售部门联系调换

数据科学基础

杨志强　王睿智

肖　杨　孙丽君

李湘梅　丛培盛

1　计算机访问 http://abook.hep.com.cn/1879118，或手机扫描二维码、下载并安装 Abook 应用。

2　注册并登录，进入"我的课程"。

3　输入封底数字课程账号（20位密码，刮开涂层可见），或通过 Abook 应用扫描封底数字课程账号二维码，完成课程绑定。

4　单击"进入学习"按钮，开始本数字课程的学习。

　　课程绑定后一年为数字课程使用有效期。受硬件限制，部分内容无法在手机端显示，请按提示通过电脑访问学习。

　　如有使用问题，请发邮件至 abook@hep.com.cn。

扫描二维码
下载 Abook 应用

前　言 ▮▮▮▮➡

　　进入 21 世纪，数据科学、机器学习等新一代信息技术正深度融入各个学科，深刻改变着人们的学习、工作和生活。计算机基础教学必须"回应科技新进步和教育新需求，为专业应用和社会应用提供切实支撑"，才能适应高校人才培养的实际需要。为此，同济大学计算机基础教学团队以计算思维和赋能教育为导向，建设"大学计算机→Python 程序设计→数据科学"课程生态链，将内容体系从以"计算机"为核心转向以"数据"为核心，并且重点建设数据科学课程。

　　数据科学是一门新兴的交叉学科，涉及内容非常广泛。本书根据内在逻辑关系以及非计算机类专业学生的基础和专业应用需求，精心组织了 6 个模块：数据科学基础、数据组织与科学计算、数据统计分析、数据可视化、网络爬虫与信息提取、人工智能与机器学习，颠覆了传统的"原理＋算法"的内容架构，采用先进的"思想＋模型"的内容架构，力求体现理论性、实践性和应用性，使得不同背景的学生能够深刻理解数据科学的核心思想，初步掌握数据处理、分析和应用的能力。

　　全书共 6 章，分别由杨志强、丛培盛、孙丽君、李湘梅、肖杨、王睿智编写，最后由杨志强统稿。每章均包含大量的应用案例，并且配有习题和实验。若读者需要资源可致信到邮箱：YZQ98K@163.COM。

　　因作者水平有限，书中难免有不足之处，恳请读者和专家批评指正。

编　者

2022 年 4 月

目 录 ▸▸▸▸

理 论 篇

实 验 篇

理论篇

第 1 章
数据科学基础

我们正处于一个大数据时代，每时每刻都在创造海量的数据。可以这样说，数据科学与当今所有的现代行业都有关联，是现代大学生都应该掌握的知识。

电子教案

1.1　数据科学概述

随着人们对数据价值的深入认识，尤其是大数据时代的到来，数据科学成为一门独立的科学，并受到广泛关注。下面将简要介绍数据科学的概貌。

1.1.1　数据与大数据

数据科学是关于数据的科学，数据是数据科学的基础。

1. 数据

在数据科学中，数据可以从不同的角度进行定义，因此迄今为止还没有统一的定义。一般来说，数值、文本、音频、图形、图像、动画、视频、多媒体、富媒体等都是不同形式的数据。

信息与数据既有联系，又有区别。数据是信息的表现形式和载体，信息是数据的内涵。信息有意义，而数据没有。例如，当测量一个病人的体温时，假定病人的体温是 39℃，这是信息，而写在病历上的 39℃是数据。

（1）数据类型

数据的种类繁多，数据按结构化程度可以分为结构化数据、非结构化数据、半结构化数据 3 种类型。

① 结构化数据。结构化数据是指具有数据结构，可以直接用关系数据库存储和管理的数据，如学生成绩等数据。

② 非结构化数据。非结构化数据是指数据结构不规则或不完整，无法用关系数据库存储和管理的数据，如语音、图像等。

③ 半结构化数据。半结构化数据是指经过一定转换处理后，可以用关系数据库存储和管理的数据，如 HTML、XML 等。

在数据科学中，数据的结构化程度对于数据处理方法的选择具有重要影响。例如，结构化数据的管理可以用关系数据库技术，而非结构化数据的管理往往采用 NoSQL、NewSQL 或关系云技术。

（2）数据的存储和管理

早期的计算机主要用于科学计算，当应用扩展到各个领域后，计算机所面对的是数量惊人的各种类型的数据。为了有效地管理和利用数据，就产生了计算机的数据管理技术，主要经历了文件系统、数据库系统、数据仓库等阶段。

① 文件系统。在文件系统中，数据是以文件为单位存储和管理的，由操作系统统一管理。操作系统管理的对象是存储数据的文件，而非数据本身。文件的各种形式对

应着不同的数据结构，程序访问数据是直接的，对数据的查询修改在程序内完成。

在文件系统中，数据量相对较少，实现了数据以文件为单位的共享。

② 数据库系统。随着计算机处理的数据量越来越大，为了解决数据的独立性问题，实现数据的统一管理，达到数据共享的目的，数据库技术应运而生。

数据库技术满足了集中存储大量数据以方便众多用户使用的需求。数据库系统的特点是采用一定的数据模型。

③ 数据仓库。随着公司业务指数级的增长，数据量也会相应陡增，为了进一步挖掘数据资源、满足所有类型的决策需要就产生了数据仓库。数据仓库不是所谓的"大型数据库"，是在对原有分散的数据库数据抽取、清理的基础上经过系统加工、汇总和整理得到的，主要供企业决策分析之用，所涉及的数据操作主要是数据查询。

2. 大数据

现今信息社会每时每刻产生着海量的数据，这些数据规模巨大，通常以 PB、EB 甚至 ZB 为存储单位，故被称为大数据。近几十年来，数据规模快速增长。2013 年，全球数据总量大约为 4.4 ZB；2018 年，全球数据总量大约为 40 ZB；2025 年，全球数据总量预计将达到 175 ZB。大数据隐藏着丰富的价值，目前挖掘的价值就像漂浮在海洋中冰山的一角，绝大部分还隐藏在表面之下。面对大数据，传统的计算机技术无法存储和处理，大数据技术由此应运而生。

（1）大数据的定义及特征

究竟什么是大数据？众多权威机构对大数据给予了不同的定义。目前大家普遍认为：大数据是具有海量、高增长率和多样化的信息资产，它需要全新的处理模式来增强决策力、洞察发现力和流程优化能力。

大数据具有下列 4 个特征。

① 数据量巨大。通常以 PB、EB 甚至 ZB 为存储单位。

② 数据类型繁多。包括网页、图片、音频、视频、点击流、传感器数据、地理位置信息、网络日志等数据，数据类型繁多，大约 5% 是结构性数据，95% 是非结构性数据，传统的数据库技术无法存储。

③ 速度"快"。要求处理速度快，时效性要求高。

④ 价值密度低。数据价值密度相对较低，只有通过分析才能实现从数据到价值的转变。

（2）大数据技术

面对大数据，数据处理的思维和方法具有以下 3 个特点。

① 不是抽样统计，而是面向全体样本。抽样统计是过去数据处理能力受限情况下所使用的方法，而处理全体样本可以得到更准确的结果。例如，若要统计某个城市

居民的男、女比例，过去是统计 1 000 或 10 000 人的性别，但现在是处理全部居民信息。

② 允许不精确和混杂性。例如，若要测量某个地方的温度，当有大量温度计时，某一个温度计的错误显得无关紧要；当测量频率大幅增加后，某些数据的错误产生的影响也会抵消。

③ 不是因果关系，而是相互关系。例如，在电子商务中，若想知道一个顾客是否怀孕，可以通过分析顾客购买的关联物来评价"怀孕趋势"。又如，以前抓小偷依赖反扒警察每天跟踪，而现在小偷使用电子支付乘车，警察就会发现这个人一天之内转乘了 50 辆不同的公交车，那这个人就被高度怀疑。

1.1.2　数据科学

数据科学是关于数据的科学，是指利用科学方法、流程、算法从数据中提取有价值的跨学科领域，结合统计学、信息科学和计算机科学的理论，通过分析结构化或非结构化数据提供对现象的洞察。简单地说，数据科学就是从数据中提取有用知识的一系列技能和技术。如今，数据科学在各行各业都得到了广泛应用。比如当下热门的大数据、数据分析、数据挖掘等都是数据科学的一个分支。

数据科学是一门交叉学科，其知识结构也比较复杂，涉及基础的数学方法，如统计知识；计算机相关知识如机器学习；图形设计和展示，如可视化以及相关领域的具体知识等。具体涉及获取一些什么样的数据、对获取的数据怎么处理、用什么模型对数据进行建模、模型如何编程实现、如何评估、模型的具体解释是什么等。数据科学的学习需要有很强的学习能力和动手实践能力，同时也必须具有较好的计算机和数学基础知识。

数据科学遵循以下原则。

① 分析数据、获得知识，从而解决具体的业务问题，是数据科学的核心任务。这个任务具体可以划分为采集数据、数据的表示和存储、分析数据、可视化结果、决策等一系列的阶段。把数据分析任务看作一个工作流，划分为一系列的阶段，是一种结构化地分析问题、解决问题的方法。

② 对数据分析的结果进行评估，需要结合所处的应用程序上下文环境进行仔细考查。对数据进行分析获得的结果是否有意义，是否能够帮助人们做出更好的决策，需要结合具体应用，好好评估。

③ 从大量的基础数据中可以分析出变量之间的相关性。这种相关性一定程度上可以帮助人们进行预测，但是相关性并不意味着因果性。因果性是逻辑上的概念，A 发生导致 B 发生。而相关性是统计中的概念，数据多了，A 发生时 B 发生的概率足够显

著，那么 A 和 B 就是相关的。

④ 在一些属性上相似的实体，在其他属性（可能是未知的一些属性）中一般也是相似的。计算相似度是数据科学的基本方法。比如在推荐系统中，需要计算商品之间的相似度、计算客户之间的相似度等。

⑤ 在现有的数据上适配得很好的模型，有可能不能很好地泛化，即不能适配到新数据上，这种现象称为过拟合（overfitting）。

1.1.3 数据科学的发展历程

数据科学在 20 世纪 60 年代已被提出，只是当时并未获得学术界的广泛关注。1974 年，彼得·诺尔出版了 *Concise Survey of Computer Methods*，其中将数据科学定义为：处理数据的科学，一旦数据与其代表事物的关系被建立起来，将为其他领域与科学提供借鉴。彼得·诺尔在本书的前言中首次明确提出了"数据科学"的概念，"数据科学是一门基于数据处理的科学"，并提到了数据科学与数据学的区别——前者是解决数据问题的科学，而后者侧重于数据处理及其在教育领域中的应用。1996 年，在日本召开的国际分类学会联合会上，首次将数据科学作为会议的主题词。2001 年，在贝尔实验室工作的 William S. Cleveland 在学术期刊 *International Statistical Review* 上发表题为 *Data Science：an Action Plan for Expanding the Technical Areas of the Field of Statistics* 的论文，主张数据科学是统计学的一个重要研究方向，数据科学再度受到统计学领域的关注。之后，2013 年，Mattmann 和 Dhar 分别发表论文，从计算机科学与技术视角讨论数据科学的内涵，使数据科学纳入计算机科学与技术专业的研究范畴。然而，数据科学被更多人关注，是因为 D. J. Patil 和 T. H. Davenport 于 2012 年在《哈佛商业评论》上发表题为《数据科学家：21 世纪"最性感的职业"》之后。如今，数据科学正处于高速发展之中，并已陆续投入实际应用，如语音分析、模型管理、自然语言问答等技术正在趋于成熟。

1.1.4 数据科学的研究内容

数据科学是一门与领域知识和行业实践高度交融的学科，就研究内容而言，数据科学的研究可以分为两类：专业数据科学和专业中的数据科学。前者代表的是将数据科学当作一门独立于传统科学的新兴学科来研究，强调的是学科基础性；后者代表的是将数据科学当作传统学科的新研究方向和思维模式来研究，强调的是学科交叉性。二者的联系是，专业数据科学聚集了不同专业中的数据科学的共性理念、理论、方法、术语与工具；相对于专业中的数据科学，专业数据科学更具有共性和可移植性，并为不同专业中的数据科学研究奠定理论基础；专业中的数据科学代表的是不同专业中对数据科学的差异性认识和区别化应用。二者都是数据科学的重要组成部分，只有把它们有机地整合在一起，才能形成整个数据科学的全貌。

从目前的研究现状看，专业数据科学研究的热门话题有以下几个。

① DIKW 模型。DIKW 模型刻画的是人类对数据的认识程度的转变过程。通常认为，数据科学的研究任务是将数据转换成信息（information）、知识（knowledge）和智慧（wisdom）。从数据到智慧的转变过程是一种从不可预知到可预知的过程，即数据通过还原其真实发生的背景成为信息，信息赋予其内在含义之后成为知识，而知识通过理解转变成智慧。

② 数据分析学。针对大数据的分析研究正在成为一个相对成熟的研究方向——数据分析学。需要注意的是，数据分析与数据分析学是两个不同的概念：前者强调的是数据分析活动本身，而后者更加强调的是数据分析中的方法、技术和工具。

③ 数据化。数据化是将客观世界以及业务活动以数据的形式计量和记录，形成大数据，以便进行后续的开发利用。除了物联网和传感器等公认的研究课题，量化自我也在成为数据化的热门话题。数据化是大数据时代初级阶段主要关注的问题，随着大数据的积淀，人们的研究焦点将从业务的数据化转向数据的业务化，即研究重点将放在"基于数据定义和优化业务"之上。

④ 数据质量。大数据的质量与可用性之间内在联系的讨论已成为现阶段数据科学的热点问题之一，主要集中在大数据中的质量问题会不会导致数据科学项目的根本性错误，以及大数据时代背景下的数据可用性的挑战及新研究问题。但是，传统数据管理和数据科学对数据质量的关注点不同。传统数据管理主要从数据内容视角关注质量问题，强调的是数据是否为干净数据或脏数据；数据科学主要从数据形态视角关注质量问题，重视的是数据是否为整齐数据或混乱数据。所谓的整齐数据是指数据的形态可以直接支持算法和数据处理的要求。例如，著名的数据科学家 Hadley Wickham 提出了整齐数据和数据整齐化处理的概念，并主张整齐数据应遵循 3 个基本原则：每个观察占且仅占一行、每个变量占且仅占一列以及每一类观察单元构成一个关系表。

除此之外，大数据的安全、大数据环境下的个人隐私保护、数据科学的项目管理及团队建设、公众数据科学等是目前在专业数据科学研究中讨论较多的问题。

相对于专业数据科学，专业中的数据科学研究具有差异性和隐蔽性。差异性主要表现在各学科领域对数据科学的关注点和视角不同；隐蔽性是指专业中的数据科学研究往往间接地吸收和借鉴数据科学或类似于数据科学的思想，而并不明确采用或直接运用数据科学的规范术语。从目前的研究看，以下几个领域中的数据科学研究尤为活跃。

① 数据新闻。数据新闻是新闻学领域的新研究方向之一，主要研究的是如何将大

数据和数据科学的理念引入新闻领域，实现数据驱动型新闻。

② 工业大数据。主要研究如何将大数据应用于工业制造领域，进而实现工业制造的创新。

③ 消费大数据。与工业大数据不同的是，消费大数据更加关注的是产品生命周期的末端，即如何将已生产出的产品推销给更多的用户，主要包括精准营销、用户画像以及广告推送等。

④ 健康大数据。主要关注大数据在健康与医疗领域的广泛应用，包括生命日志、医疗诊断、药物开发、卫生保健等具体领域的应用。

⑤ 生物大数据。将大数据的理念、理论、方法、技术和工具应用于生物学领域，从而使生物学从知识范式转向数据范式。

⑥ 社会大数据。综合运用大数据和数据科学的理论，探讨如何在大数据时代进行舆情分析、社会网络分析以及热点发现等。

1.1.5 数据科学的知识体系

通常认为，数据科学主要以统计学、机器学习、数据可视化以及某一领域知识为理论基础，其主要研究内容包括数据科学基础理论、数据加工、数据计算、数据管理、数据分析和数据产品开发。

① 基础理论。主要包括数据科学中的新理念、理论、方法、技术及工具等。

② 数据加工。数据科学关注的新问题之一。为了提升数据质量，降低数据计算的复杂度，减少数据计算量以及提升数据处理的精准度，数据科学项目需要对原始数据进行一定的加工处理。

③ 数据计算。在数据科学中，计算模式发生了根本性变化——从集中式计算、分布式计算、网格计算等传统计算过渡至云计算。计算模式的变化意味着数据科学中所关注的数据计算的主要瓶颈、主要矛盾和思维模式发生了根本性变化。

④ 数据管理。在完成数据加工和数据计算之后，还需要对数据进行管理与维护，以便进行数据分析、数据的再利用和长久存储。在数据科学中，数据管理方法与技术也发生了重要变革，不仅包括传统关系数据库，而且还出现了一些新兴数据管理技术，如 NoSQL、NewSQL 和关系云等。

⑤ 数据分析。数据科学中采用的数据分析方法具有较为明显的专业性，通常以开源工具为主，与传统数据分析有着较为显著的差异。目前，Python 语言已成为数据科学家较为普遍使用的数据分析工具。

⑥ 数据产品开发。数据产品在数据科学中具有特殊的含义——基于数据开发的产品的统称。数据产品开发是数据科学的主要研究使命之一，也是数据科学区别于其他

科学的重要区别。与传统产品开发不同的是，数据产品开发具有以数据为中心、多样性、层次性和增值性等特征。数据产品开发能力也是数据科学家的主要竞争力之源。因此，数据科学的学习目的之一是提升自己的数据产品开发能力。

1.1.6　数据科学的应用

随着大数据时代的到来，数据科学得以蓬勃发展，那么对于数据科学的案例你又知道多少呢？下面就一起来看看数据科学在不同领域的应用案例吧。

1. 数据科学在商业领域的应用

由于商业领域的特殊性，日常业务会产生大量数据，数据科学运用其中具有得天独厚的优势，往往会产生意想不到的收获，"啤酒与尿布"便是其中的一个典型案例。

"啤酒与尿布"的故事产生于 20 世纪 90 年代的美国沃尔玛超市中，超市管理人员分析销售数据时发现了一个令人难于理解的现象，"啤酒"与"尿布"两件看上去毫无关系的商品会经常出现在同一个购物篮中，这种独特的销售现象引起了管理人员的注意。经过后续调查发现，这种现象往往出现在年轻的父亲身上。如果这个年轻的父亲在超市只能买到两件商品之一，则他很有可能会放弃购物而去另一家超市，直到可以一次同时买到啤酒与尿布为止。沃尔玛发现了这一独特的现象后，开始在卖场尝试将啤酒与尿布摆放在相同的区域，让年轻的父亲可以同时找到这两件商品，并很快地完成购物。沃尔玛超市也可以通过让这些客户一次购买两件商品而不是一件，从而获得很好的商品销售收入，这就是"啤酒与尿布"故事的由来。

"啤酒与尿布"的故事是营销界的神话，两个看似毫无关联的商品摆放在一起进行销售，却获得了很好的销售额，这背后的原理其实就是数据挖掘中的关联性分析。1993 年，美国学者 Agrawal 提出通过分析购物篮中的商品集合，从而找出商品之间关联关系的算法，并根据商品之间的关系，找出客户的购买行为。Agrawal 从数学及计算机算法角度提出了商品关联关系的计算方法——Aprior 算法。沃尔玛从 20 世纪 90 年代尝试将 Aprior 算法引入到电子付款机数据分析中，并获得了成功，于是产生了"啤酒与尿布"的故事。

2. 数据科学在金融领域的应用

数据科学在金融领域应用范围较广，典型的案例有花旗银行利用 IBM 沃森计算机为财富管理客户推荐产品；美国银行利用客户点击数据集为客户提供特色服务，如有竞争的信用额度；招商银行对客户刷卡、存取款、电子银行转账、微信评论等行为数据进行分析，每周给客户发送针对性广告信息，里面有顾客可能感兴趣的产品和优惠信息。

可见，大数据在金融领域的应用可以总结为以下 5 个方面。

① 精准营销。依据客户消费习惯、地理位置、消费时间进行推荐。

② 风险管控。依据客户消费和现金流提供信用评级或融资支持，利用客户社交行为记录实施信用卡反欺诈等。

③ 决策支持。利用决策树技术进行抵押贷款管理，利用数据分析报告实施产业信贷风险控制。

④ 效率提升。利用金融领域全局数据了解业务运营薄弱点，利用大数据技术加快内部数据处理速度。

⑤ 产品设计。利用大数据计算技术为财富客户推荐产品，利用客户行为数据设计满足客户需求的金融产品。

3. 数据科学在教育领域的应用

近年来，随着大数据成为互联网信息技术行业的流行词汇，教育逐渐被认为是数据科学可以大有作为的一个重要应用领域。

在国内，尤其是北京、上海、广州等城市，数据科学在教育领域中也已有着非常多的应用，例如慕课就应用了大量的数据分析工具。毫无疑问，在不远的将来，教育管理部门、校长、教师和家长，都可以得到针对不同应用的个性化分析报告。通过大数据的分析来优化教育机制，做出更科学的决策，这将带来潜在的教育革命。

4. 数据科学在医疗领域的应用

医疗领域拥有大量的病例、病理报告、治愈方案、药物报告等，如果这些数据可以被整理和应用，将会极大地帮助医生和病人。比如通过建立海量医疗数据库，实现网络信息共享、数据实时监测，为国家卫生综合管理信息平台、电子健康档案资源库、国家级卫生监督信息系统、妇幼保健业务信息系统、医院管理平台等提供基本数据源，并提供数据源的存储、更新、挖掘分析、管理等功能。通过这些系统和平台，医疗机构之间能够实现同级检查结果互认，节省医疗资源，减轻患者负担；患者可以实现网络预约、异地就诊、医疗保险信息即时结算等。

除此之外，在传统的医疗诊断中，医生仅可依靠患者的信息、自己的经验和知识储备，局限性很大。而大数据技术则可以将患者的影像数据、病历数据、检验检查结果、诊疗费用等各种数据录入系统。通过机器学习和挖掘分析方法，大夫可获得类似症状患者的疾病机理、病因以及治疗方案，帮助其更好地把握疾病的诊断和治疗。

5. 数据科学在其他领域的应用

在全球新冠疫情中，数据科学技术在疫情防控工作中起到了重要作用。利用大数据技术可以通过追踪移动轨迹、建立个体关系图谱等，在精准定位疫情传播路径、防控疫情扩散方面起到重要作用。

1.2   Python 基础

近年来，Python 之所以获得人们的青睐，渐渐成为最具人气的程序设计语言之一，是因为其在数据科学、人工智能等领域发挥着越来越大的作用。Spyder 和 Jupyter 是两个最受欢迎的 Python 开发环境。本节将简要介绍 Python 程序设计语言以及 Spyder 和 Jupyter 开发环境的使用。

1.2.1   Python 简介

1. Python 的发展

Python 是由荷兰人 Guido van Rossum 设计的解释性的、高级的通用程序设计语言。

1989 年，Guido 为了开发一个新的脚本解释程序，在 ABC 语言基础上，吸收 Modula-3 的优秀思想，结合 UNIX Shell 和 C 的习惯而设计了 Python，1991 年发布了第一版本。

2000 年 10 月，Python 2.0 发布。它修复了许多缺陷和错误，开始了广泛应用。

2008 年 12 月，Python 3.0 发布。它对向后兼容性进行了革命性的修改，让 Python 向着最好的程序设计语言迈出了坚实一步。

目前，Python 的两个系列版本 2.X 和 3.X 均在使用，但是 3.X 版本是主流。Python 2.X 已被终止支持更新。

2. Python 的特点

与其他程序设计语言相比，Python 有以下 4 个显著的优点。

① 简单易学。Python 程序不需要类型说明，也摈弃了 C 语言非常复杂的指针，简化了语法，特别容易学习。

② 简洁优美。Python 代码简洁优美，采用缩进来标识代码块，通过减少无用的大括号，去除语句末尾的分号等，使得代码的可读性显著提高，并且提高了开发效率。

③ 自由/开源软件。Python 是自由/开源软件，即可以自由地发布它的备份，阅读它的源代码，对它做改动，把它的一部分用于新的自由软件中。

④ 丰富强大的库。Python 不仅标准库庞大，而且还拥有大量第三方库的支持。例如经典的科学计算库有 NumPy、SciPy、Matplotlib、TensorFlow 等。

3. 常用第三方库

近年来，Python 之所以深受欢迎，是因为它具有非常完善的社区生态，拥有很多高质量的类库。对于开发人员来说，"他山之石，可以攻玉"，采用"拿来主义"，可以直接使用优秀的类库搭建自己的开发环境。对于学习数据科学、人工智能的初学者来说，常用的第三方库如表 1.1.1 所示。

第 三 方 库	说　　明	第 三 方 库	说　　明
NumPy	数值计算库	Seaborn	高级绘图库
SciPy	科学计算库	Scikit-learn	机器学习库
Pandas	数据分析库	TensorFlow	深度学习库
Matplotlib	绘图库		

▶表 1.1.1
　常用的第三方库

4. Anaconda 简介

Python 虽然简单易学，但是用好却不是一件容易的事。例如，安装第三方库时可能存在相互依赖、版本冲突等问题。为便利使用，通常安装 Python 社区提供的软件包管理工具 Anaconda。Anaconda"全家桶"式地集成了大量常用的第三方库，安装后一般不需要安装新的第三方库。

严格地说，Anaconda 是一个开源项目。随 Anaconda 一起安装的有支持传统编程方式的 Spyder 和支持文学化编程方式的 Jupyter Notebook 两个集成开发环境。

（1）Anaconda 的安装

直接在官网选择合适的版本下载 Anaconda 安装包，下载后根据提示直接安装。安装后在"开始"菜单中出现如图 1.1.1 所示的程序组，其中含有 Spyder 和 Jupyter Notebook。

图 1.1.1 "开始"菜单中的 Anaconda3 程序组

（2）第三方库的安装

Anaconda 已经集成了大量常用的第三方库，如果还要再安装特殊的库，有两种常用的方法：直接安装和使用 whl 文件安装。

① 直接安装

a. 单击"开始"菜单中的"Anaconda3"→"Anaconda Prompt"命令，打开"Anaconda Prompt（anaconda3）"窗口。

b. 输入 pip 命令，如图 1.1.2 所示。pip 命令的语法格式如下：

```
pip install jieba      #假定需要安装的第三方库为 jieba
```

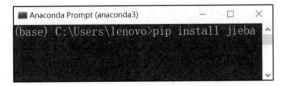

图 1.1.2 在 Anaconda 中安装第三方库

c. 判断是否已经安装的方法是执行 import 命令尝试导入，若没有显示错误信息则表示已经安装成功。例如，下面的信息表示 jieba 没有安装成功。

```
>>> import jieba
Traceback (most recent call last)：
  File "<pyshell#0>", line 1, in <module>
    import jieba
ModuleNotFoundError：No module named 'jieba'
```

② 使用 whl 文件安装

许多第三方库是以 whl 文件的形式提供的，此时就需要下载 whl 文件后再安装，具体步骤如下：

a. 下载 whl 文件。whl 文件可以从 pypi 官网或 whl 集合网上下载。

b. 执行"Anaconda Prompt"命令，打开"Anaconda Prompt"窗口。

c. 输入 pip 命令，安装 whl 文件。pip 命令的语法格式如下：

pip install whl 文件名

例如，若有 MyLib. whl 文件放在 D:\Test 目录下，则 pip 命令为

pip install D:\Test\MyLib. whl

（3）Spyder 的使用

单击"开始"菜单中的"Anaconda3"→"Spyder"命令，打开如图 1.1.3 所示的窗口，在其中就可以编辑和执行程序了。

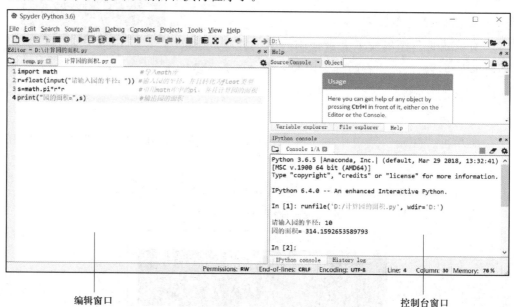

编辑窗口   控制台窗口

图 1.1.3   Spyder 窗口

Spyder 中程序的执行方式有两种：一是 Shell 执行方式。在控制台窗口（Console 窗口）中可以一条一条输入和运行命令。命令提示符是 In[n]（n 是一个数字，代表命令的序号）。二是文件执行方式。首先在编辑窗口中输入程序，然后执行"Run"→"Run"命令（或者直接单击工具栏上的▶按钮），就可以执行程序了。

（4）Jupyter Notebook 的使用

Jupyter Notebook 是支持文学化编程方式的开发环境。所谓文学化编程方式，就是不仅有"中规中矩"的代码，还有程序"喜闻乐见"的叙述性文字、图表、公式等。代码的运行和结果展示并不需要离开当前文档描述的平台。也就是说，文学化编程支持现场交互式呈现，特别适合数据分析人员所需要的编程风格。

Jupyter Notebook 文件的扩展名为 ipynb。使用 Jupyter Notebook 的操作步骤如下：

① 单击"开始"菜单中的"Anaconda3"→"Jupyter Notebook"命令，打开如图 1.1.4 所示的主窗口，看到的是 Jupyter Notebook 主目录下所有文件和文件夹。

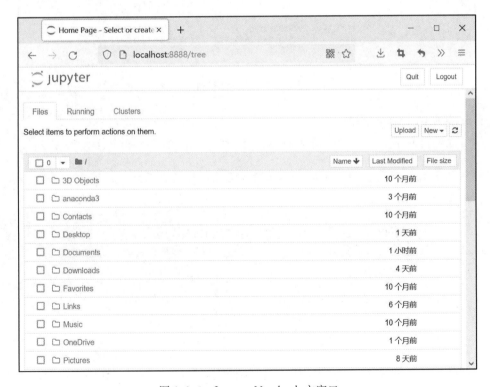

图 1.1.4　Jupyter Notebook 主窗口

② 单击"Files"→"Upload"命令上传 ipynb 文件，或者单击"Files"→"New"命令新建 ipynb 文件，进入如图 1.1.5 所示的代码编辑窗口。

③ 窗口中的"Cell"菜单可以对代码进行编辑和运行。

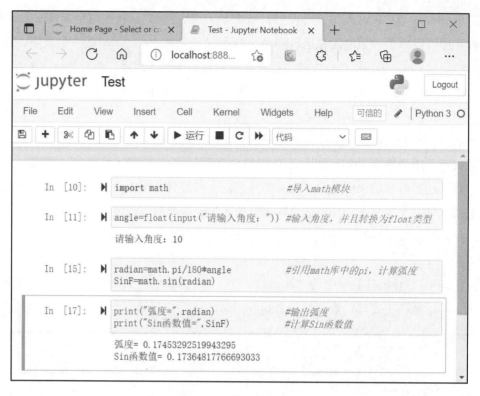

图 1.1.5   代码编辑窗口

5. 简单的 Python 程序

下面通过两个简单的实例讲解 Python 程序的基本组成。

【例 1.1】 角度转换为弧度。要求输入角度，计算出弧度。

程序代码如下：

```
import math                           #导入 math 模块
angle＝float(input("请输入角度："))     #输入角度,并且转换为 float 类型
radian＝math. pi/180 * angle          #引用 math 库中的 pi,计算弧度
SinF＝math. sin(radian)               #引用 math 库中的 sin,计算正弦函数值
print("弧度＝",radian)                 #输出弧度
print("sin 函数值＝",SinF)             #输出 sin 函数值
```

这是一个简单的 Python 源程序，运行结果如图 1.1.6 所示。在图中，"45"是用户从键盘输入的，而弧度和 sin 函数值是程序输出的。

说明：

① 每行中以"#"开始的内容称为注释。它的作用是对程序进行说明，提高程序的可读性。

```
请输入角度：45
弧度= 0.7853981633974483
sin函数值= 0.7071067811865476
>>>
```

图 1.1.6   程序运行结果

② 语句 import math 用于导入 math 模块，因为下面的代码需要使用 math 模块中定义的符号常量 pi。

③ input()函数用于读入角度，读到的数据是字符串类型的，使用 float()函数转换成 float 类型。

④ 语句 radian＝math. pi/180 * angle 的作用是使用 math 中的符号常量 pi 根据公式计算弧度，并且赋值给变量 radian。

⑤ 语句 print("弧度＝",radian)输出计算结果。

【例 1.2】 求一元二次方程 $ax^2+bx+c=0$ 的根。

程序代码如下：

```
import math                      #导入 math 模块
a＝float(input("请输入系数 a："))  #输入系数 a,转换成 float 类型,并且赋值给变量 a
b＝float(input("请输入系数 b："))  #输入系数 b,转换成 float 类型,并且赋值给变量 b
c＝float(input("请输入系数 c："))  #输入系数 c,转换成 float 类型,并且赋值给变量 c
delta＝b * b－4 * a * c           #计算 b * b－4ac,并且赋值给变量 delta
if delta＞=0:                     #判断 delta 是否＞=0,若是则执行下面缩进的语句
    root1＝(－b＋math. sqrt(delta))/(2 * a)   #计算第 1 个根,并且赋值给变量 root1
    root2＝(－b－math. sqrt(delta))/(2 * a)   #计算第 2 个根,并且赋值给变量 root2
    print("root1＝",root1,"\nroot2＝",root2) #输出两个根
else:
    print("方程没有实根。")                  #若 delta＜0,则输出"方程没有实根。"
```

程序运行结果如图 1.1.7 所示，其中 1、－3 和 2 是用户输入的数据。

说明：

① 若"delta＞=0"成立，则执行下面缩进的 3 条语句。语句增加缩进表示语句块的开始，减少缩进表示语句块的结束，相同的缩进表示语句处于同一个级别。若后面的 3 条语句不缩进表示与 if 语句同级别，语法上会出错。

```
请输入系数a: 1
请输入系数b: -3
请输入系数c: 2
root1= 2.0
root2= 1.0
>>>
```
图 1.1.7 程序运行结果

② 若"delta＞=0"不成立，则执行 else 下面缩进的"print("方程没有实根。")"语句。

③ sqrt()函数是 math 模块中的求平方根函数。

从上面两个实例可以总结出 Python 程序的组成及书写规则如下：

① Python 程序由一条或多条语句组成，从上到下按次序执行。

② 注释是从"#"开始到本行结束的内容。除了增加程序的可读性之外，它没有任何作用。若是多行注释，则使用 3 个单引号"'''"括起来。

例如：

```
"""
这是一个验证程序,用于验证多行注释命令
文件名为 Test. py
"""
print("Hello,World!")
```

运行结果只显示 Hello，World!

③ 一般情况下，一行只写一条语句。若一行代码太长需要换行时，则应在换行处加上"\"表示换行。一行写多条语句时，语句之间用"；"分隔。

④ 缩进是 Python 简洁的特征之一。虽然可以缩进，但也应按编辑器的指示规范缩进，而不能任意缩进。

⑤ Python 中大小写字母是有区别的，这一点初学者要特别注意。

1.2.2　数据类型和运算符

本节介绍 Python 中的变量、数据类型、运算符和表达式。

1. 变量和数据类型

Python 中变量有不同的数据类型，如例 1.2 中的 a、b、c、root1、root2、delta 都是变量，它们都是数值类型，可以进行数值计算。

（1）常用的数据类型

外出旅行预订宾馆房间，有套房、单人房、双人房和多人房等选择，这涉及住的人数、房间大小和所付的费用不同。同样，在程序中对要处理的数据也要根据其类型不同分配不同的存储空间。为有效保存、处理数据，各种程序设计语言都会提供若干种数据类型供用户在程序设计中使用。

Python 中数据类型分为基本数据类型和复合数据类型两大类。本书主要对常用的基本数据类型进行介绍，如表 1.1.2 所示。

▶表 1.1.2
常用的基本数据类型

数据类型	对应关键字或示例	说　　明
布尔型	True、False	数值非 0 为 True，0 为 False
整型	123、0O173、0X7B	以 0O 或 0o 开始表示八进制，以 0X 或 0x 开始表示十六进制
浮点型	123.0、0.123E3	E 或 e 表示指数形式
字符串	"Hello World!"	用两个单引号或双引号括起来，多行字符串用 3 个单引号或双引号括起来

（2）变量

变量是在程序运行过程中其值可以变化的量。变量具有名字，不同变量是通过名字相互区分的，因此变量名具有标识作用，故称为标识符。

在绝大多数语言中，变量必须先声明后使用，编译系统为每个变量根据其数据类型分配相应的内存单元。在 Python 中不需要事先声明变量名及其数据类型，直接通过赋值语句就可创建变量，其数据类型与所赋的值一致；变量的值可以变化，变量的数据类型也随时相应变化。因此，Python 属于动态类型的程序设计语言。通过 type（变量名）可以获得该变量的数据类型。

（3）标识符

标识符是指在程序书写中程序员为一些要处理的对象起的名字，包括变量名、函数名、类名、对象名等。在 Python 中，标识符的命名规则是以字母、汉字或下画线开头，后面可跟字母、汉字、数字、下画线的序列。例如 area、score_list、x123、学号都是合法的标识符；而 3x、x-y、x y 是非法的标识符。

注意：在 Python 中大小写是区分的，即 x123、X123 是两个不同的变量名；关键字不能用于命名变量。Python 保留某些单词用作特殊用途，这些单词被称为关键字或保留字。

2. 运算符和表达式

（1）运算符

计算机不但能进行算术运算，还能进行关系运算、逻辑运算等，这是通过运算符来实现的。表 1.1.3 列出了常用的运算符。

运算符类别	运 算 符	含 义	举例或说明
算术	—	负号，单目运算	若 a=3，则-a 结果为-3
	**	幂运算	4**2 结果为 16
	*、/、//、%	乘、除、整除、取余数	4*2 结果为 8，4/2 结果为 2.0（整数相除结果为浮点数），10//3 结果为 3，10 %3 结果为 1
	+、-	加、减	4+2.0 结果为 6.0（浮点数与整数运算结果为浮点数），4-2.0 结果为 2.0
字符串	+	字符串连接	'abc'+'123'结果为'abc123'
	*	字符串复制	'abc'*3 结果为'abcabcabc'
	in	子串测试。例如 s1 in s2，s1 若是 s2 的子串则返回 True，否则返回 False	'大学' in '同济大学'结果为 True
	[i]	索引，取索引号为 i 的字符	s='abc123',s[0]结果为'a'（第 1 个字符索引号为 0）
	[n:m]	切片操作，返回索引号 n 到 m（不含 m）的子串；n 的省略值为 0，省略 m 表示取到结束	st2="abcdefg" st2[:3]结果: 'abc' st2[3:]结果: 'defg' st2[:]结果: 'abcdefg'

▶表 1.1.3
常用的运算符

续表

运算符类别	运 算 符	含 义	举例或说明
关系	==、>、>=、<、<=、!=	等于、大于、大于或等于、小于、小于或等于、不等于，结果为 True 或 False	"ABCDE" > "ABR"结果为 False（字符串比较按字符的 ASCII 码值从左到右逐一比较，当某字符大则该字符串大，比较结束）
逻辑	not	取反，单目运算	not True 结果为 False；not False 结果为 True
	and	与，也称逻辑乘	当有一个操作数是 False 时，结果为 False；只有两个操作数均为 True 时，结果才为 True
	or	或，也称逻辑加	当有一个操作数是 True 时，结果为 True；只有两个操作数均为 False 时，结果才为 False
赋值	=	赋值	x=3.5
	算术运算符=	复合赋值	a * =b+3 等价于 a=a*(b+3)
	链式赋值	将同一个值赋给多个变量	x=y=z=1（x、y、z 变量都获得值 1）
	序列解包赋值	用一个赋值号 "=" 给不同的变量分别赋值	x,y,z=2,4,6（x、y、z 变量依次获得 2、4、6 的值）

说明：

① 字符串索引运算符。字符串中的每个字符都是有索引号的，通过索引号和索引操作符 "[]" 可以获取某个字符。有两种表示索引的方式：正向递增索引和反向递减索引。例如 s2 字符串，其正向递增和反向递减索引如图 1.1.8 所示。s2[3]与 s2[-4]都表示通过索引获取到的字符 "d"。

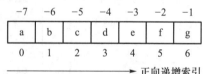

图 1.1.8   正向递增和反向递减索引

② 逻辑表达式的简化书写。在程序设计语言中要表示数学表达式，通常会用到逻辑运算符将两个关系表达式连接起来。例如，要表示 $3 \leqslant x < 10$，应写成 3<=x and x<10，但在 Python 中却可简化表示为 3<=x<10。

【例 1.3】 利用整除和取余运算符，输入秒数，按小时、分、秒形式输出。

程序代码如下：

```
x = int(input("输入秒数"))
s = x % 60
m = x //60 % 60          #求得分钟
h = x // 3600            #求得小时
print(h,":",m,":",s)
```

运行结果如下：

　　输入秒数 200000

　　55：33：20

（2）表达式

表达式是由常量、变量、运算符、函数和圆括号按一定规则组成的式子。表达式的书写有一定规则，但要注意以下事项：

① 表达式书写规则。在一行上自左向右书写，不能连续出现两个运算符，乘号不能省略。例如，x 乘以 y 应写成：x＊y。

② 运算规则。当一个表达式中有多种不同类型的运算符出现时，运算符优先级如下：

算术运算符或字符串运算符＞关系运算符＞逻辑运算符

当然，算术运算符、逻辑运算符各自都有不同的优先级，字符串运算符、关系运算符优先级相同。增加圆括号可以改变表达式中运算符的优先级，并可增加可读性，圆括号必须成对出现。

（3）常用系统函数

Python 功能强大之处在于提供了丰富的库函数。Python 的系统函数由标准库中的很多模块提供。标准库中的模块又分为内置模块和非内置模块。内置模块如_builtin_中的函数可以直接使用，非内置模块中的函数要先导入模块再使用。内置函数调用格式为

函数名(参数列表)

部分常用的内置函数如表 1.1.4 所示。

函　数	含　义	实　例	结　果
int(x)	若 x 是浮点数，则取整，即去除小数部分 若 x 是数字字符串，则转换成整型	int(2.5) int("23")	2 23
float(x)	将 x（数字字符串或整数）转换成浮点数	float("23.4") float(3)	23.4 3.0
str(x)	将 x（数值型或布尔型）转换成字符串	str(23.4) str(True)	'23.4' 'True'
eval(str)	将字符串 str 当成有效表达式来求值，并返回计算结果，常用于 input()函数中对多个变量输入	eval('3+4') eval('True') eval('3,4,5')	7 True (3,4,5)
len(s)	返回字符串长度	len("abcdefg")	7
chr(n)	返回字符编码 n 对应的字符	chr(65)	'A'
ord(s)	返回字符 s 对应的编码	ord('A')	65

▶表 1.1.4 部分常用的内置函数

（4）非内置模块的函数

非内置模块中的函数要先导入模块再使用。例如使用数学库函数，需先导入 math 模块。一般使用以下两种方法导入模块：

① import 模块名［as 别名］

调用的形式为模块名·函数名(参数序列)。

② from 模块名 import *

调用的形式为函数名(参数序列)。

两种方法的区别是，前者调用函数时通过"."连接模块名和函数名，后者仅写函数名。

部分常用的数学函数和常数如表 1.1.5 所示。

▶ 表 1.1.5
部分常用的数学函数和常数

函数或常数	含　义	实　例	结　果
pi	常数 π	pi	3.141 592 653 589 793
e	常数 e	e	2.718 281 828 459 045
cos(x)	返回 x 弧度的余弦值	cos(0)	1.0
exp(x)	返回以 e 为底的幂，即 e^x	exp(3)	20.085 536 923 187 668
log(x)	返回自然对数（以 e 为底）	log(10)	2.302 585 092 994 046
log10(x)	返回常用对数（以 10 为底）	log10(10)	1.0
sin(x)	返回 x 弧度的正弦值	sin(0)	0.0
sqrt(x)	求 x 的平方根	sqrt(9)	3.0
tan(x)	返回 x 弧度的正切	tan(0)	0.0

3. 输入输出

程序的输入输出分为两大类：一类是人机交互，把人们可以识别的形式按一定格式输入到程序中，并按用户要求的格式输出；另一类是程序之间以文件形式传送数据。本书介绍第一类。

（1）数据输入

利用 input()函数实现输入，其使用格式为

input(［提示字符串］)

注意：函数调用返回的是字符串类型，可通过 int()、float()等类型转换函数进行所需类型转换；也可通过 eval()函数对多个变量进行输入。

（2）数据输出

利用 print()函数实现输出，其使用格式为

print(［输出项，...］[，sep＝分隔符][，end＝结束符])

其中输出项是以逗号分隔的表达式；sep 表示各输出项间的分隔，默认为空格；end表示结束符，没有则 print()执行结束后会换行。

【例 1.4】 print()函数的使用。

程序代码和运行结果如下：

```
>>> for i in range(10):          #for 是循环结构语句,range(10)产生[0~10)的序列
        print(i,i * i,sep=",",end=";")
0,0;1,1;2,4;3,9;4,16;5,25;6,36;7,49;8,64;9,81;
```

若要每行输出一对，可改为用空格分隔、每对结束换行，则代码修改和运行结果如下：

```
>>> for i in range(3):
        print(i,i * i)
0 0
1 1
2 4
```

说明：

① 为了控制格式输出，最简单的方法是使用转义符。常用的转义符："\t"为横向制表符；"\n"为换行。

② 对于更个性化的格式输出，可利用格式控制符，其使用格式为

print("格式字符串"%(数据项 1,数据项 2,…))

其中格式字符串作为模板，模板中有显示的原样字符（包括转义符）和格式符，格式符为输出值预留位置；数据项 1,数据项 2,…依次传递给模板的对应格式符。

格式符一般使用格式为

%[m][.n]类型符

其中 m 为输出最小宽度；类型符为对应输出的数据类型。

常用的格式符见表 1.1.6 所示。

格　式　符	%d	%c	%s	%f 或%F	%e 或%E
类　型　符	d	c	s	f 或 F	e 或 E
对应输出的数据类型	整数	单个字符	字符串	浮点数	指数形式

▶表 1.1.6
常用的格式符

【例 1.5】 字符串格式符%输出应用。

已知 x=1234.567，n=1234567，a="PythonOk"，则代码和结果如下：

```
>>>print("x=%6.2fa=%sn=%d"%(x,a,n))
x=1234.57a=PythonOkn=1234567
>>>print("x=%13.5fa=%13sn=%13d a[1]=%c"%(x,a,n,a[1]))
x=∪∪∪1234.56700a=∪∪∪∪∪PythonOkn=∪∪∪∪∪∪1234567∪a[1]=y
```

1.2.3　控制结构

一般结构化的程序包括顺序结构、选择结构和循环结构 3 类控制结构，它构成了程序的主体。程序设计语言一般都具有这 3 种结构，但它们的表示形式有所不同。

1. 顺序结构

顺序结构是按照语句出现的先后顺序依次执行，如图 1.1.9 所示。程序执行了"语句块 1"后再执行"语句块 2"。这里的语句块可以是简单语句、控制结构语句等。

2. 选择结构

程序运行中需要根据不同的条件决定程序的执行分支。在 Python 中，选择结构使用 if 语句，if 语句有单分支、双分支和多分支结构。

（1）单分支结构

语句形式：

if<表达式>：

　　　<语句块>

作用：当表达式值为 True 时执行语句块，若为 False，则跳过语句块，其流程图如图 1.1.10 所示。

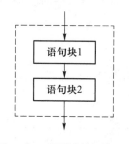

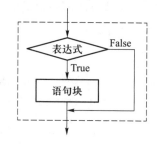

图 1.1.9　顺序结构流程图　　　　图 1.1.10　单分支结构流程图

注意：

① 语句块内的语句具有相同的缩进，不可混用空格键和 Tab 键控制缩进。

② 语句块的使用和书写规则在下面的 else 子句、elif 子句、循环结构的循环体、函数定义中的过程体中都相同，不再重复说明。

（2）双分支结构

语句形式：

if <表达式>：

　　　<语句块 1>

else：

　　　<语句块 2>

作用：当表达式的值为 True 时，执行语句块 1；否则执行 else 后面的语句块 2，其流程图如图 1.1.11 所示。

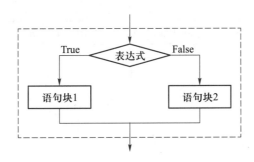

图 1.1.11　双分支结构流程图

（3）多分支结构

双分支结构只能根据条件的 True 和 False 决定处理两个分支中的一个。当实际处理的问题有多种条件时，就要用到多分支结构。

语句形式：

if　<表达式 1>：

　　　<语句块 1>

elif　<表达式 2>：

　　　<语句块 2>

　　　…

［else：

　　　<语句块 n+1>］

作用：根据各表达式值确定执行哪个语句块，判断顺序为表达式 1、表达式2……一旦遇到某个表达式值为 True，则执行该表达式下的语句块，其流程图如图 1.1.12 所示。

【例 1.6】　已知字符变量 ch 中存放了一个输入的字符，判断该字符是字母字符、数字字符还是其他字符，并显示。

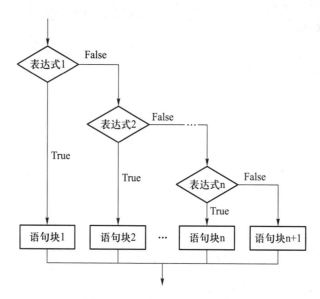

图 1.1.12   多分支结构流程图

程序代码如下:

```
#输入字符,显示输入的是何种类型字符
ch = input("输入一个字符:")
if 'a'<=ch. lower() <= 'z':          #转换为小写字母
    print(ch + "是字母字符")
elif '0'<= ch<= '9':                 #是数字字符
    print(ch + "是数字字符")
else:
    print(ch +"是其他字符")          #除上述字符以外的字符
```

程序运行结果如下:

输入一个字符:e

e是字母字符

【例 1.7】   已知某课程的百分制成绩 mark,要求转换成对应五级制的评定 grade,评定条件如下:

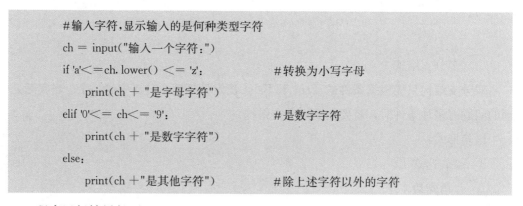

程序代码如下：

```
if mark>=90:
    grade="优"
elif mark>=80:
    grade="良"
elif mark>=70:
    grade="中"
elif mark>=60:
    grade="及格"
else:
    grade="不及格"
```

3. 循环结构

Python 中常用 for 和 while 两种语句来实现循环功能。

（1）for 语句

语句形式：

for <循环变量> in <序列>：

    <循环体>

作用：按照从左向右的顺序从序列中取一个元素赋值给循环变量，对每一次成功的赋值都执行一次循环体。当序列遍历后，即每个值都取过了，则循环结束，继续执行 for 语句后的下一条语句。

注意：

① 序列可以是字符串、列表、元组、集合等，还可以是常用的 range()函数。

② 循环的次数由序列中的成员个数决定。

③ 序列后要有冒号，循环体要有缩进。

for 语句流程图如图 1.1.13 所示。

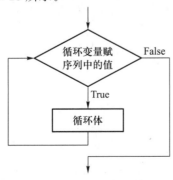

图 1.1.13　for 语句流程图

【例1.8】   输入一个字符串，检验其输入的是否是数字字符。

分析：从字符串中逐一取出字符判断，若是非数字字符，则该字符串是非数字字符串。遍历法和索引法均可实现这个功能。

方法1 遍历法	方法2 索引法
| ```python
str=input("输入字符串:")
isnumeric=True
for c in str:
    if c not in "0123456789":
        isnumeric=False
if isnumeric:
    print(str,"是数字字符串")
else:
    print(str,"含有非数字字符")
``` | ```python
str=input("输入字符串:")
isnumeric=True
for i in range(len(str)):      #len()函数求字符串长度
    if str[i] not in "0123456789":
        isnumeric=False
if isnumeric:
    print(str,"是数字字符串")
else:
    print(str,"含有非数字字符")
``` |

运行结果如下：

输入字符串:123e567

123e567 含有非数字字符

>>>

输入字符串:1234567

1234567 是数字字符串

>>>

range()函数是 Python 的内置函数，用于创建一个整数列表，一般用于 for 语句中，实现循环控制功能。range()函数的使用格式如下：

range([start,]end[,step])

其中 start 默认为 0，step 默认为 1。函数返回的结果是一个整数序列的对象，起始值为 start、步长为 step、结束值为 end，但不包括 end。

【例1.9】   range()函数的使用。

```python
>>list(range(10))              #产生0~9的数字序列,list是创建列表的函数
[0,1,2,3,4,5,6,7,8,9]
```

（2）while 语句

while 语句常用于控制循环次数未知的循环结构，语句形式：

while   ＜表达式＞：

　　＜循环体＞

作用：根据表达式的值先判断，若为 True，则执行循环体；否则退出循环，执行 while 语句的下一条语句。while 语句流程如图 1.1.14 所示。

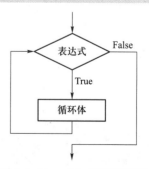

图 1.1.14   while 语句流程图

【例 1.10】 据统计，2018 年年末我国人口总数为 13.95 亿，自然增长率为 3.81‰。若按此增长率计算，多少年后我国人口数翻倍。

分析：解此问题有两种方法。

① 根据公式

$$27.9 = 13.95 \times (1 + 0.003\,81)^n$$

$$n = \log(2)/\log(1.00\,381)$$

直接利用内置数学函数求得，但求得的年数不为整数，也得不到实际的人数。

② 利用循环求得。根据增长率，求得每年的人数，直到人口数翻倍。

程序代码如下：

```
import math
x=13.95
n=0
while x<27.9：
    n+=1
    x=x*(1+0.00381)
print("用循环求得的年数为:%d 人数为:%f 亿"%(n,x))
m=math.log(2)/math.log(1.00381)
if int(m)!=m:
    m=int(m)+1      #m 若为非整数,取整加 1
print("用对数求得的年数为:%d"%(m))
```

程序运行结果如下：

```
用循环求得的年数为:183 人数为:27.977053 亿
用对数求得的年数为:183
```

（3）循环结构的其他语句

① break 语句。从循环体内部跳出，即结束循环，执行循环结构的下一条语句。

② continue 语句。跳过本次循环体的余下语句，提前结束本次循环，继续下一次循环。

③ pass 语句。不执行任何操作，实质是空语句；作用就是占据位置。

④ else 子句。循环正常结束后，执行 else 后的语句块。

4. 典型案例

下面通过典型案例让读者进一步理解利用计算机来解决实际问题的方法。

【例 1.11】 求最值。某班有若干人参加期末考试，求最高分。当输入成绩为 0 时，表示输入结束，显示求得的最高分。

实现该功能的流程图如图 1.1.15 所示，其中 x 为每次输入的成绩，xmax 为存放最高分的变量。程序代码如下：

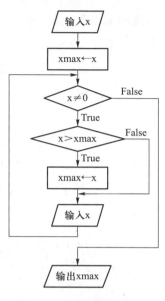

```
x=int(input())
xmax=x
while x!=0:
    if x>xmax:
        xmax=x
    x=int(input("输入成绩:"))
print("最高分是:",xmax)
```

思考：若还要显示最低分，代码又该如何编写？

图 1.1.15   求最值的流程图

【例 1.12】 求部分级数和。求自然对数 e 的近似值，要求其误差小于 0.000 01，近似公式为

$$e=1+\frac{1}{1!}+\frac{1}{2!}+\frac{1}{3!}+\cdots+\frac{1}{i!}+\cdots \approx 1+\sum_{i=1}^{n}\frac{1}{i!}$$

分析：求多项式部分级数和是用计算机求解初等数学问题近似解的常用方法，如求 π、e、$\sin x$ 等。解决的方法关键是根据部分级数和展开式找规律写通项。

本例涉及程序设计中两个重要的运算：累加 $\sum_{i=1}^{n}\frac{1}{i!}$ 和连乘 $i!$。

已知 $(i-1)!$，要求 $i!$，只求 $(i-1)! * i$ 就可，这样就简化成只要通过一重循环求累加 $\sum_{i=1}^{n}\frac{1}{i!}$ 就可。判断循环结束的条件是 $\frac{1}{i!}$ 是否到达精度。

程序代码如下：

```
e=n=i=1    #求 e 的值,n 求得 i! 值
while 1/n>=0.00001:
    e+=1/n
    i+=1
    n*=i
print("计算了 %d 项的 e 的值是:%7.5f"%(i,e))
```

运行结果如下：

计算了 9 项的 e 的值是:2.71828

从本例可以看出，一般累加和连乘是通过循环结构在循环体内的一条表示累加（如 e+=1/n）或连乘语句（如 n*=i）来实现的，这里要强调的是，对存放累加和

或连乘积的变量应在循环体外置初值，一般累加时置初值为 0（本例为累加和的第 1 项，累加从第 2 项开始），连乘时置初值为 1。对于多重循环，在内循环结构外，还是在外循环结构外置初值，由要解决的问题决定。

思考：

（1）若要将 while 语句改为 for 语句，程序如何实现？

（2）若要将计算公式也显示出来，如图 1.1.16 所示，程序要如何修改？

```
e=1+1/1!+1/2!+1/3!+1/4!+1/5!+1/6!+1/7!+1/8!+1/9!
计算了 9 项的e的值是: 2.71828
```

图 1.1.16　e 的表达式和结果

【例 1.13】　用枚举法解决计算机破案问题。在一次交通事故中，肇事车辆撞人后逃逸，警方在现场找到 3 位目击证人，询问是否看清 5 位数车牌号码。一位说只看清最左边两位是 27，一位说只看清最后一位是 3，一位数学很好的说 5 位数是 67 的倍数，3 条线索组成的车牌号码形式如图 1.1.17 所示。其中××表示未知数字，请帮助找出该车牌号。

27XX3

图 1.1.17　车牌号码形式

分析：枚举法亦称穷举法或试凑法。它的基本思想是：利用计算机具有高速运算的特点将可能出现的各种情况一一罗列测试，直到所有情况验证完。若某个情况符合题目的条件，则为本题的一个答案；若全部情况验证完后均不符合题目的条件，则问题无解。枚举法是一种比较耗时的算法，它的思想可解决许多问题。

程序代码如下：

```python
for i3 in range(0,10):
    for i2 in range(0,10):
        x=27003+i3 * 100+i2 * 10
        if x % 67==0:
            print(x)
```

程序运行后显示的结果是"27403"。

百元买百鸡、水仙花数等问题都可通过循环来一一罗列测试获得问题的解。

【例 1.14】　用递推法验证角谷猜想。日本数学家角谷静夫在研究数字时发现了一个奇怪现象：对于任意一个正整数 n，若为偶数，则将其除以 2；若为奇数，则将其乘以 3 加 1，如此经过有限次运算后能够得到 1。

分析：递推法又称迭代法，其基本思想是把一个复杂的计算过程转化为相同的简单过程的多次重复。每次重复都在旧值的基础上递推出新值，并由新值代替旧值。本题先把当前 n 值按照角谷猜想的规则递推出新值，再按规则计算，直到满足 n 等于 1。

程序代码如下：

```
n=int(input("输入 n "))
while n>1:
    if n % 2==0:
        n=n/2
    else:
        n=n*3+1
    print("%d"%n,end=";")
```

程序运行如图 1.1.18 所示。

```
输入n 100
50;25;76;38;19;58;29;88;44;22;11;34;17;52;26;13;40;20;10;5;16;8;4;2;1;
>>>
```

图 1.1.18   验证角谷猜想

类似问题有猴子吃桃子、求高次方程的近似根等。方法是给定一个初值，利用迭代公式求得新值，比较新值与初值的差。若差小于所要求的精度，即新值为求得的根；否则用新值替代初值，再重复利用迭代公式求得新值。

1.2.4   函数

程序设计中引入函数主要有两个作用：一是实现程序的模块化，便于管理和阅读；二是实现代码复用，提高程序开发的效率。

1. 函数的定义

在 Python 中，定义的函数由 def 开始，其语法格式为

def   函数名([形式参数表])：

　　　　函数体

说明：

① 函数名必须符合标识符定义。

② 形式参数表由逗号间隔的一组形式参数（简称形参）组成，用于接收传递过来的数据或返回结果，可以没有。

③ 函数体由一组语句组成，书写时要缩进，体现从属关系。在函数执行过程中，遇到 return 语句时，执行控制权返回给调用函数；无 return 语句时，则执行到函数最后。

④ return 语句的格式为

return　表达式　　　　　#表达式可以省略

作用：如果表达式不省略，则表达式的值被返回给调用函数。表达式省略或无return 语句时，函数本身返回 None。

【例 1.15】　编写求一元二次方程实根的函数 quadricEquation(a,b,c)，并调用它求解 $2x^2+7x-3=0$ 的根。

分析：一元二次方程由 3 个参数确定，可能求得两个根，也可能求不出根。因为列表可以包含多个数值，所以可以将两个根组合成一个列表返回。当无实根时，返回空列表。

程序代码如下：

```
import math
def quadricEquation(a,b,c):
    delta=b*b-4*a*c
    if delta>=0:
        root1=(-b+math.sqrt(delta))/(2*a)
        root2=(-b-math.sqrt(delta))/(2*a)
        return [root1,root2]
    else:
        return []
print('求方程  2x2+7x-3=0 的根')
x,y,z=2,7,-3
roots=quadricEquation(x,y,z)          #函数有返回值,函数出现在表达式中
print('roots=',roots)
```

程序的运行结果如下：

　　求方程　2x2+7x-3=0 的根

　　roots= [0.386，-3.886]

本例中的函数无论走哪路 if 分支，都通过 return 语句返回，语句"roots＝quadricEquation(x,y,z)"使得变量 roots 保存函数的返回结果。

【例 1.16】　编写程序，打印如图 1.1.19 所示的图形。

分析：图形由两个三角形组成，只是构成三角形的行数不同，所以可编写函数输出指定 n 行的图形，该函数不需返回值，所以 return 语句可有可无。

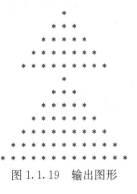

图 1.1.19　输出图形

程序代码如下：

```
def pict(n)：
    i=0
    while i<n：
        print("{}{}".format(" "*(10-i)," * "*(2*i+1)))
        i += 1
pict(4)          #输出 4 行的图形,函数无返回值
pict(6)          #输出 6 行的图形
```

【例 1.17】 编写函数 handleList(x)，将列表中的偶数项元素加 1，奇数项元素减 1。

分析：由于列表是一种复合数据类型，函数中只要不对列表本身赋值，列表就可以将数值的改变带回实参，所以函数无返回值。

程序代码如下：

```
defhandleList (x)：          # x 是一个列表
    for i in range(len(x))：
        if i% 2==0：
            x[i] +=1
        else：
            x[i] -=1
li=[1,2,3,4,5]
handleList(li)              #函数无返回值,直接写函数名
print(li)
```

程序的运行结果如下：

    [2，1，4，3，6]

在上述代码中，因为 Python 参数采用引用方式，函数体内只要不改变列表的首地址，列表就能将其含有的值返回给调用函数，所以不需要 return 语句。

对无 return 语句或 return 语句后无表达式的函数，因为函数返回 None，所以调用这种函数时，直接写函数名即可。例如，对函数 handleList()的调用语句可改写成：

    print(handleList(li))

程序的运行结果如下：

    None

    [2，1，4，3，6]

None 是函数的返回值，由于函数无返回值，所以其输出是无意义的。

2. 函数的调用

函数调用与使用内部函数方法相同，其调用形式为

函数名(实在参数表)

其中

① 实在参数简称实参，可以是常量、表达式、变量。

② 一般情况下，实参与形参顺序一一对应，类型兼容，其作用是用实参的值初始化形参。

③ 为保证语义完整，对于有返回值的函数，函数调用应出现在表达式（如例 1.15）中；对于无返回值的函数，则应以语句形式（如例 1.16）出现。

函数调用时的执行过程如下：

① 计算实参的值。

② 实参的值传递给相应的形参。

③ 控制转移到调用的函数，执行函数体中的语句。

④ 遇到 return 语句，将 return 后表达式的值作为函数值返回给调用函数，或执行到函数体结束，将控制转回调用函数。

⑤ 继续执行调用函数的后继语句。

以例 1.15 为例，其调用过程如图 1.1.20 所示。

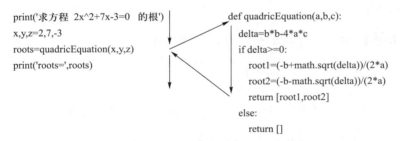

图 1.1.20　quadricEquation() 的调用过程

3. 函数参数及其传递

调用函数时，主调函数和调用函数之间通常存在数据传递，即将实参传递给形参，然后执行函数体。Python 的形参分为 4 种类型：位置参数、默认值参数、关键字参数、可变长度参数。不同类型同时出现时，会给实参与形参的结合带来一些差异。

（1）位置参数

形参定义时，标识符前后无任何修饰的参数就是位置参数，位置参数也称必选参数。这类参数在函数调用时，必须有对应的实参。

如例 1.15 中的一元二次方程函数，函数头的定义为

```
def quadricEquation(a,b,c):
```

参数 a、b、c 都是必选参数，调用该函数必须有 3 个实参。例如，下面代码少给一个参数：

```
x,y,z=1,8,3
roots=quadricEquation(x,y)
```

运行时，系统提示信息：

TypeError：quadricEquation() missing 1 required positional argument：'c'

即系统认为对应"c"的位置参数没有提供。

又如，下面代码多给一个参数：

```
x,y,z=1,8,3
roots=quadricEquation(x,y,z,10)
```

运行时，系统提示信息：

TypeError：quadricEquation() takes 3 positional arguments but 4 were given

即函数 quadricEquation()带有 3 个位置参数，但调用时给了 4 个，也是不合法的。

（2）默认值参数

在函数定义时，直接被赋值的参数称为默认值参数，默认值参数又称可选参数。调用函数时，对应默认值形参的实参可有可无。无对应实参时，取其默认值；有对应实参时，则取实参值。语法规定，默认值参数必须放在位置参数的后面。格式如下：

def 函数名(必选参数 1,…,必选参数 n,可选参数 1=值 1,…,可选参数 n=值 n)：

　　函数体

【例 1.18】 编写函数，计算下面级数的部分和

$$s=1+x+\frac{x^2}{2!}+\cdots+\frac{x^n}{n!}$$

要求最后一项的绝对值小于 eps，即 $\left|\frac{x^n}{n!}\right|<$eps。若用户不指定精度，则 eps 取 10^{-6}。

分析：根据题意，eps 可采用默认值参数。

程序代码如下：

```
def s(x, eps=1e-6):
    w=0
    t=1
    n=1
    while abs(t)>=eps:
        w +=t
        t *= x/n
        n +=1
    return w
```

```
print(s(1))                #省略默认值参数调用
print(s(1,1e-8))           #指定默认值参数的值
```

程序运行结果如下：

```
2.7182815255731922
2.718281826198493
```

可以发现，两次运行结果在百万分之一位后开始有差异。

（3）关键字参数

函数参数较多时，按位置一一对应的方式易导致程序的阅读性差，调用容易出错。此时可以直接指定形参的值，形式为"形式参数名＝表达式"，这种调用方式称为形参名称对应调用，它不必考虑形参的先后次序。

一元二次方程求解函数 3 个参数的名字分别为 a、b、c，采用指定形参名字传递的代码如下：

```
x,y,z=1,10,3
roots=quadricEquation(a=x, c=z, b=y)      #指定形参关键字
print('指定形参名字:',roots)
```

请特别注意，在这种调用方式中，一旦一个参数开始使用了形参名字调用，后续的所有参数都必须使用该方式。例如下面的语句：

```
x,y,z=1,10,3
roots=quadricEquation(a=x, z, y)          #指定形参 a,但 b 和 c 不指定
```

运行时出现提示信息：

SyntaxError：positional argument follows keyword argument

系统认为 a＝x 关键字调用方式，其后也必须采用这样的方式，但现在跟随了位置参数。

下面的调用则是合法的，因为 c＝z 指定形参名字后，b 也被指定。

```
x,y,z=1,10,3
roots=quadricEquation(x,c=z,b=y)          #c=z 开始形参关键字,后续 b=y 也被指定
```

（4）可变长度参数

在某些情形下，需要处理的数据的个数是不定的，如下面的示例代码求两组数的最大值。

```
ma1=max(10,123.5,-34,-1000,12.34)
print(ma1)
ma2=max(89.1,45.1,-89)
print(ma2)
```

可以看到，两次传递给 max() 函数的数据个数是不同的，但程序都实现了正确的计算。此时显然不能再用位置参数和默认值参数的方式定义函数，Python 的解决方案是使用可变长度参数。

可变长度参数意指参数对应的实参个数可变，定义采用如下两种方式。

① 参数的前面带 ∗，它将对应的一组实参转换为一个元组。

如下面代码定义了可变长度参数 arg，它搜集主函数传递的任意多个参数，函数的输出证明，实参被组成了一个元组。

```
deftest( ∗ arg)：
    print(arg)
test(1,10.5,4)
```

运行结果如下：

```
(1, 10.5, 4)
```

② 参数的前面带 ∗∗，对应的实参以"标识符＝值"的方式传递。该类可变长度参数将对应的实参以"标识符"为键，以"值"为值，转换为字典，∗∗ 参数也被称为关键字参数。在如下面的代码中，函数的输出证明搜集的参数形成了字典。

```
def test( ∗∗ arg)：
    print(arg)
test(a＝1,b＝10.5,c＝4)
```

运行结果如下：

```
{'a'：1, 'b'：10.5, 'c'：4}
```

注意：可变长度参数必须在形参表的最后出现。同时还要注意其他类型参数的位置。

【例 1.19】 编写函数，要求给定一个字符串指令（求和、求平均、累乘），用可变长度参数进行相应的处理。

程序代码如下：

```
def calcu(cmd, ∗ data)：      #data 收集多个实参形成一个元组
    print(data)
    if cmd＝＝'求平均'：
        s＝sum(data)/len(data)
        return s
    elifcmd＝＝'求和'：
        return sum(data)
    else：
        s＝1
```

```
                for i in data:
                    s  * =i
                return s
        res=calcu('求和',3,3,100)
        print(res)
```

程序运行结果如下：

```
    (3, 3, 100)
    106
```

在 calcu()函数的定义中，data 是可变长度参数，它获得实参中第二个参数开始的所有参数，形成一个元组。

【例 1.20】 编写函数，收集实参形成字典，并输出实参的名字和值。

程序代码如下：

```
    def keyArgFunc( * * keyarg):              #keyarg 是一个字典
        for x in keyarg:                      #取字典中的每个键
            print( x + ": " + str(keyarg[x]))  #keyarg[x]取键对应的值
    keyArgFunc(no=10,name='李彤',spec='学生',age='20')
```

程序的运行结果如下：

```
    no:10
    name:李彤
    spec:学生
    age:20
```

上述函数定义了一个可变长度参数 keyarg。调用时，no=10、name='李彤'等被参数收集形成字典，所以就得到了所见的运行结果。

最后要注意的一点是，在位置形参、默认值形参与可变长度形参都在函数中时，其调用规则不符合形参名字方式。因为一旦一个参数使用形参名字调用，后续参数也必须用这种模式，但可变长度形参对应着一组实参。如例 1.19，如果将调用语句改写为“res=calcu(cmd='求和',3,3,100)”，则语法要求 3 个实参(3,3,100)也必须按形参名字传递，这与函数形参 * data 的定义是不相符的。

4. lambda()函数

lambda()函数是指通过 lambda 表达式定义的函数，是对逻辑特别简单的函数的快速实现。lambda 表达式是一个匿名函数，即没有函数名的函数，可以在某些场合直接使用，如对象列表的排序等。lambda 表达式的格式为

lambda 形参表:表达式

如果给 lambda 表达式赋予名称，它就是 lambda()函数，其格式为

函数名＝lambda 形参表:表达式

其中，表达式的值是函数的返回值，函数的调用方式仍然是函数名(形参表)。

【例 1.21】 用 lambda()函数计算给定列表的平均值和标准偏差。

程序代码如下：

```
aver＝lambda L: sum(L)/len(L)
sigma＝lambda L,aver:math. sqrt(sum([(i－aver)＊＊2 for i in L])/(len(L)－1))
Li＝[1,2,100,45]
average＝aver(L)
print(sigma(L,average))
```

程序的运行结果如下：

```
37.0
46.74041791283714
```

上面例子中定义了两个 lambda()函数，aver()函数实现求给定列表 L 的平均值，sigma()函数实现求列表 L 的标准偏差。

5. 变量的作用域

变量的作用域是指程序代码对变量使用的有效范围。在函数外定义的变量被称为全局变量；函数内部也可以定义变量，称为局部变量。

(1) 全局变量

全局变量定义后可以被整个程序使用。全局变量可以分为两种：隐式使用和显式声明使用。

① 隐式使用。如果在函数中引用了一个变量的值，而该变量在函数中并未定义，但调用函数前有同名的全局变量存在，则函数中使用的是全局变量。

【例 1.22】 隐式使用全局变量。

程序代码如下：

```
def fx(n):
    z＝100＊x              #函数内未定义 x,但调用函数前定义了全局变量 x
    print("z＝",z,'x＝',x)

x＝1                      #全局变量 x
fx(3)
print ("全局的 x＝", x)
```

程序的运行结果如下：

```
z＝ 100 x＝ 1
全局的 x＝ 1
```

可以发现，函数中使用的 x 是全局变量。

在函数内变量处于赋值符的左侧，则是函数内定义的局部变量；变量出现在赋值符的右侧，则是引用全局变量。

② 显式声明使用。为避免全局变量在函数中未定义就使用而引起的不确定性，可通过 global 关键字强调使用全局变量。

【例 1.23】 显式使用全局变量。

程序代码如下：

```
def fx(n)：
    global x          #明确使用全局变量 x
    z＝100 * x
    print("z＝",z,'x＝',x)
    x＝1000          #x 是全局的
    print('x＝',x)
x＝1
fx(3)
print ("全局的 x＝", x)
```

程序的运行结果如下：

```
z＝ 100 x＝ 1
x＝ 1000
全局的 x＝ 1000
```

此时，即使函数中将变量 x 处于赋值符的左侧，x 仍是全局变量，会影响其在主程序中的取值。

(2) 局部变量

函数中定义的变量和形式参数，都是函数的局部变量，只可在其定义的函数内访问。

【例 1.24】 局部变量覆盖全局变量，以及局部变量的全局访问测试。

程序中定义了全局变量 x，在函数 fx() 内定义了局部变量 x，函数体内它将覆盖全局变量 x，主函数中尝试访问局部变量 z。

程序代码如下：

```
def fx(n)：
    x＝1000 * n                #函数内,局部变量 x
    print("局部的 x＝",x)
    z＝10
x＝1                          #全局变量 x
fx(3)
```

```
x+=1
print("全局的 x=", x)          #主程序,使用全局变量 x
print("访问局部变量 z=",z)
```

程序的运行结果如下:

```
局部的 x= 3000
全局的 x= 1
print("访问局部变量 z=",z)
NameError:name 'z' is not defined
```

可以发现两个变量 x 互不影响,但主程序中对 z 的访问导致程序出错。

习　题

1. 什么是数据,什么是数据科学?

2. 数据按结构化程度可以分为哪些类型?

3. 什么是开源软件,什么是自由软件?

4. Python 程序的书写格式有什么特点?

5. 简述 IDLE、Spyder、Jupyter Notebook 编程环境的主要区别。

6. 请查阅资料,列举自己所在学科常用的 Python 库。

7. Python 中基本的数据类型有哪些?

8. Python 中组合数据类型有哪些?

9. 基本控制结构有哪几种?

10. 有如下 if 语句:

    if<表达式>:<语句块>

其中<表达式>可以是哪些类型?

11. 有如下 for 语句:

    for<变量> in 序列:
        <循环体>

其中序列可以是哪些数据类型?

12. 什么是函数,用户自定义函数的作用是什么?

13. 请简单描述用户自定义函数的格式,形式参数有哪几种类型? 各在何种情况下使用?

14. 函数调用参数传递时,实参与形参有几种匹配传递方式? 使用时需要注意哪些规则?

15. lambda()函数的定义格式是什么? 在什么情况下使用 lambda()函数?

第 2 章
数据组织与科学计算

科学计算以数据为中心，为方便表达和实施计算，对数据的组织，往往既要考虑数据的准确性，又要考虑与相应计算理论推导的一致性。因此，合理的数据组织与科学计算是密不可分的。

Python 中矩阵运算可通过数值计算库 NumPy 实现，库中的 matrix 类和 ndarray 类都可以实现矩阵运算。matrix 类是严格意义上的矩阵运算，ndarray 类除了可完成矩阵运算外，还实现了一些不符合线性代数运算规则但却很实用的计算方案。本章以 ndarray 类为基础讲解 Python 矩阵运算的实现。

电子教案

2.1　数据组织

1. 实验数据记录

在数值计算领域中，数据记录与实验过程密切相关，常以实验样本为单位组织记录数据。例如针对符合一元线性规律的问题，其线性关系可表达为

$$y = a_0 + a_1 x \qquad\qquad (式 1.2.1)$$

为验证该规律，人们通常安排一组实验，不断变换 x 的取值，获得其对应的 y 值。经过 k 次实验后，数据按样本组织成如下形式：

$$\begin{bmatrix} x_1 & y_1 \\ x_2 & y_2 \\ \vdots & \vdots \\ x_k & y_k \end{bmatrix}$$

这种数据组织形式很容易推广到一般情况，如对如下多元线性函数

$$y = a_0 + a_1 x_1 + \cdots + a_n x_n \qquad\qquad (式 1.2.2)$$

也可以安排一组实验，不断变化 x_1，x_2，$\cdots$，x_n 的取值，测量其对应的 y 值。安排 k 组实验，数据按样本为行排列，则可将实验数据组织成如下形式：

$$\begin{bmatrix} x_{11} & x_{12} & \cdots & x_{1n} & y_1 \\ x_{21} & x_{22} & \cdots & x_{2n} & y_2 \\ \vdots & \vdots & & \vdots & \vdots \\ x_{k1} & x_{k2} & \cdots & x_{kn} & y_k \end{bmatrix}$$

其中 x_{ij} 代表第 i 次实验中第 j 个自变量的取值。

2. 数据组织与线性代数运算

数据组织成矩阵形式是为了方便通过线性代数方式进行计算。例如，通过 3 门课程——数学、物理、化学对学生进行综合评价。评价工作由 3 位专家决定，每位专家认为数学、物理、化学的重要性略有不同，表现为权重值上的差异。现根据 3 门课的成绩给出每个学生的综合评价。设学生成绩和 3 门课的权重分别如表 1.2.1 和表 1.2.2 所示。

▶ 表 1.2.1
学生成绩

学　号	姓　　名	数　　学	物　　理	化　　学
111	李力	80	91	92
222	张萌	78	87	99

▶ 表 1.2.2
3 门课的权重

专　　家	数　　学	物　　理	化　　学
专家 1	0.5	0.3	0.2
专家 2	0.4	0.3	0.3
专家 3	0.6	0.2	0.2

若以 S 代表学生的成绩矩阵，以 L 代表专家的权重，则按线性代数计算规则，每个学生的综合评价 Z 可以表示为

$$Z = SL^{\mathrm{T}}$$

上标 T 代表矩阵转置。

再以求解一元线性模型为例，根据（式 1.2.1），求得回归系数 a_0 和 a_1 的估计值。

将任意点 (x_i, y_i) 代入方程，则有

$$y_i = a_0 + a_1 x_i$$

将所有点整理成如下两个矩阵：

$$X = \begin{pmatrix} 1 & x_1 \\ 1 & x_2 \\ \vdots & \vdots \\ 1 & x_k \end{pmatrix} \quad Y = \begin{pmatrix} y_1 \\ y_2 \\ \vdots \\ y_k \end{pmatrix}$$

则 k 次实验形成 k 个方程，根据线性代数的乘法运算规则，可以表示为

$$\begin{pmatrix} 1 & x_1 \\ 1 & x_2 \\ \vdots & \vdots \\ 1 & x_k \end{pmatrix} \begin{pmatrix} a_0 \\ a_1 \end{pmatrix} = \begin{pmatrix} y_1 \\ y_2 \\ \vdots \\ y_k \end{pmatrix}$$

简写为

$$Y = XA$$

其中 X 和 Y 已知，求解回归系数 A，可通过以下矩阵运算完成：

$$A = (X^{\mathrm{T}}X)^{-1} X^{\mathrm{T}} Y$$

其中涉及矩阵转置、求逆、相乘的运算需要借助 Python 提供的 NumPy 库完成。

2.2 矩阵的初始化与重组

矩阵的初始化是指采用 NumPy 库提供的各类方法快速形成计算所需要的矩阵；重组则是指对矩阵的数据进行重新组织，例如形成单位矩阵、两个矩阵合并、从原矩阵分片得到子矩阵、行（列）互换、插入新行（列）等就属于这类操作。

2.2.1 矩阵的初始化

1. 通过文本文件初始化

读文件可以将实验记录的数据读入矩阵，对矩阵进行初始化，为计算做准备。写文件则可以将计算结果矩阵保存成文件。

（1）读文件

在 NumPy 库中，提供了直接读文件形成矩阵的 loadtxt 方法，其格式为

data＝np. loadtxt（file,delimiter=' '）

其中 file 是文本格式的磁盘文件，文件的列间应以空格或 Tab 键为间隔符，每行的数据个数应相同。若列间不是以空格或 Tab 键为间隔符，则需通过 delimiter 参数指定。

语句执行完毕后，data 就是所需要的矩阵，类型为 ndarray 对象。

（2）写文件

NumPy 库的 savetxt 方法负责将矩阵写入磁盘文件，其格式为

numpy. savetxt(fname, X, fmt='格式串', delimiter=' ', newline='\r\n')

其中 fname 为文件名；X 为待输出矩阵；fmt 为数据格式；delimiter 是列间分隔符；newline 为换行符，一般使用\r\n。

由于参数 delimiter、newline 都是默认值参数，因此，使用时通常关注前面 3 个参数即可。

下面的语句将矩阵 y 保存到磁盘文件 111. txt 中。数据格式为位宽 5 位，保留两位小数，列间用 Tab 键间隔。

```
np. savetxt("d:\\111. txt",y,fmt='%5.2f', delimiter='\t')
```

下面的例子先产生了矩阵 x，将其存储到磁盘文件中，然后再次读入验证，读者可以体会 savetxt 和 loadtxt 配合使用的情况。

```
x=np. ones((3,2))              #生成每个元素都为 1 的 3 行 2 列的矩阵
np. savetxt(r"d:\333. txt",x)    #将 x 矩阵存储到 d:\333. txt 文件中
y=np. loadtxt(r"d:\333. txt")    #将存储的矩阵从文件中读出
print(y)
```

运行结果如下：

```
array([[ 1.,   1.],
       [ 1.,   1.],
       [ 1.,   1.]])
```

2. 通过 NumPy 库提供的方法初始化

（1）用 array 方法实现类型转换

数值类型的列表、元组、集合可以通过 NumPy 库的 array 方法直接转换为矩阵，其格式为

X＝np. array(数值序列对象)

此时 X 就是序列经转换后得到的矩阵。

（2）通过 zeros、ones、eye 方法初始化

NumPy 库的 zeros、ones 方法分别形成所有元素都为 0 或 1 的矩阵。若生成的矩阵的维度超过一维，维度参数需要通过元组传递。

例如，下面的语句分别生成元素都是 0 的一维矩阵和二维矩阵，以及元素都是 1 的二维矩阵：

```
import numpy as np
A=np.zeros(3)
B=np.zeros((2,3))
C=np.ones((2,2))
print(A)
print(B)
print(C)
```

运行结果如下：

```
[0. 0. 0.]
[[0. 0. 0.]
 [0. 0. 0.]]
[[1. 1.]
 [1. 1.]]
```

eye 方法形成单位矩阵，因为单位矩阵是方阵，因此只需为 eye 方法指定一个整数即可。例如：

```
X=np.eye(5)
```

是一个 5×5 的单位矩阵。

（3）生成随机数矩阵

NumPy 库的 random 类提供了生成随机数矩阵的很多方法，用户可以指定生成的随机数服从某种统计分布。常用的有产生服从正态分布或均匀分布的矩阵。standard_normal()函数用于产生服从标准正态分布的矩阵，random()函数则产生随机数在 0～1 的均匀分布的矩阵，二者都接受元组参数定义矩阵的维度。

例如，产生一个 5×5 的服从(0,1)正态度分布的随机数矩阵，以及一个 5×5 的随机数在 0～1 均匀分布的矩阵，其代码如下：

```
import numpy as np
x=np.random.standard_normal((5,5))        #正态分布的随机数矩阵
print(x)
y=np.random.random((5,3))                 #0～1均匀分布的矩阵
print(y)
```

运行结果如下：

array([[−1.83736792, 0.67922545, 0.88613889, 0.34733628, −1.38831522],
       [0.39040858, −0.19304491, 0.72304441, −0.70496492, 0.14639742],
       [−0.79120637, −0.33474035, −0.53879652, −0.31085739, −1.68399205],
       [−0.66716975, 1.31126922, −1.55773383, −2.13344984, −1.85336172],
       [−0.26524829, 1.6744598 , 0.24608944, 0.53472588, 0.7337802]])
array([[0.14171283, 0.87796779, 0.76223678],
       [0.23064744, 0.62933024, 0.01079191],
       [0.87063565, 0.24707935, 0.75920992],
       [0.30509535, 0.51630481, 0.46138002],
       [0.39463473, 0.07897069, 0.93198343]])

3. 通过矩阵分片初始化

NumPy 库的 ndarray 对象支持多个维度的分片操作，每个维度上的分片规则与 Python 的列表分片规则一致，维度之间用逗号间隔。所以，通过对已有矩阵进行分片操作，也是一种生成矩阵的方法。例如：

```
import numpy as np
x＝np. random. standard_normal((4,4))
print( x)
y＝x[:,:2]          #第一个:代表所有行,第二个:后跟数字 2 表示取前两列
print(y)
z＝x[:2,2:]          #取前两行、第二列后的所有列
print(z)
```

上述代码首先生成一个 4×4 的二维矩阵 x。语句"y＝x[:,:2]"表示取 x 的所有行的前两列组成 y 矩阵；语句"z＝x[:2, 2:]"则表示取前两行、第二列开始到最后的所有列组成 z 矩阵。

读者可以执行上面代码，调节冒号前后的数字，理解矩阵的分片，因矩阵 x 使用随机数生成，所以每次执行结果不同。

2.2.2 矩阵的重组

在实际问题求解过程中，常需要对现有矩阵进行重新组织以完成后续计算，重组包括插入新行（列）、行（列）互换、矩阵合并、从现有矩阵中过滤出符合要求的子矩阵等。

1. 插入新行（列）

为矩阵插入新行或新列可使用 insert 方法实现，其语法格式为

结果矩阵＝np. insert(矩阵 a,插入位置,矩阵 b,[axis＝0])

其语义为将矩阵 b 按指定方向（axis＝0 时按行操作，axis＝1 时按列操作）插入到矩阵 a 的指定位置。例如：

```
import numpy as np
a＝np. array([[1,2,3.0],[4.0,5,6]])
b＝np. ones(3)
np. insert(a,0,b,axis＝0)
print(a)
```

运行结果如下：

```
array([[ 1.,   1.,   1.],
       [ 1.,   2.,   3.],
       [ 4.,   5.,   6.]])
```

上述代码将矩阵 b 插入矩阵 a 的第 0 行，所以 a 新增一行，新行的数值都是 1。

2. 矩阵合并

将两个矩阵按列或行合并形成新矩阵，分别使用 c_[] 和 r_[] 实现，合并前需要检查两矩阵合并的可能性。列合并要求两个矩阵的行数相同；行合并则要求两个矩阵的列数相同，例如：

```
import numpy as np
a＝np. array([[1,2,3.0],[4.0,5,6]])
b＝np. ones(2)
c＝np. c_[b,a]
print(c)
```

运行结果如下：

```
array([[ 1.,   1.,   2.,   3.],
       [ 1.,   4.,   5.,   6.]])
```

上述两个矩阵 a 和 b 行数相等，因此可以按列合并，矩阵 a 的最左边增加了一列 1。

3. 行（列）交换

矩阵的行（列）交换采用分片的方式进行。行交换时，第一维用一个列表确定交换的两行的序号，第二维用 ":" 号代表所有的列，如下列语句完成矩阵 data 第 0 行与第 2 行的交换：

```
data[[0, 2], :] = data[[2, 0], :]
```

列交换时，将需要交换的两列的序号写到第二维。如下面语句完成矩阵 data 第 0 列和第 2 列的交换：

```
data[:,[0, 2]] = data[:, [2, 0]]
```

4. 数据过滤

将需要选出的矩阵的行（列）索引写进列表，然后将列表放到矩阵分片的行（列）的维度中，即可方便地将所需的行（列）过滤出来。例如：

```
import numpy as np
a=np. random. random((9,4))
print(a)
xSel=[0,5,7]            #被选中的行的索引
ySel=[1,3]             #被选中的列的索引
b=a[xSel]             #选择指定行
b=b[:,ySel]            #选择指定列
print(b)
```

过滤矩阵的数据还可以通过元素取值只能是 True、False 的一维序列完成，将序列放到矩阵分片的维度上，对应于 True 元素的行（列）将被过滤出来。

【例 2.1】 已知 X 矩阵存储了 8 朵鸢尾花的花瓣长、宽数据。Y 矩阵存储了 8 朵花的归属，归属取值 1 代表山鸢尾，−1 代表变色鸢尾。根据 Y 的结果，将 X 中的山鸢尾数据提取出来。

分析：Y 矩阵的每行表示 X 矩阵的对应行的鸢尾花的属性，山鸢尾的分类标识为 1。因此可以将 Y 矩阵与 1 进行相等判断，得到的结果是一个一维数组。Y 取值为 1 的行，结果数组的取值为 True，再将结果数组作为 X 矩阵的行标进行分片，就可获得所需要的结果。

程序代码如下：

```
import numpy as np
X=np. array([[5.1, 3.5], [4.9, 3. ],
    [5.5, 2.6], [6.1, 3.0],
    [4.7, 3.2], [4.6, 3.1],
    [5.8, 2.6], [5. , 2.3]])
Y=np. array([−1, −1, 1, 1,  −1, −1,1, 1])
山鸢尾＝Y==1                #将 Y 与 1 进行判断,元素为 1 时返回 True
Result＝X[山鸢尾]
print(Result)
```

运行结果如下：

```
[[5.5 2.6]
 [6.1 3. ]
 [5.8 2.6]
 [5.  2.3]]
```

2.3 矩阵运算

　　矩阵运算是数据科学的基础，Numpy 库提供的矩阵运算方法很丰富，既包括线性代数中常见的矩阵＋、－、＊、/、点乘、转置、求逆等运算，也包括为方便计算处理而设计的矩阵与向量间按行（列）进行的算术运算，另外还支持算术函数在矩阵上进行的运算。

2.3.1 矩阵的算术运算

　　矩阵的算术运算包括＋、－、＊、/、乘方、算术函数、矩阵与常数的运算等。

1. ＋、－、＊、/运算

　　这几种运算在两个同维度的矩阵上进行，结果是两个矩阵的对应元素按指定的运算符进行运算，例如：

```
A＝np. random. random((3,2))      #生成3行2列的随机数矩阵
B＝np. random. random((3,2))      #生成另一个3行2列的随机数矩阵
C＝A＋B
D＝A－B
E＝A＊B
F＝A/B
```

2. 乘方运算

　　矩阵的乘方运算是将矩阵的每个元素乘方后求得新矩阵。例如：

```
Z＝C ＊＊2
```

表示 Z 矩阵的每个元素是 C 矩阵对应位置元素的平方。

3. 算术函数运算

　　NumPy 库提供了完整的算术函数，如指数、对数、三角函数，这些函数的参数支持矩阵，运算的结果是一个矩阵。例如：

```
x＝np. arange(－np. pi,np. pi,0.1)     #从－π到π每间隔0.1弧度取一个值形成矩阵
y＝np. sin(x)                          #计算 x 的每个元素的正弦值
```

4. 矩阵与常数的运算

矩阵与常数的运算是指矩阵与常数的＋、－、＊、/运算，方法是矩阵的每个元素与常数进行指定的运算。例如：

```
A=np. random. random((3,2))        #A 的每个元素取 0～1 的小数
B=2 * A－1                          #B 的每个元素取－1～1 的小数
```

2.3.2　矩阵的点乘、转置与求逆

1. 矩阵的点乘

矩阵的点乘要求运算符左侧矩阵的行数等于右侧矩阵的列数。在 NumPy 库中，通过矩阵对象的 dot 方法或运算符@完成。其语法格式为

C＝A @ B　或　C ＝A. dot(B)

例如，下面代码完成两个矩阵的相乘：

```
import numpy as np
A=np. array([[1,2,3.0],[2.1,2,3]])
B=np. array([[2,1],[2.1,3],[4,1.2]])
C=A. dot(B)            #矩阵点乘,也可写成 C ＝A @ B
print(C)
```

运行结果如下：

```
array([[ 18.2,  10.6],
       [ 20.4,  11.7]])
```

2. 矩阵的转置

矩阵的转置可以使用矩阵的 T 属性完成，也可以使用 transpose()方法完成，其语法格式为

矩阵 . T　或　矩阵 . transpose()

例如，执行下列代码：

```
C=np. array([[ 18.2,  10.6],[ 20.4,  11.7]])
D=C. T                 #也可使用 D=C. transpose()
```

则 D 为 C 的转置矩阵，运行 print(D)的结果为

```
array([[ 18.2,  20.4],
       [ 10.6,  11.7]])
```

3. 矩阵的求逆

矩阵求逆要求原矩阵是满秩方阵。设 A 是满秩方阵，则 A 的逆可以用如下语句

求得：

> B=np. linalg . inv（A）

如下面代码求方阵 D 的逆，并计算 D 与其逆的乘积：

> D=np. array（[[18.2, 20.4],[10.6, 11.7]]）
> Dinv=np. linalg. inv(D)
> print(Dinv)
> print(D @ Dinv)

运行结果如下：

> array([[−3.54545455, 6.18181818],
>   [3.21212121, −5.51515152]])
>
> array([[1.00000000e+00, 0.00000000e+00],
>   [−7.10542736e−15, 1.00000000e+00]])

可见，在误差范围内（10^{-15} 可以认为是 0），原矩阵与其逆的乘积是一个单位矩阵。

2.3.3　矩阵的统计函数

矩阵的统计函数包括 sum（求和）、std（标准差）、mean（平均值）等。在默认情况下，这些函数计算时对矩阵所有元素进行。但由于矩阵具有行、列属性，因此，通过特别指定后，这些函数也可以按行或列进行运算。指定操作的参数为 axis，当 axis=0 时，按列操作；当 axis=1 时，按行操作。例如：

> x=np. array([[1,2,3],[5,6,7]])
> print('总和:', x. sum())   #对所有元素进行
> print('按列求和:', x. sum(axis=0))   #对每列求和
> print('按行求和:', x. sum(axis=1))   #对每行求和
> print('按列求均值:', x. mean(axis=0)) #对每列求平均值

运行结果如下：

> 总和：24
> 按列求和：[6 8 10]
> 按行求和：[6 18]
> 按列求均值：[3. 4. 5.]

当选择了参数 axis 后，函数的计算按列或行进行，得到的结果仍然是一个 ndarray 对象，但维数则为一维。

2.3.4　矩阵与向量的算术运算

矩阵与向量（一维数组）的算术运算是指它们之间的＋、一、＊、/运算，在进行这种运算时，要求向量的元素个数等于矩阵的列数，其运算结果是矩阵的每列与对应的向量元素按指定运算符进行计算。

例如：

```
import numpy as np
X=np. random. random((10,3))          #10 行 3 列的随机数矩阵
y=np. array([1.3,2.1,2.6])            #y 有 3 个元素,矩阵 X 有 3 列
z=X/y                                 #X 的 3 列依次除以 1.3, 2.1, 2.6
```

这种处理方式为实际科学计算带来很多便利。如在统计模式识别中，常需要对原始数据进行预处理，其处理过程是将矩阵的每列减去其均值，然后除以其标准差。例如：

```
avg=X. mean(axis=0)            #按列求平均值
std=X. std(axis=0)             #按列求标准差
X=(X—avg)/std                  #按列减均值后除以对应的标准差
```

当类似的操作希望在矩阵的行上进行时，则需要将一维向量转换成一个只有一列的二维矩阵。如下面代码对矩阵按行进行处理时，将每行平均值调整为 0，标准差调整为 1，请注意关键字 keepdims 的用法，它使得计算所得矩阵 avg、std 都维持原矩阵 X 的维度，所以都是一个只有一列的二维矩阵。

```
import numpy as np
X=np. random. random((10,3))
avg=X. mean(axis=1,keepdims=1)        #按行计算平均值,保持 avg 是二维矩阵
std=X. std(axis=1, keepdims=1)        #按行计算标准差,保持 std 是二维矩阵
X=(X—avg)/std                         #对 X 矩阵的每行进行处理
```

2.4　线性回归建模

符合线性关系的多元函数可以表示为如下方程：

$$y=a_0+a_1x_1+\cdots+ a_ix_i+\cdots+a_nx_n$$

为求取模型的系数 a_i，通常安排一组实验，得到一组 y 和对应的 x_i 值，形成超定方程组，通过矩阵运算求解超定方程组的最小二乘解，该类问题就是线性回归建模。

2.4.1 线性回归

1. 一元线性回归

线性模型的最简单形式是两维平面中的直线方程，请参见（式 1.2.1）。当经过实验测定了 n 个点 (x_i, y_i) 后，对直线方程的求解就变成了一个优化的问题，其准则是优化参数 a_0 和 a_1，使得通过拟合的直线方程预测的值 $\hat{y}$ 与实验值 y 之间的差异平方和最小，即满足如下公式：

$$\min(\sum_{i=1}^{n}(y_i-\hat{y_i})^2)=\min(\sum_{i=1}^{n}(y_i-a_1x_i-a_0)^2) \qquad (式 1.2.3)$$

求解上述问题时，将公式分别对 a_1 和 a_0 求偏导，并令偏导数为 0，得到两个偏微分方程：

$$\frac{\partial \sum_{i=1}^{n}(y_i-a_1x_i-a_0)^2}{\partial a_1}=2\sum_{i=1}^{n}(y_i-a_1x_i-a_0)(-x_i)=0$$

$$\frac{\partial \sum_{i=1}^{n}(y_i-a_1x_i-a_0)^2}{\partial a_0}=2\sum_{i=1}^{n}(y_i-a_1x_i-a_0)(-1)=0$$

两个方程可约简为

$$\sum_{i=1}^{n}x_iy_i-a_1\sum_{i=1}^{n}x_i^2-a_0\sum_{i=1}^{n}x_i=0$$

$$\sum_{i=1}^{n}y_i-a_1\sum_{i=1}^{n}x_i-na_0=0$$

最后求得参数 a_0 和 a_1。

一元线性回归也可以表示为如下的矩阵形式：

$$\begin{bmatrix} 1 & x_1 \\ 1 & x_2 \\ \vdots & \vdots \\ 1 & x_n \end{bmatrix}\begin{bmatrix} a_0 \\ a_1 \end{bmatrix}=\begin{bmatrix} y_1 \\ y_2 \\ \vdots \\ y_n \end{bmatrix}$$

或写成

$$Y=XA$$

采用矩阵运算求解系数向量 A：

$$A=(X^TX)^{-1}X^TY \qquad (式 1.2.4)$$

【例 2.2】 通过 Excel 中模拟的线性方程，用矩阵运算求解方程的系数。

以一元线性方程

$$y = 3.5 + 2.2x$$

为例，产生模拟数据的具体操作如下：

设定 A、B 两列的第一行标题为"x"和"y"，在 A2 单元格中输入"=10 * rand()"，在 B2 单元格中输入"=3.5+2.2 * A2+(rand()−0.5)/10"。模拟 10 次实验，操作结果如图 1.2.1 所示。

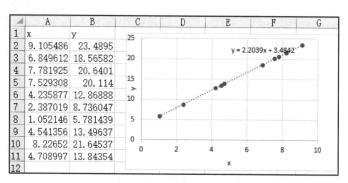

图 1.2.1 模拟产生的一元线性回归数据及其趋势图

将 x 和 y 列的数据同时选中，复制到 xyData. txt 文件中，如图 1.2.2 所示。

图 1.2.2 模拟产生的一元线性回归数据形成的文本文件

分析：首先通过 NumPy 库读入数据，读入后将数据分片到 x 和 y，再根据（式 1.2.4）计算求解。

程序代码如下：

```
import numpy as np
data=np. loadtxt(r"F:/teach/xyData. txt")          #读数据文件
x=data[:,0]                                        #取第一列
y=data[:,1]
oneCol=np. ones(x. shape[0])                       #生成一列 1
```

```
X=np. c_[oneCol，x]              #为 X 增加一列 1
Xt=X. T
inv = np. linalg. inv(Xt @ X)    #求 XᵀX 的逆
a=inv @ Xt @y                    #求回归系数
print(a)
yhat=X @ a
print("预测值：",yhat)
```

运行结果如下：

$$[3.48423342 \quad 2.20387463]$$

通过对比发现，程序结果与模拟趋势的计算结果是一致的。

2. 多元线性回归

多元线性回归是指受多个自变量线性影响的多个函数，形成一组如下所示的线性方程：

$$y_1 = a_{10} + a_{11}x_1 + a_{12}x_2 + \cdots + a_{1n}x_n$$
$$y_2 = a_{20} + a_{21}x_1 + a_{22}x_2 + \cdots + a_{2n}x_n$$
$$\vdots$$
$$y_m = a_{m0} + a_{m1}x_1 + a_{m2}x_2 + \cdots + a_{mn}x_n$$

其中 y_1，y_2，$\cdots$，y_m 是 m 个随变量 x_1，x_2，$\cdots$，x_n 变化的函数。

假设进行了 k 次实验，第 i 次实验时，变量 x_1，x_2，$\cdots$，x_n 的取值为 x_{1i}，x_{2i}，$\cdots$，x_{ni}，则 y_1，y_2，$\cdots$，y_m 的取值分别为 y_{1i}，y_{2i}，$\cdots$，y_{mi}，可写成如下形式：

$$\begin{bmatrix} 1 & x_{11} & \cdots & x_{n1} \\ 1 & x_{12} & \cdots & x_{n2} \\ \vdots & \vdots & \vdots & \vdots \\ 1 & x_{1k} & \cdots & x_{nk} \end{bmatrix} \begin{bmatrix} a_{10} & a_{20} & \cdots & a_{m0} \\ a_{11} & a_{21} & \cdots & a_{m1} \\ \vdots & \vdots & \vdots & \vdots \\ a_{1n} & a_{2n} & \cdots & a_{mn} \end{bmatrix} = \begin{bmatrix} y_{11} & y_{21} & \cdots & y_{m1} \\ y_{12} & y_{22} & \cdots & y_{m2} \\ \vdots & \vdots & \vdots & \vdots \\ y_{1k} & y_{2k} & \cdots & y_{mk} \end{bmatrix}$$

用矩阵形式表示为

$$Y = XA$$

系数矩阵 A 的求解公式为

$$A = (X^{\mathrm{T}}X)^{-1}X^{\mathrm{T}}Y \qquad\qquad （式 1.2.5）$$

比较（式 1.2.4）和（式 1.2.5），如果将向量看作只有一行（列）的矩阵，则一元线性回归和多元线性回归求解公式是一致的。

在求得系数矩阵 A 之后，对于新测矩阵 X_{new}，其预测结果可以按如下公式计算：

$$Y_{\text{new}} = X_{\text{new}}A$$

【例 2.3】 在 Excel 中模拟多元线性方程，用矩阵运算求解方程的系数。

在 Excel 中模拟如下线性方程组：

$$y_1=1.2x_1+0.9x_2+3.3x_3$$

$$y_2=0.7x_1-1.8x_2+2.3x_3$$

选定 A、B、C 列分别存放“x1”“x2”“x3”，此 3 列全部使用公式“=10 * rand()”产生随机数。分别在 E、F 两列计算“y1”和“y2”，如图 1.2.3 所示。

F2　=0.7*A2-1.8*B2+2.3*C2+(RAND()-0.5)/10

	A	B	C	D	E	F	G
1	x1	x2	x3		y1	y2	
2	9.573239	1.458617	3.492585		24.30793	12.153	
3	0.669092	3.782116	5.49501		22.31583	6.279701	
4	8.015893	9.051919	2.49149		25.98152	-4.906	
5	5.729535	0.780253	3.48788		19.11502	10.58533	
6	2.181671	8.603858	9.274383		40.93242	7.394486	
7	2.875355	3.116314	8.983891		35.91595	17.08458	
8	4.325786	0.387009	6.397596		26.64675	17.05975	
9	0.57703	9.567316	8.364426		36.9198	2.392671	
10	4.196509	6.910745	8.788022		40.29362	10.73674	
11	8.629114	3.893419	2.335406		21.54815	4.408596	

图 1.2.3　线性方程组的模拟数据

数据产生完毕后，将 5 列数据复制到 mulXYdata. txt 文件中，如图 1.2.4 所示。

mulXYdata.txt - 记事本

文件(F)　编辑(E)　格式(O)　查看(V)　帮助(H)

9.573239	1.458617	3.492585	24.30793	12.153
0.669092	3.782116	5.49501	22.31583	6.279701
8.015893	9.051919	2.49149	25.98152	-4.906
5.729535	0.780253	3.48788	19.11502	10.58533
2.181671	8.603858	9.274383	40.93242	7.394486
2.875355	3.116314	8.983891	35.91595	17.08458
4.325786	0.387009	6.397596	26.64675	17.05975
0.57703	9.567316	8.364426	36.9198	2.392671
4.196509	6.910745	8.788022	40.29362	10.73674
8.629114	3.893419	2.335406	21.54815	4.408596

图 1.2.4　模拟的线性方程组数据形成的文本文件

分析：通过 NumPy 库读入数据文件 mulXYdata. txt，然后将数据的前 3 列分片到 X，后两列分片给 Y，利用（式 1.2.5）计算求解。

程序代码如下：

```
import numpy as np
data=np. loadtxt (r"F:/teach/mulXYdata. txt")      #读文件
X=data[:,:3]                                       #前 3 列给 X
Y=data[:,3:]                                       #第 3 列以后给 Y
a=np. linalg. inv(X. T@X) @ X. T @ Y               #求解系数 A
print(a. round(4))
```

运行结果如下：

$$
\begin{bmatrix}
[\ 1.1994 & 0.7027] \\
[\ 0.899 & -1.7989] \\
[\ 3.3012 & 2.299\ ]]
\end{bmatrix}
$$

由于模拟的数据没有截距项，所以在求解时，无须给 **X** 矩阵增加一列 1，这种情况在很多科学实验中与对仪器调 0 操作相对应，是普遍存在的情况。

3. 线性回归类设计

线性回归是一个普遍问题，可以将求解过程归纳为一个类，以增加程序的适应性。除求解回归系数外，还要考虑模型的预报功能，为此增加 predict 方法。下面代码定义线性回归类 MLR，并将其保存为 MLR.py：

```python
import numpy as np
class MLR：
    def __init__(self,X,Y,intercept=True)：
        self.X=X
        self.Y=Y
        self.intercept=intercept          #对截距的考虑
    def fit(self)：                        #求解回归系数
        if (self.intercept)：              #若考虑截距,则为 X 矩阵加一列 1
            one=np.ones(len(self.X))
            X=np.c_[one,self.X]
        else：
            X=self.X
        XtXinv = np.linalg.inv(X.T @X)
        self.A = XtXinv @ X.T @ self.Y
    def predict(self,X)：
        if self.intercept：
            one=np.ones(len(X))
            X=np.c_[one,X]
        Y = np.dot(X,self.A)
        return Y
```

在 MLR 类的支持下，例 2.2 对一元线性方程的求解代码可改为

```python
import numpy as np
from MLR import MLR
data=np.loadtxt("F:/teach/xyData.txt")
```

```
x=data[:,0]
y=data[:,1]
mlr=MLR(x,y)                    #考虑截距,类中 intercept 默认取真
mlr. fit( )
print(mlr. A)
yhat=mlr. predict(x)            #用模型预报自身
print(yhat)
```

例 2.3 多元线性方程由于模拟数据中假设截距为 0，所以构造类对象时将截距参数取 False，代码如下：

```
import numpy as np
from MLR import MLR
data=np. loadtxt("F:/teach /mulXYdata. txt")
X=data[:,:3]
Y=data[:,3:]


mlr=MLR(X,Y,False)              #参数 False 确定回归时无截距
mlr. fit( )
print(mlr. A)
yhat=mlr. predict(X)            #用模型预报自身
print(yhat)
```

2.4.2　主成分回归

多元线性回归可计算求解的前提是变量 x_i 之间相互独立，一旦变量间强相关，多元线性回归就变得不可靠了。在这种情况下，需要通过其他手段提取变量中独立正交的部分来实现线性回归问题的求解。

1. 变量相关带来的问题

在（式 1.2.5）中，若变量间线性相关，则 $\boldsymbol{X}$ 可通过按列进行矩阵初等变换，使得矩阵某些列的元素全部为 0，导致 $(\boldsymbol{X}^{\mathrm{T}}\boldsymbol{X})^{-1}$ 无法求解。

但实验测量时的噪声、计算过程中浮点数引入的误差，都会使 $(\boldsymbol{X}^{\mathrm{T}}\boldsymbol{X})^{-1}$ 可以计算求解，造成可以计算的假象。此时如果用模型预报自身，则会发现预报误差非常大，说明模型是不可靠的。

【例 2.4】 变量相关问题的多元线性建模及误差检验。

在 Excel 中模拟如下线性方程：

$$y = x_1 + x_2 + x_3 + x_4 + x_5 + x_6$$

假设 x_1、x_2、x_3 为独立随机变量，通过 rand() 函数产生，x_4、x_5、x_6 为非独立随机变量，可以用前 3 个变量线性表示：

$$x_4 = x_1 + 2x_2 - x_3$$

$$x_5 = 2x_1 - x_2$$

$$x_6 = x_1 + x_2 - 2x_3$$

模拟数据完毕后，保存到"x 间相关 . txt"文件中。

用模拟的数据直接进行线性建模并对自身进行预报，程序代码如下：

```
import numpy as np
from MLR import MLR
data＝np. loadtxt("F：/teach /x 间相关 . txt")
X＝data[ : ,:6]                          #前 6 列是自变量
Y＝data[ : , −1]                         #最后一列是 Y
mlr＝MLR(X, Y, False)
mlr. fit()
yhat＝mlr. predict(X)
error＝(Y−yhat)/Y ∗ 100
print(error. round(2))
```

运行结果如下：

$$[\ -999.82\ -1287.69\ -1049.89\ \ -831.62\ -1150.01\ \ -471.37\ \ -791.49$$
$$-850.00\ \ -935.42]$$

本例模拟的数据没有附加噪声，但预报结果的误差非常大，说明所建立的模型是不可靠的。

2. 矩阵的秩分析确定独立变量数

确定变量间是否相关可通过矩阵的秩分析，其过程是求矩阵的所有特征值，通过特征值的大小比对，确定独立变量数。其依据的原理包括以下几点：

① 仪器测量信号振幅要远远大于噪声的变化。

② 矩阵特征值的大小对应数据某个主成分方向上的方差大小。

③ 信号的方差远大于噪声的方差。

④ 方差最小的独立信号的特征值，与对应噪声的特征值的比值会出现突跃。

⑤ 白噪声对应的特征值数量级相同。

对给定的矩阵 $\boldsymbol{X}$，NumPy 求其所有特征值的语句为

```
U,S,V = np. linalg. svd(X,full_matrices=False)
eigenValues=S**2
```

其中 eigenValues 中存放 **X** 矩阵的所有特征值，且从大到小排列。

【例 2.5】   求例 2.4 中矩阵 **X** 的所有特征值，并计算相邻特征值的比值，确定变量间是否相关和独立变量的个数。

分析：通过 NumPy 库求所有特征值，然后计算相邻特征值的比值并输出。程序代码如下：

```
import numpy as np
data=np. loadtxt("F:/teach/x 间相关 . txt")
X=data[:,:6]                                    #前 6 列是 X
U,S,V = np. linalg. svd(X,full_matrices=False)  #对矩阵进行奇异值分解
eigenValues=S**2                                #求所有特征值
eig1=eigenValues[:-1]                           #从第一个特征值到倒数第二个特征值
eig2=eigenValues[1:]                            #从第二个特征值到最后
compare=eig1/eig2                               #相邻特征值的比值
print('特征值:',eigenValues)
print('相邻特征值比值:',compare)
```

运行结果如下：

特征值：[27.79 3.33 1.10 7.15e−19   3.14e−19 8.05e−20]

相邻特征值比值：[8.33 3.01 1.54e+18 2.27   3.90]

从计算结果看，第三和第四特征值的比值有突跃，达到 10^{18}，而其他特征值间的比值差异较小。前两个比值说明信号间的幅度差异不大，最后两个比值说明后续的特征值数量级上也没有差异。从而可以断定，例 2.4 中的 6 个变量，有 3 个是独立随机变量。这与模拟的实际情况是一致的。

3. 矩阵的奇异值分解确定正交变量

对矩阵进行正交分解，常采用奇异值分解，即将矩阵 **X** 分解为 3 个矩阵的乘积，可以表示为

$$X=USV$$

其中 **S** 为对角矩阵，其每个元素是矩阵 **X** 的实奇异值（特征值开根号），并从大到小排列。**U** 是列正交矩阵，且每列的模为 1。**V** 是行正交矩阵，且每行的模为 1。所谓列（行）正交，是指矩阵的任意两列（行）的内积为 0。因为 **V** 矩阵的性质，所以有

$$VV^{T}=I \tag{式 1.2.6}$$

令 $T=US$，则

$$P=V^T \qquad\qquad (式1.2.7)$$

奇异值分解公式可以改写为

$$X=TP^T \qquad\qquad (式1.2.8)$$

（式1.2.8）被称为主成分分解，T 称为得分，P 称为载荷，二者的关系是

$$T=XP \qquad\qquad (式1.2.9)$$

（式1.2.9）说明，因为 P 的列组成一组相互正交的单位向量，所以得分矩阵 T 是 X 的每个样本转换到由 P 展开的一组正交空间后的新坐标。

经矩阵的秩分析确定独立变量数 k 之后，根据主成分分解求得的特征值是从大到小排列的性质，T 的前 k 列就是独立随机变量，它是原始变量的线性组合，P 的前 k 列则是新形成的正交空间。

此时，用 T 的前 k 列与 Y 再次进行多元线性回归，成为 X 降低维度的回归模型，称为主成分回归。

【例2.6】 对例2.4先进行秩分析确定独立变量数，然后用主成分回归再次建模，并检验预报误差。

程序代码如下：

```
import numpy as np
from MLR import MLR
data=np.loadtxt("F:/teach/x间相关.txt")
X=data[:,:6]
Y=data[:,-1]
U,S,V = np.linalg.svd(X,full_matrices=False)
eigenValues=S**2
eig1=eigenValues[:-1]
eig2=eigenValues[1:]
compare=eig1/eig2
compare=eig1/eig2
print('特征值：',eigenValues)
print('相邻特征值比值：',compare)
k=int(input('请确定主成分数：'))
T=U*S
P=V.T
T=T[:,:k]
P=P[:,:k]
```

```
mlr＝MLR(T,Y)
mlr. fit()
yhat＝mlr. predict(T)
error＝(Y－yhat)/Y * 100
print(error)
```

确认主成分数 3 后，程序建模预测的结果如下：

请确定主成分数:3

$[-5.096e-08 \quad 1.475e-08 \quad 1.760e-10 \quad 2.351e-08 \quad -5.693e-09 \quad 1.478e-08$

$8.257e-09 \quad -1.7624e-08$

$7.450e-09]$

可见，去掉变量的相关性之后，用主成分可以建立稳定的模型。

2.4.3　模型验证策略

判定一个模型的好坏有多种方案，如统计学检验、计算相关系数等，也可以用独立数据集对模型进行检验，但由于采用独立验证集需要再次安排实验，所以多采用对建模样本集适当分割的方案对建模进行评估。

1. 样本随机分割策略

样本随机分割策略是指随机挑选一小部分样本作为独立测试集，而后用剩余的样本建模，再用独立测试集检验建立的模型。

sklearn. model_selection 中的 train_test_split() 函数可以快速完成样本随机分割。对于给定的建模数据集 X、Y，实现样本随机分割的语句为

```
from sklearn. model_selection import train_test_split
XTrain, XTest, YTrain, YTest = train_test_split(X, Y, test_size＝testSize)
```

test_size 参数的取值是一个小数，例如 0.1，代表随机选出 10％的样本作为独立测试集。返回参数 XTrain、YTrain 将用于建立模型，用建立的模型对 XTest 进行预报，预报值与 YTest 的比对可以判断模型的好坏。由于采用随机抽样，所以程序每次运行所抽取的样本有差异，预报结果也有差异。

【**例 2.7**】　在例 2.6 的主成分回归问题中，数据集共有 9 个样本，随机使用 30％的样本作为独立测试集，用建立的模型对独立测试集预报。

分析：数据被分割成训练集和测试集后，由于主成分回归是在新建立的正交空间中建模，所以预报时需要将测试集转换到训练集建立的正交空间后，再进行预报。

程序代码如下：

```
import numpy as np
from MLR import MLR
data=np. loadtxt("F:/teach/x 间相关 . txt")
X=data[:,:6]
Y=data[:,-1]
from sklearn. model_selection import train_test_split
XTrain,XTest,YTrain,YTest=train_test_split(X,Y,test_size=0.3)  #0.3 代表随机挑选 30% 样本
U,S,V = np. linalg. svd(XTrain,full_matrices=False)   #对训练集进行秩分析
eigenValues=S**2
eig1=eigenValues[:-1]
eig2=eigenValues[1:]
compare=eig1/eig2
compare=eig1/eig2
print('特征值:',eigenValues)
print('相邻特征值比值:',compare)
k=int(input('请确定主成分数:'))
T=U*S                                    #训练集在新正交空间中的坐标
P=V. T
T=T[:,:k]
P=P[:,:k]

mlr=MLR(T,YTrain)
mlr. fit()
Ttest=XTest@P                            #测试集转换到新的正交空间
yhat=mlr. predict(Ttest)
error=(YTest-yhat)/YTest * 100           #计算独立测试集的误差
print(error)
```

程序独立运行两次后，对独立测试集的预报误差如下。

第一次运行结果如下：

 [4.889e-08 3.9316e-08 8.347e-09]

第二次运行结果如下：

 [2.693e-08　 1.303e-07 -1.935e-08]

2. 交叉验证

样本随机分割对模型验证被认为是不够全面的，因为没有对所有样本的预测结果

提供佐证。交叉验证是更全面地对模型验证的策略，其基本思想是：将样本等分成 n 份，每次拿出 $n-1$ 份样本建模，用建立的模型预报剩下的 1 份。然后将被预报的 1 份样本放回训练集，再抽出另外的 1 份作为测试集，这样还是用 $n-1$ 份建立模型，用抽出的 1 份预报，此操作直到每份样本都被预报过一次，且仅一次。

图 1.2.5 是一个 5 份交叉验证的数据分割示意图。数据被分成 5 份，每次顺序取出其中的一份留待验证，剩下的样本共同组成训练集。

图 1.2.5 5 份交叉验证的数据分割示意图

sklearn. model_selection 提供的 KFold 类，可以辅助完成交叉验证所需要的样本分割，使用时先通过如下语句引用：

```
from sklearn. model_selection import KFold
```

使用 KFold 类实现建模的交叉验证，需要先指定交叉验证的份数，构造 KFold 对象，如下语句构造了 10 份交叉验证对象 kf：

```
kf = KFold(n_splits=10)          #10 份交叉验证
```

对于给定的 X 矩阵和 Y 矩阵，使用 kf 对象的 split 方法，循环获得每次验证的训练集和测试集的样本索引，通过索引得到对应的训练集和测试集，即可实现交叉验证。典型的语句如下：

```
for trainIndex, testIndex in kf. split(X):
        Xtrain, Xtest = X[trainIndex], X[testIndex]   #X 的训练集与测试集
        Ytrain, Ytest = Y[trainIndex], Y[testIndex]   #Y 的训练集与测试集
        …                                              #用训练集建模,对测试集预报
```

【例 2.8】 在例 2.6 的主成分回归问题中，数据集共有 9 个样本，采用 3 份交叉验证对所有样本的预测进行评估。

程序代码如下：

```
import numpy as np
data=np. loadtxt("F:/teach/x 间相关 . txt")
X=data[:,:6]
Y=data[:,-1]
```

```
from sklearn. model_selection import KFold
U,S,V = np. linalg. svd(X,full_matrices=False)          #全数据集进行秩分析,确定独立变量数
eigenValues=S**2
eig1=eigenValues[:-1]
eig2=eigenValues[1:]
compare=eig1/eig2
compare=eig1/eig2
print('特征值:',eigenValues)
print('相邻特征值比值:',compare)
k=int(input('请确定主成分数:'))
kf = KFold(n_splits=3)                                  #分3份交叉验证
yTrue=None                                              #所有的函数真值将存放在 yTrue
yhat=None                                               #所有的函数预测值将存放在 yhat

for trainIndex, testIndex in kf. split(X):              #开始交叉验证
    Xtrain, Xtest = X[trainIndex], X[testIndex]         #X 的训练集与测试集
    Ytrain, Ytest = Y[trainIndex], Y[testIndex]         #Y 的训练集与测试集
    U,S,V = np. linalg. svd(Xtrain,full_matrices=False)
    T=U*S
    P=V. T
    T=T[:,:k]
    P=P[:,:k]
    mlr=MLR(T,Ytrain)
    mlr. fit()
    Ttest=Xtest@P                                       #预测当前测试集的函数值
    yhatPart=mlr. predict(Ttest)
    if yTrue is None:
        yTrue=Ytest                                     #第一份交叉验证赋值保存
        yhat=yhatPart
    else:
        yTrue=np. r_[yTrue,Ytest]                       #非第一份交叉验证,行合并叠加
        yhat=np. r_[yhat, yhatPart]
error=(yTrue-yhat)/yTrue*100
print(error)
```

运行结果如下：

$$[-7.525-08 \quad 8.815e-09 \quad 6.747e-10 \quad 4.926e-08 \quad -1.852e-08 \quad 1.062e-07$$
$$-1.137e-08 \quad -3.068e-08 \quad 4.140e-09]$$

2.4.4　应用案例

多元线性回归的应用范围非常广，本节用两个实例介绍其在实际研究中的应用。

1. 非线性问题线性化

美国人口统计学家 Pearl 和 Reed 通过广泛研究有机体的生长，总结出了有机体的生长模型，即有机体的存活率 y_t 与时间 t 符合如下的规律：

$$y_t = k/(1+e^{a-bt})$$

其中 k 为有机体生长的上限，下限则为 0。t 是时间，a 和 b 为待估计的参数。

对于特定的问题，其生长上限 k 值可以推导求得。在 k 已知的情况下，该问题是一个典型的非线性问题，将公式稍变动：

$$k/y_t - 1 = e^{a-bt}$$

两边同时取自然对数，得

$$\ln(k/y_t - 1) = a - bt$$

令 $z_t = \ln(k/y_t - 1)$，则

$$z_t = a - bt$$

可见，经过公式推导，有机体生长问题可以用线性模型表示。

【例 2.9】　钉螺的埋土存活率符合有机体生长模型。将一批钉螺埋入土中，以后每间隔一个月取出部分钉螺，检验存活率，得到的实验数据如表 1.2.3 所示。

存活率/%	埋 土 月 数	存活率/%	埋 土 月 数
100	0	41	7
93	1	15	8
92.3	2	5.2	9
88	3	3.5	10
84	4	1.3	11
82	5	0.5	12
48.4	6		

▶表 1.2.3
　钉螺埋土存活率实验数据

该问题中的生长上限 k 是 100，请用多元线性回归建立其生长模型。

分析：生长上限 k 是 100，会导致 $\ln(k/y_t - 1)$ 无解，所以可令 $k=100.1$，按所测数据计算 z_t，以 z_t 对埋土月数建模即可求解。

程序代码如下:

```
import numpy as np
from MLR import MLR
data=np.loadtxt(r"钉螺.txt")
yt=data[:,0]
t=data[:,1]
zt=np.log((100.01/yt)-1)        #生长模型的转换
mlr=MLR(t,zt)
mlr.fit()
print(mlr.A)
```

运行结果如下:

$$[-5.013 \quad 0.8472]$$

所求模型为

$$y_t = \frac{100.1}{1+e^{-5.013+0.8472t}}$$

2. 线性相关问题的求解

现代光谱测量技术已经可以实现对样本的多波长扫描,测量的数据间往往存在较强的线性相关,通常需要检验矩阵的秩建立稳定的模型。

【例 2.10】 通过紫外可见光谱仪测量一组由 3 种食用色素配制的混合物溶液,6 种混合物溶液的组成如表 1.2.4 所示。

单位:mg/L

样 品 编 号	胭 脂 红	柠 檬 黄	日 落 黄
1	0	12	16
2	4.8	16	8
3	9.6	20	4
4	14.4	0	20
5	19.2	4	12
6	24	8	0

▶表 1.2.4

6 种混合物

溶液的组成

将这 6 种混合物溶液分别在 16 个波长下测量其对光的吸收,测量的数据如表 1.2.5 所示。

波长/nm	样品 1	样品 2	样品 3	样品 4	样品 5	样品 6
310	0.626	0.425	0.368	0.706	0.51	0.183
320	0.708	0.476	0.408	0.8	0.574	0.202
330	0.765	0.513	0.437	0.872	0.628	0.218
340	0.808	0.541	0.462	0.928	0.671	0.243

▶表 1.2.5

6 种混合物在

不同波长下对

光的吸收值

续表

波长/nm	样品 1	样品 2	样品 3	样品 4	样品 5	样品 6
350	0.825	0.566	0.495	0.942	0.694	0.296
360	0.829	0.599	0.552	0.925	0.705	0.315
370	0.796	0.628	0.623	0.866	0.706	0.394
380	0.733	0.648	0.699	0.767	0.696	0.499
390	0.667	0.67	0.782	0.661	0.683	0.61
400	0.56	0.652	0.823	0.57	0.671	0.706
410	0.432	0.595	0.804	0.46	0.635	0.773
420	0.347	0.548	0.773	0.393	0.609	0.809
430	0.278	0.477	0.696	0.367	0.578	0.78
440	0.176	0.34	0.52	0.342	0.516	0.686
450	0.078	0.2	0.33	0.302	0.428	0.553
460	0.027	0.114	0.208	0.247	0.338	0.428

设混合物浓度矩阵用 C 表示，光谱矩阵用 S 表示，建立 C 和 S 的线性关系模型为

$$C = SA$$

分析：实验测定了 6 个样品，所以 S 矩阵的维度是 6×16，独立方程数为 6，变量数为 16，这个问题不能直接求解。但从实验过程可以发现，独立信号只有 3 个，就是 3 种色素，所以 16 个变量间存在强相关。因此，这个问题可以通过矩阵秩分析确定独立变量，用主成分回归求解。

程序代码如下：

```python
import numpy as np
from MLR import MLR
C=np. loadtxt("F:/teach/C. txt")
C=C. T                                        #文本文件中存储格式为一列一个样本,故转置
S=np. loadtxt("F:/teach/S. txt")
S=S. T
U,S,V = np. linalg. svd(S,full_matrices=False)      #秩分析
eigenValues=S ** 2
eig1=eigenValues[:-1]
eig2=eigenValues[1:]
compare=eig1/eig2
compare=eig1/eig2
print('特征值:',eigenValues)
print('相邻特征值比值:',compare)
```

```
k=int(input('请确定主成分数:'))
T=U*S
P=V. T
T=T[:,:k]
P=P[:,:k]

mlr=MLR(T,C)
mlr. fit()
cHat=mlr. predict(T)
err=(C−cHat)
err=np. sqrt((err**2). sum(axis=0))/C. sum(axis=0)*100  #计算每种组分的%误差
print(err)
```

运行结果如下:

特征值:[3.13433925e+01 2.12156643e+00 1.58598660e−01 2.71145395e−04 2.51118890e−05 4.18855011e−06]

相邻特征值比值:[14.773　13.376 584.921　 10.797　 5.995]

请确定主成分数:3

[0.23498125　0.28146486　0.20651524]

从结果可以发现,用3个主成分建模,浓度预测的%误差都很小,说明模型是可靠的。

习　题

1. 请推导多元线性回归矩阵表达式 $Y = XA$,即在 X 和 Y 值已测的情况下,推导 A 的求解,并说明每个推导步骤的原理。
2. 编写代码,将矩阵 Res 保存到文件 d:\result. txt 中,要求列间以 Tab 键间隔,每个数字保留 3 位小数,位宽 10 位。　资源:升温曲线数据实验. txt
3. 已知矩阵 $A=[[a,b],[c,d]]$, $B=[m,n]$,计算 $C=[[a*m,b*n],[a*n,b*m],[c*m,d*n],[c*n,d*m]]$,利用 NumPy 库的 * 运算完成该任务。
4. 某升温仪器对材料升温数据采样信息存储于"升温曲线数据实验. txt"文件中,文件中定义时间是 t,材料温度为 y,请利用多项式回归 $y=a_0+a_1t+a_2t^2+a_3t^3$,建立温度与实时的回归模型。　资源:非典数据. xslx
5. 2003 年 5 月 1 日—6 月 1 日我国非典病例数据存储于"非典数据. xslx"文件中,用多元线性回归建立疑似病例或确诊病例的生长模型。

第 3 章
数据统计分析

统计分析是探索数据的重要方法，它通过收集、整理和分析来发现数据中潜在的重要关系，提取数据中有价值的信息，使人们可以通过数据的表象去探求其中隐含的意义，更好地理解数据，并为后续的模型规划和建立提供指导。

Pandas 是优秀的 Python 数据分析工具包，提供了丰富的数据结构和大量能够快速、便捷处理数据的函数和方法，使得数据分析变得更加快捷。本章介绍 Pandas 中两个重要的数据结构——Series 和 DataFrame，以及如何使用 Pandas 进行数据统计分析。

电子教案

3.1　引例

【例 3.1】　某超市某一天饮料和牛奶的销售数据如表 1.3.1 所示，要求找出销售额大于 200 元的商品，并分别统计饮料和牛奶的销售额。

▶表 1.3.1
　某超市某一天
饮料和牛奶的销
售数据

序号	商品名称	类别	数量	单价/元
1	NFC 橙汁	饮料	16	9.9
2	雪碧	饮料	10	5.2
3	可口可乐	饮料	15	4.8
4	味全每日 C（橙汁）	饮料	12	23.9
5	山楂气泡水	饮料	6	9.9
6	光明优倍	牛奶	25	23.9
7	味全严选牧场	牛奶	9	21.9
8	椰树椰汁	饮料	10	11.8
9	光明致优	牛奶	3	29.9
10	红牛	饮料	8	5.9
11	蒙牛现代牧场	牛奶	6	20
12	马蹄爽	饮料	8	6.8
13	优诺	牛奶	5	19.9

先将数据读入到 DataFrame 对象 sales 中，并为 sales 添加"小计"列，小计＝数量×单价，即为商品的销售额。然后筛选出销售额大于 200 元的数据行，存放于 DataFrame 对象 sales200 中，并输出 sales200 中的商品名称。最后按照"类别"对数据进行分组，在每个分组使用 sum()，分别计算饮料和牛奶的销售额。

程序代码如下：

```
import pandas as pd                          #引入 pandas 库
sales=pd. read_csv("d:\\ds\\sales. csv",index_col="序号",header=0,encoding='gbk')
#读入文件中的数据,保存到 DataFrame 对象 sales 中
sales['小计']=sales['数量'] * sales['单价/元'] # 为 sales 添加"小计"列
print("销售额大于 200 元的商品有:")
sales200=sales[sales. 小计＞200]           #筛选出销售额大于 200 元的数据行
for i,row in sales200. iterrows():          #输出销售额大于 200 元的商品名称
    print(row['商品名称'])
```

```
grouped＝sales. groupby('类别')                    #按照"类别"分组
print("饮料,牛奶的销售额分别为:")
print(grouped['小计']. agg([('销售额/元','sum')]))    #统计饮料、牛奶的销售额
```

程序运行结果如图 1.3.1 所示。

从例 3.1 可以看出，要使用 Pandas 进行数据统计分析，先要导入 Pandas 库，并将数据集加载到 Pandas 提供的数据结构中。在本章的后续内容中，将详细介绍如何使用 Pandas 进行数据加载与分析，并默认已经使用如下语句导入 Pandas 库和 NumPy 库。

```
销售额大于200元的商品有:
味全每日C（橙汁）
光明优倍
饮料，牛奶的销售额分别为:
            销售额/元
类别
牛奶    1103.8
饮料     848.2
```

图 1.3.1　运行结果

```
import pandas as pd
import numpy as np
```

3.2　Pandas 数据结构与基本操作

要使用 Pandas，首先要熟悉其中两个重要的数据结构——Series 和 DataFrame。使用时，通常先用如下语句导入本地命名空间:

from pandas imports Series,DataFrame

下面介绍 Series、DataFrame 和操作其中数据的基本方法。

3.2.1　Pandas 数据结构

1. Series

Series 是一种类似于一维数组的数据结构，由两个数组组成：数组 index 用于保存标签（索引）信息；数组 values 用于保存值，值的数据类型没有限制，可以是各种 NumPy 数据类型。

例如，表示一组学生的等级制成绩的 Series 对象 marks 如下所示，index 为学号，values 为成绩的等级。

index	values
1850011	优
1850015	良
1850013	中
1850017	优
1850012	良

通常可将一组样本数据组织成 Series，例如要存放某城市最近 20 年的 GDP 数据，索引是年份，值是该年份的 GDP。

使用 Pandas 提供的 Series() 函数可以创建 Series 对象，格式如下：

Series(data, [参数列表])

其中参数 data 是传入的数据，不可省略，可以是列表、元祖、字典、NumPy 数组。参数列表中的常用参数有 index、dtype 和 name 等。其中 index 指定索引，要求是一个列表。如果没有指定索引，系统自动创建 $0 \sim n - 1$（n 为 data 中元素的个数）的整数型索引。使用字典创建 Series 对象时，字典的 key 作为索引。dtype 指定数据的类型，没有指定该参数，系统会自动判断数据的类型。name 设置 Series 对象的名称。下面的语句可创建如上学生等级制成绩的 Series 对象：

```
marks=Series(['优','良','中','优','良'],index=['1850011','1850015','1850013','1850017','1850012'])
```

如要在创建对象时指定数据类型和名称，可使用如下语句：

```
marks=Series(['优','良','中','优','良'],index=['1850011','1850015','1850013','1850017','1850012'],
            dtype='object',name='scores')
```

通过 Series 对象的 index 和 values 属性，可获取对象的索引和值，例如

```
marks. index
```

输出结果为 index(['1850011', '1850015', '1850013', '1850017', '1850012'], dtype='object')。

```
marks. values
```

输出结果为 array(['优', '良', '中', '优', '良'], dtype=object)。

通过 Series 对象的 dtype 属性可查看值的数据类型，例如

```
marks. dtype
```

输出结果为 dtype('O')。

2. DataFrame

DataFrame 是 Pandas 中表格型的数据结构，含有一组有序的列，每列可以是不同的数据类型。每个 DataFrame 对象由三部分组成：行索引（index）、列索引（columns）和值（values），如图 1.3.2 所示。行索引和列索引保存为 ndarray 一维数组，值保存为 ndarray 二维数组。

创建 DataFrame 对象的方法很多，通常可用如下格式：

DataFrame(data, [参数列表])

	姓名	专业	性别	成绩
1850001	张海	交通工程	男	90
1850002	段霞	金融学	女	88
1850003	敬卫华	土木工程	男	91
1850004	李明	交通工程	男	54
1850005	王丹	金融学	女	67

index —— columns —— values

图 1.3.2 DataFrame 对象的组成

其中参数 data 是用于创建 DataFrame 对象的数据，不可省略，可以是 ndarray 二维数组、由等长列表或 NumPy 数组组成的字典、由 Series 组成的字典、由列表或元组组成的列表或其他 DataFrame 对象。参数列表中最常用的参数有 index 和 columns。其中 index 指定行标签，是列表类型。若没有指定行标签，自动生成 $0\sim n-1$ 的整数型索引，n 为数据的行数。columns 指定列标签，是列表类型。若没有指定列标签，自动生成 $0\sim m-1$ 的整数型索引，m 为数据的列数。

使用字典创建 DataFrame 对象时，字典的 key 用作列标签。创建图 1.3.2 的 DataFrame 对象的语句如下：

```
data=[['张海','交通工程','男',90],['段霞','金融学', '女',88],
      ['敬卫华','土木工程', '男',91],['李明','交通工程', '男',54],
      ['王丹','金融学', '女',67]]
index=['1850001','1850002','1850003','1850004','1850005']
column=['姓名','专业','性别','成绩']
students=DataFrame(data,index=index,columns=column)
```

输出结果如下：

```
         姓名     专业     性别  成绩
1850001  张海    交通工程   男    90
1850002  段霞     金融学    女    88
1850003  敬卫华  土木工程   男    91
1850004  李明交   通工程    男    54
1850005  王丹     金融学    女    67
```

创建 DataFrame 对象时，全部列会被自动有序排序，如果指定了 columns 参数，则各列按该参数指定的顺序进行排序。系统会自动推断各列的数据类型，要了解列的数据类型，可查看该列的 dtype 属性，例如 students.dtypes。要转换列的类型，可使用 astype()方法，例如，students['成绩']=students['成绩'].astype(float)将“成绩”列的数据类型转换为浮点型。

与 Series 对象一样，通过 DataFrame 的 index、columns 和 values 属性，可获取

对象的行索引、列索引和值。

3.2.2 数据访问

Series 数据访问类似于 ndarray 一维数组，可以通过值的位置序号访问，由于每个值都对应到相应的索引标签，也可以通过索引来访问。DataFrame 数据访问类似于 ndarray 二维数组，与 Series 类似，既可以通过值的位置序号访问，也可以通过行、列的索引来访问。

下面以 3.2.1 中创建的 Series 对象 marks 和 DataFrame 对象 students 为例，介绍 Series 和 DatFrame 的数据查询、修改、添加与删除操作。marks 和 students 这两个对象是相互独立的，其中任何一个对象中数据的改变不会影响另外一个对象中的数据。

1. 数据查询

（1）Series 对象的数据查询

① 查询某个值，只需要指定它的索引或者位置序号，数据的位置序号从 0 开始。

```
marks[1]                #查询序号为 1 的学生的成绩
```

输出结果为：'良'。

```
marks['1850012']        #查询学号为"1850012"的学生的成绩
```

输出结果为：'良'。

② 查询多个值，用列表指定一组位置序号或索引，或使用切片操作。

```
marks[[1,3]]            #查询位置序号为 1 和 3 的两名学生的成绩
```

输出结果如下：

```
1850015    良
1850017    优
```

```
marks[['1850011','1850017']]        #查询学号为"1850011"和"1850017"的学生的成绩
```

输出结果如下：

```
1850011    优
1850017    优
```

```
marks[1:3]              #使用切片操作,查询位置序号为 1、2 的学生的成绩
```

输出结果如下：

```
1850015    良
```

　　1850013　　中

③ 根据条件查询满足条件的所有值。

```
marks[marks=='良']
```

输出结果如下：

　　1850015　　良

　　1850012　　良

（2）DataFrame 对象的数据查询

DataFrame 对象的数据查询方法如表 1.3.2 所示，其中 obj 是 DataFrame 对象。

查询类型	查询方法	说　　明
查询某行某列的单个数据	obj.iloc[iloc,cloc]	根据位置序号查询某行某列的数据
	obj.loc[index,col]/obj.at[index,col]	根据索引查询某行某列的数据
查询某些行某些列的数据	obj.iloc[iloclist,cloclist]	根据位置序号查询某些行某些列的数据，省略 cloclist 查询所有列
	obj.iloc[a:b,c:d]	根据位置序号查询 a~b−1 行，c~d−1 列的数据；行或列用 ":" 替代，表示查询所有行或列
	obj.loc[indexlist,collist]	根据索引查询某些行某些列的数据，省略 collist 查询所有列
	obj[col]/obj.col	根据索引查询某列的数据
	obj[collist]	根据索引查询多个列的数据
	obj[a:b]	根据位置序号，查询 a~b−1 行所有列的数据
根据条件查询数据	obj.loc[condition,collist]	根据所构造的条件表达式，查询满足条件的数据

▶表 1.3.2
DataFrame 对象的数据查询方法

① 查询某个值，只需要分别指定它的行、列位置序号或行、列索引。

```
students.iloc[1,2]          #查询第 1 行第 2 列的数据
```

输出结果为：'女'。

```
students.loc['1850002','专业']    #查询学号为"1850002"的学生的专业
```

输出结果为：'金融学'。

② 查询多个值，用列表指定行、列位置序号或索引，或使用切片操作。

```
students.iloc[[1,3],[1,2]]      #查询第 1、3 行第 1、2 列的数据
```

输出结果如下：

	专业	性别
1850002	金融学	女
1850004	交通工程	男

students.iloc[:3,-2:]   #查询前3行最后2列的数据

输出结果如下：

	性别	成绩
1850001	男	90
1850002	女	88
1850003	男	91

students.loc[['1850003','1850005'],['姓名','性别']]   #查询"1850003"和"1850005"的姓名、性别

输出结果如下：

	姓名	性别
1850003	敬卫华	男
1850005	王丹	女

③ 直接给出列名或列名的列表，查询某列或某些列所有行的数据。

students['成绩']   #查询所有学生的成绩,也可用students.成绩

输出结果如下：

	成绩
1850001	90
1850002	88
1850003	91
1850004	54
1850005	67

students[['姓名','成绩']]   #查询所有学生的姓名、成绩

输出结果如下：

	姓名	成绩
1850001	张海	90
1850002	段霞	88
1850003	敬卫华	91
1850004	李明	54
1850005	王丹	67

④ 根据指定条件查询满足条件的数据。

```
students.loc[students['成绩']>=90,['姓名','成绩']]  #成绩大于或等于 90 的学生的姓名、成绩
```

输出结果如下：

	姓名	成绩
1850001	张海	90
1850003	敬卫华	91

也可以先创建一个掩模（mask），利用掩模筛选数据。掩模是一系列的布尔值，说明数据行是否被选中。

```
mask=students['成绩']>=90
students.loc[mask,['姓名','成绩']]
```

2. 数据修改

在选取数据之后，就可以对选择的数据进行修改了。可以一次修改一个值，也可以一次修改多个值。

```
marks['1850011']='中'              #将 marks 中学号"1850011"的成绩修改为'中'
marks[marks=="优"]=marks+" * "     #将 marks 中成绩为优的标注" * "
print(marks)
```

输出结果如下：

1850011	中
1850015	良
1850013	中
1850017	优 *
1850012	良

```
students.iloc[1,-1]=85             #students 中第 2 个学生的成绩修改为 85
print(students)
```

输出结果如下：

	姓名	专业	性别	成绩
1850001	张海	交通工程	男	90
1850002	段霞	金融学	女	85
1850003	敬卫华	土木工程	男	91
1850004	李明	交通工程	男	54
1850005	王丹	金融学	女	67

```
students. loc[students. 专业=='交通工程','专业']='交通类'
#将"交通工程"专业修改为"交通类"
print(students)
```

输出结果如下：

	姓名	专业	性别	成绩
1850001	张海	交通类	男	90
1850002	段霞	金融学	女	85
1850003	敬卫华	土木工程	男	91
1850004	李明	交通类	男	54
1850005	王丹	金融学	女	67

3. 数据删除

drop()方法用于删除数据。Series 的 drop()方法很简单，要删除一个或多个数据，只需要有一个索引数组或列表作为参数就可以。

```
marks=marks. drop(['1850013','1850015'])
#删除 marks 中学号为"1850013""1850015"的学生成绩
print(marks)
```

输出结果如下：

```
1850011    中
1850017    优 *
1850012    良
```

DataFrame 的 drop()方法既可以按行删除数据，也可以按列删除数据，通过参数 axis 指定。axis=0 时，表示删除数据的行；axis=1 时，表示删除数据的列，默认 axis=0。

```
students=students. drop(['1850003','1850005'])
#删除 students 中学号为"1850003"和"1850005"的学生
print(students)
```

输出结果如下：

	姓名	专业	性别	成绩
1850001	张海	交通类	男	90
1850002	段霞	金融学	女	85
1850004	李明	交通类	男	54

要删除 students 中的"性别"列，则使用如下语句：

```
students. drop('性别',axis=1)
```

说明：

drop()方法不删除原始对象的数据，而是根据删除后的数据生成新对象。如果要删除原对象中的数据，设置参数 inplace=True。例如

```
students. drop(['1850003','1850005'],inplace=True)
```

4. 数据添加

（1）Series 数据添加

Series 对象可以直接添加数据，例如下面的语句添加学号为"1850010"的学生，成绩为及格：

```
marks['1850010']="及格"
```

（2）DataFrame 数据添加

DataFrame 对象可以添加新的列。例如，为 students 添加"年龄"列：

```
students['年龄']=[17,18,17]
print(students)
```

输出结果如下：

```
         姓名    专业    性别    成绩    年龄
1850001  张海    交通类   男     90     17
1850002  段霞    金融学   女     85     18
1850004  李明    交通类   男     54     17
```

说明：若列标签"年龄"不存在，则添加新列；否则修改该列的值。

3.2.3 算术运算与数据对齐

Pandas 可以对具有不同索引的两个对象进行算术运算，运算时自动按照索引进行数据对齐，结果的索引是两个对象索引的并集。下面以加法运算为例进行说明，其他算术运算与加法运算类似。

Series 相加时，会自动进行数据对齐操作。在重叠的索引处，对应值相加；在不重叠的索引处，使用 NA(NaN)值进行填充。例如

```
mark1=Series([90,88,78,95,80],index=['1850011','1850015','1850013','1850017','1850012'])
mark2=Series([5,7,9],index=['1850011','1850015','1850010'])
mark1+mark2
```

输出结果如下：

1850010	NaN
1850011	95.0
1850012	NaN
1850013	NaN
1850015	95.0
1850017	NaN

本例 mark1 和 mark2 中都出现学生"1850011"和"1850015"，将他们的成绩相加，对于只在 mark1 或 mark2 中出现的学生"1850012""1850013""1850017"和"1850010"，结果中使用 NA(NaN)值进行填充。

DataFrame 相加时，行索引和列索引都会自动对齐，在行和列的索引都重叠时才会相加；否则使用 NA(NaN)值填充。例如

```
mark3＝DataFrame({'Math':[90,85,88],'English':[85,92,87],'Computer':[90,80,82]},
                index=['1850001','1850003','1850005'])
bouns＝DataFrame({'Math':[5,5,2],'Physics':[4,3,2]},
                index=['1850001','1850002','1850003'])
mark3＋bouns
```

输出结果如下：

	Computer	English	Math	Physics
1850001	NaN	NaN	95.0	NaN
1850002	NaN	NaN	NaN	NaN
1850003	NaN	NaN	87.0	NaN
1850005	NaN	NaN	NaN	NaN

本例中对 mark3 和 bouns 中均出现的学生"1850001"和"1850003"的 Math 成绩进行相加，其他值均用 NA(NaN)值填充。

除了使用＋、－、＊、/运算符外，还可以调用 Series 和 DataFrame 的 add()、sub()、mul()、div()方法进行算术运算，这些方法的 fill_value 参数，可以在算术运算时指定用于填充的值。例如

```
mark3.add(bouns,fill_value＝0)
```

输出结果如下：

	Computer	English	Math	Physics
1850001	90.0	85.0	95.0	4.0
1850002	NaN	NaN	5.0	3.0

```
1850003    80.0    92.0    87.0    2.0
1850005    82.0    87.0    88.0    NaN
```

由于设置了 fill_value 的值为 0，数据对齐后，对 mark3 和 bouns 中均未出现的 "1850002" 的 Computer、English 成绩和 "1850005" 的 Physics 成绩用 NaN 填充，其他缺失值先用 0 填充，再进行加法运算。

DataFrame 与 Series 之间的运算以广播方式进行，可以在行上广播，也可以在列上广播，通过参数 axis 指定，axis＝1 时，在行上广播；axis＝0 时，在列上广播。axis 默认为 1。例如

```
bouns1＝Series([5,4,3],index=['Math','English','Computer'])
mark3＋bouns1
```

输出结果如下：

	Math	English	Computer
1850001	95	89	93
1850003	90	96	83
1850005	93	91	85

本例中 axis 缺省，表示在行上广播，即 mark3 的每一行都加上 bouns1。要在列上广播，必须要使用算术运算方法，并将参数 axis 设置为 0。例如

```
bouns2＝Series([5,4,3],index=['1850001','1850003','1850005'])
mark3.add(bouns2,axis＝0)
```

输出结果如下：

	Math	English	Computer
1850001	95	90	95
1850003	89	96	84
1850005	91	90	85

3.2.4　重建与更换索引

Pandas 中提供了对索引进行操作的方法，下面以 3.2.1 中创建的 DataFrame 对象 students 为例进行说明。

（1）使用 reindex()方法重新排序和指定索引，会根据新索引重排数据。该方法创建一个适应新索引的新对象，原来的 DataFrame 对象不变。例如

```
students＝students.reindex(index=['1850005','1850004','1850002','1850001','1850003'],
                          columns=['姓名','性别','专业','成绩'])
print(students)
```

输出结果如下：

	姓名	性别	专业	成绩
1850005	王丹	女	金融学	67
1850004	李明	男	交通工程	54
1850002	段霞	女	金融学	88
1850001	张海	男	交通工程	90
1850003	敬卫华	男	土木工程	91

（2）rename()方法可实现重新标记索引和列名，该方法通常使用原索引和新索引组成的字典作为参数。例如，把原列名"姓名"改为"学生姓名"，"成绩"改为"学生成绩"：

```
students＝students. rename(columns={'姓名':'学生姓名','成绩':'学生成绩'})
print(students)
```

输出结果如下：

	学生姓名	性别	专业	学生成绩
1850005	王丹	女	金融学	67
1850004	李明	男	交通工程	54
1850002	段霞	女	金融学	88
1850001	张海	男	交通工程	90
1850003	敬卫华	男	土木工程	91

（3）set_index()方法可将数据列设置为索引。例如，将"学生姓名"列设置为索引：

```
students＝students. set_index('学生姓名')
print(students)
```

输出结果如下：

	性别	专业	学生成绩
学生姓名			
王丹	女	金融学	67
李明	男	交通工程	54
段霞	女	金融学	88
张海	男	交通工程	90
敬卫华	男	土木工程	91

（4）reset_index()方法可还原索引，重新变为默认的整型索引。例如

```
students=students. reset_index(drop=False)
print(students)
```

输出结果如下：

	学生姓名	性别	专业	学生成绩
0	王丹	女	金融学	67
1	李明	男	交通工程	54
2	段霞	女	金融学	88
3	张海	男	交通工程	90
4	敬卫华	男	土木工程	91

说明：

reset_index()方法的参数 drop 默认为 False，原来的索引会被当作数据列，设置 drop=True 时，删除原来的索引。

3.2.5 其他常用操作

1. 唯一值

unique()方法得到 Series 或 DataFrame 某列的唯一值数组；nunique()方法则用于统计不同值的个数。例如，查看 students 中学生来自多少个不同的专业及专业的名称：

```
students['专业']. nunique()
```

输出结果为：3。

```
students['专业']. unique()
```

输出结果为：array(['交通工程', '金融学', '土木工程'], dtype=object)。

2. 值计数

value_counts()方法计算 DataFrame 某列中每个值出现的频率。例如，查看每个专业的学生人数：

```
students['专业']. value_counts()
```

输出结果如下：

```
交通工程    2
金融学     2
土木工程    1
```

3. 成员资格

isin()方法用来判断 DataFrame 列的成员资格，可用来选择数据子集，例如，查看"交通工程"和"金融学"专业的学生信息：

> students. loc[students['专业']. isin(['交通工程','金融学'])]

输出结果如下：

	学生姓名	专业	性别	学生成绩
1850001	张海	交通工程	男	90
1850002	段霞	金融学	女	88
1850004	李明	交通工程	男	54
1850005	王丹	金融学	女	67

3.3　数据的加载与保存

　　数据科学的过程从数据获取开始。获取数据有很多方法，例如，可以从数据库、磁盘或网络文件直接获取数据，也可以使用爬虫从 HTML 页面中爬取数据或通过 Web API 获取数据。获取的数据将送入计算机的内存，然后就可以进行后续的处理。

　　Pandas 支持多种格式文件的数据导入和导出，本节只介绍最常用的 CSV、TXT 和 Excel 文件数据的加载与保存。

3.3.1　处理 CSV 或 TXT 格式文件

1. 读取 CSV 或 TXT 格式文件

　　Pandas 提供了方便、功能完备的函数，可以读取文本文件中的数据到 DataFrame 对象中。函数 read_csv()读取以"，"分割的文件，函数 read_table()读取以"\t"分割的文件，这两个函数的常用参数如表 1.3.3 所示。

▶表 1.3.3
read_csv( )和
read_table( )函数
的常用参数

常 用 参 数	说　　　明
path	唯一必填参数，表示文件路径名、URL、文件型对象的字符串
sep	用于对文件中各个字段进行拆分的字符序列或正则表达式，若没有指定分隔符，默认使用逗号作为分隔符
header	用作 DataFrame 列名的行号，默认为 0（第一行）。数据中没有标题行时，设置 header＝None
index_col	用作索引的列编号或列名。可以是单个列名或表示列编号的数字，也可以是多个列名（列编号）组成的列表（层次化索引）
names	用于结果的列名列表，通常结合 header＝None 使用。如数据有标题行，但想用新的列名，也可以设置

续表

常 用 参 数	说　　明
skiprows	需要忽略的行数（从文件开始处算起），或需要跳过的行号列表
nrows	需要读取的行数
iterator	返回一个 TextParser 对象，以便逐块读取文件
chunksize	文件块的大小，用于迭代
skip _ footer	需要忽略的行数，从文件尾算起
na _ values	用于替换 NA 的值
encoding	文本编码格式，例如"UTF－8"

【例 3.2】 读取 CSV 格式文件示例。

文件内容如图 1.3.3 所示，文件中是 2005—2016 年全国 7 个主要城市的人口数据，文件开始包含说明性文字，有标题行，第 5 行为空白行，且缺少 2013 年上海的人口数据和 2010 年北京的人口数据。

⚠	A	B	C	D	E	F	G	H
1	数据库：主要城市年度数据							
2	指标：年末总人口（万人）							
3	时间：2005—2016年							
4	时间	北京	天津	上海	南京	杭州	合肥	深圳
5								
6	2016年	1362.86	1044.4	1450	662.79	736	729.83	384.52
7	2015年	1345.2	1026.9	1442.97	653.4	723.55	717.72	354.99
8	2014年	1333.4	1016.66	1438.69	648.72	715.76	712.81	332.21
9	2013年	1316.34	1003.97		643.09	706.61	711.5	310.47
10	2012年	1297.46	993.2	1426.93	638.48	700.52	710.53	287.62
11	2011年	1277.92	996.44	1419.36	636.36	695.71	706.13	267.9
12	2010年		985	1412	632.42	689.12	493.42	259.87
13	2009年	1247.52	984.69	1400.7	629.77	683.38	491.43	245.96
14	2008年	1232.28	974.27	1391.04	624.46	677.64	486.74	232.49
15	2007年	1216.25	964.14	1378.86	617.17	672.35	478.9	216.85
16	2006年	1199.96	952.28	1368.08	607.23	666.31	469.85	200.89
17	2005年	1184.14	942.99	1360.26	595.8	660.45	455.7	181.93

资源：
city－pop. csv

图 1.3.3　city－pop. csv 文件内容

使用下面的语句可读取数据，并把时间作为索引：

```
data=pd. read_csv("d:\\ds\\city－pop. csv",skiprows=[0,1,2,4],index_col='时间',
        encoding='gbk')
data. head()
```

输出结果如下：

时间	北京	天津	上海	南京	杭州	合肥	深圳
2016 年	1362.86	1044.40	1450.00	662.79	736.00	729.83	384.52
2015 年	1345.20	1026.90	1442.97	653.40	723.55	717.72	354.99
2014 年	1333.40	1016.66	1438.69	648.72	715.76	712.81	332.21
2013 年	1316.34	1003.97	NaN	643.09	706.61	711.50	310.47
2012 年	1297.46	993.20	1426.93	638.48	700.52	710.53	287.62

说明：

① 数据读入时，若不指定索引，则会自动添加索引，默认为 $0 \sim n-1$（n 为数据的行数）。

② head() 和 tail() 方法分别用于查看数据的前 n 行和后 n 行数据，例如 data. head(2) 查看 data 的前 2 行数据。行数省略时，默认为 5。

③ 缺失数据用 NaN 值替代。若要用其他值替代，通过参数 na_values 指定。

2. 大数据集的处理

如果要加载的数据量过大，可以采用加载数据到区块（chunk）的方式，逐块读取数据。每个区块是数据集的一部分，它包含所有的列。逐块加载数据文件时，数据集以连续流的方式加载到 DataFrame 中。Pandas 提供了两种方式进行文件区块的划分和加载。

（1）加载数据集到大小相同的区块中

区块的行数可由 read_csv() 函数的 chunksize 参数设置。下面的代码每次读取并显示 5 行数据：

```
import pandas as pd
chunker=pd. read_csv("d:\\ds\\city-pop. csv",header=3,skiprows=[4],
                     chunksize=5,encoding="gbk")
for piece in chunker:
    print( piece. shape)
    print (piece)
```

本例中 read_csv() 返回的 chunker 是 TextParser 对象，使用这个对象可以对文件进行逐块迭代。输出结果如下：

(5, 8)

	时间	北京	天津	上海	南京	杭州	合肥	深圳
0	2016 年	1362.86	1044.40	1450.00	662.79	736.00	729.83	384.52
1	2015 年	1345.20	1026.90	1442.97	653.40	723.55	717.72	354.99

2	2014 年	1333.40	1016.66	1438.69	648.72	715.76	712.81	332.21
3	2013 年	1316.34	1003.97	NaN	643.09	706.61	711.50	310.47
4	2012 年	1297.46	993.20	1426.93	638.48	700.52	710.53	287.62

(5, 8)

	时间	北京	天津	上海	南京	杭州	合肥	深圳
5	2011 年	1277.92	996.44	1419.36	636.36	695.71	706.13	267.90
6	2010 年	NaN	985.00	1412.00	632.42	689.12	493.42	259.87
7	2009 年	1247.52	984.69	1400.70	629.77	683.38	491.43	245.96
8	2008 年	1232.28	974.27	1391.04	624.46	677.64	486.74	232.49
9	2007 年	1216.25	964.14	1378.86	617.17	672.35	478.90	216.85

(2, 8)

	时间	北京	天津	上海	南京	杭州	合肥	深圳
10	2006 年	1199.96	952.28	1368.08	607.23	666.31	469.85	200.89
11	2005 年	1184.14	942.99	1360.26	595.80	660.45	455.70	181.93

（2）动态决定每个区块的大小

TextParser 的 get_chunk()方法可读取任意大小的块，块的大小作为参数传入。使用这种方法时，需要专门申请一个迭代器，即将 read_csv()函数的参数 iterator 设置为 True。下面的代码可读取文件的前 5 行并显示：

```
data_iterator=pd. read_csv('d:\\ds\\city-pop. csv',header=3,skiprows=[4],
                            iterator=True,encoding="gbk")
piece=data_iterator. get_chunk(5)
print(piece)
```

输出结果如下：

	时间	北京	天津	上海	南京	杭州	合肥	深圳
0	2016 年	1362.86	1044.40	1450.00	662.79	736.00	729.83	384.52
1	2015 年	1345.20	1026.90	1442.97	653.40	723.55	717.72	354.99
2	2014 年	1333.40	1016.66	1438.69	648.72	715.76	712.81	332.21
3	2013 年	1316.34	1003.97	NaN	643.09	706.61	711.50	310.47
4	2012 年	1297.46	993.20	1426.93	638.48	700.52	710.53	287.62

3. 保存 CSV 格式文件

实例方法 to_csv()将处理后的数据保存到 CSV 格式文件中，其常用参数如表 1.3.4 所示。

常 用 参 数	说　　明
path	唯一必填参数，表示文件路径名
sep	分隔符，默认为逗号
mode	导出模式，"w"为导出为新文件，"a"为追加到现有文件末尾
index	是否导出行索引，默认为 True
header	是否导出列索引，默认为 True
encoding	文本编码格式

▶表 1.3.4
to_csv( )方法
的常用参数

例如，将 DataFrame 对象 data 中的数据保存到文件 pop. csv 中：

```
data. to_csv("d:\\ds\\pop. csv",mode='w', header=True, encoding='gbk')
```

说明：保存 DataFrame 中的数据到文件时，默认 index＝True，索引被当作列数据。不需要保存索引时，使用参数 index＝False。

3.3.2　读取 Excel 文件

从 Excel 文件中读取数据使用 Pandas 的 read_excel( )函数，其参数 sheet_name 用于指定要读取的数据所在的工作表，其他参数与 read_csv()类似。

sheet_name 默认为 0，读入的是第一个工作表中的数据。sheet_name 的值可以是字符串或整数，用于指定工作表名称或位置。若要从多个工作表中读取数据，sheet_name 的值是工作表名称或位置构成的列表。若要读取所有工作表的数据，该参数设置为 None。

例如，将例 3.2 中的文件另存为 Excel 文件 city－pop. xlsx，数据保存在名为 city－pop 的工作表中，则可通过下面的语句读取数据到 DataFrame 对象中：

```
data＝pd. read_excel("d:\\ds\\city－pop. xlsx",sheet_name='city－pop',header＝3,
                    skiprows＝[4],encoding='gbk')
```

3.4　数据预处理

加载数据后，在进行统计分析之前，多数情况下需要先对数据进行预处理，以保证数据满足分析任务的要求。数据预处理包括数据的合并、清洗、转换、排序等，利用 Pandas 可以完成数据准备阶段的很多预处理任务。

3.4.1　数据合并

在实际应用中，需要分析的数据可能来自不同的数据集，因此在开始数据分析之前，需要先将不同的数据集合并。Pandas 中提供了如下几种不同的数据合并方式。

① merge()函数实现数据库方式的数据合并，可根据一个或多个键，将不同 DataFrame 的行连接起来。

② concat()函数实现轴向数据连接，可以沿着一条轴，将多个 DataFrame 堆叠到一起。

③ 实例方法 combine_first()用一个 DataFrame 中的数据填充另一个 DataFrame 中缺失的数据。

1. 数据库方式的合并

在学校的教务系统中，学生基本信息和学生的选课成绩分别存储在不同的表中，如表 1.3.5 和表 1.3.6 所示。

学　号	姓　名	性　别	专　业	年　龄
1850001	张海	男	交通工程	17
1850002	段霞	女	金融学	18
1850003	敬卫华	男	土木工程	19
1850004	李明	男	交通工程	17
1850005	王丹	女	金融学	18

▶表 1.3.5　学生基本信息

学　号	课　程	成　绩
1850001	大学计算机	80
1850001	数学	90
1850002	数学	95
1850003	英语	84
1850003	大学计算机	82
0000001	大学计算机	80

▶表 1.3.6　选课成绩

若要得到不同学生的全部信息，需要将这两张表拼接起来。Pandas 的 merge()函数可实现这个功能，merge()函数的常用参数如表 1.3.7 所示。

常用参数	说　明
left	参与合并的左侧 DataFrame，必填参数
right	参与合并的右侧 DataFrame，必填参数

▶表 1.3.7　merge()函数的常用参数

续表

常用参数	说　　明
how	连接方式，有以下 4 种，默认为"inner"： ① "inner"。内连接，连接两个 DataFrame 键值的交集的行 ② "outer"。外连接，连接两个 DataFrame 键值的并集的行 ③ "left"。左连接，取出左侧 DataFrame 的全部行，连接右侧 DataFrame 键值匹配的行 ④ "right"。右连接，取出右侧 DataFrame 的全部行，连接左侧 DataFrame 键值匹配的行
on	用于连接的列名（或列名列表）。未指定该参数时，以左、右数据集的公共列作为连接键
left_on	左侧 DataFrame 中用于连接的键
right_on	右侧 DataFrame 中用于连接的键
left_index	布尔型，是否将左侧 DataFrame 的行索引用作连接键
right_index	布尔型，是否将右侧 DataFrame 的行索引用作连接键
sort	是否根据连接键对合并后的数据排序，默认为 True
suffixes	字符串值元组，用于追加到重叠列名的末尾，默认为 _ x 和 _ y。左右两个 DataFrame 键以外的列有相同列索引名时，通过参数 suffixes 给列标签添加不同后缀加以区分。例如，pd. merge(df1,df2,suffixes=('_left','_right'))，若 df1、df2 中都有 data 列，在结果中出现 data_left、data_right 列

【例 3.3】　根据表 1.3.5 和表 1.3.6 中的学生基本信息和选课成绩创建 DataFrame 对象，并将它们拼接得到学生的所有信息。

程序代码如下：

```
colnames1=['学号','姓名','性别','专业','年龄']
data1=[['1850001','张海','男','交通工程',17], ['1850002','段霞','女','金融学',18],
       ['1850003','敬卫华','男','土木工程',19], ['1850004','李明','男','交通工程',17],
       ['1850005','王丹','女','金融学',18]]
colnames2=['学号','课程','成绩']
data2=[['1850001','大学计算机',80], ['1850001','数学',90], ['1850002','数学',95],
['1850003','英语',84], ['1850003','大学计算机',82], ['0000001','大学计算机',80]]
students=DataFrame(data1,columns=colnames1)
scores=DataFrame(data2,columns=colnames2)
stu_scores=pd. merge(students,scores, on='学号',how='left')
print(stu_scores)
```

输出结果如下：

	学号	姓名	性别	专业	年龄	课程	成绩
0	1850001	张海	男	交通工程	17	大学计算机	80.0
1	1850001	张海	男	交通工程	17	数学	90.0
2	1850002	段霞	女	金融学	18	数学	95.0
3	1850003	敬卫华	男	土木工程	19	英语	84.0
4	1850003	敬卫华	男	土木工程	19	大学计算机	82.0
5	1850004	李明	男	交通工程	17	NaN	NaN
6	1850005	王丹	女	金融学	18	NaN	NaN

本例中"学号"是这两张表的共同字段，可作为连接键，将这两张表中"学号"匹配的行连接起来。how='left'设置了左连接方式，结果中的键来自左边的DataFrame（学生基本信息），没有选课记录的学号"1850004"和"1850005"，对应字段值用 NaN 替代，如不需要这两行的数据，设置 how=' inner'。学号"0000001"有选课记录，但在学生基本信息中没有该学号，因此在结果中被过滤掉。

说明：

① 本例中用于连接的键"学号"是两个 DataFrame 的唯一共同字段，参数 on='学号'可省略。

② 若左、右两个 DataFrame 的连接键名称不同，使用参数 left_on、right_on 分别指定左、右数据集的键，且结果数据集中键不合并。例如

```
df1=DataFrame({'key1':['a','b','a','c'],'value1':[1,3,5,7]})
df2=DataFrame({'key2':['a','c','d'],'value2':[2,4,6]})
pd. merge(df1,df2,left_on='key1',right_on='key2')
```

输出结果如下：

	key1	value1	key2	value2
0	a	1	a	2
1	a	5	a	2
2	c	7	c	4

2. 轴向堆叠数据

在实际应用中，对于分批次得到的数据，每个批次的数据可能会存放在不同的数据集中。例如，某次考试将学生分成两个小组，如表 1.3.8 和表 1.3.9 所示。要将这两个小组学生成绩合并，即将一个数据集追加到另一个数据集的后面，可使用 Pandas 的 concat()函数。

▶表 1.3.8
小组 1 学生信息

学　号	姓　名	性　别	专　业	成　绩
1850001	张海	男	交通工程	90
1850002	段霞	女	金融学	88
1850003	敬卫华	男	土木工程	91

▶表 1.3.9
小组 2 学生信息

学　号	姓　名	性　别	专　业	成　绩
1850004	李明	男	交通工 S 程	54
1850005	王丹	女	金融学	67

concat( )函数格式如下：

concat(objs,[参数列表])

参数 objs 是参与连接的 Pandas 列表或字典，不可省略。参数列表中的常用参数有 axis、join、keys 等。其中最常用的是 axis，指定用于连接的轴，默认为 0。axis＝0 实现数据按行堆叠，axis＝1 实现数据按列堆叠。

【例 3.4】　将上面两个小组学生数据存放在不同的 DataFrame 对象中，并将第 2 个小组学生数据追加到第 1 个小组学生数据后面，形成新数据集。

程序代码如下：

```
colnames＝['学号','姓名','性别','专业','成绩']
data1＝[['1850001','张海','男','交通工程',90],['1850002','段霞','女','金融学',88],
        ['1850003','敬卫华','男','土木工程',91]]
data2＝[['1850004','李明','男','交通工程',54],['1850005','王丹','女','金融学',67]]
group1＝DataFrame(data1,columns＝colnames)
group2＝DataFrame(data2,columns＝colnames)
scores＝pd.concat([group1,group2])
print(scores)
```

输出结果如下：

```
      学号      姓名   性别    专业     成绩
0  1850001   张海    男   交通工程    90
1  1850002   段霞    女   金融学    88
2  1850003  敬卫华   男   土木工程    91
0  1850004   李明    男   交通工程    54
1  1850005   王丹    女   金融学    67
```

3. 合并重叠数据

当两个 DataFrame 的行、列索引相同时，combine_first()用第 2 个数据集中的对应值填充第 1 个数据集中的缺失值，当行、列索引不同时，结果中的列是两个数据集列的并集，结果中的行是两个数据集行的并集，并用第 2 个数据集的对应值填充第 1 个数据集中的 NaN 值。

【例 3.5】 表 1.3.10 和表 1.3.11 中为学生数据，将两表数据合并。

学　　号	姓　　名	性　　别
1850001	NaN	男
1850002	NaN	NaN
1850004	李明	男

▶表 1.3.10 学生数据 1

学　　号	姓　　名	性　　别	成　　绩
1850001	张海	NaN	90
1850002	段霞	女	88
1850003	敬卫华	男	91

▶表 1.3.11 学生数据 2

```
data1={'姓名':[np.nan, np.nan,'李明'],'性别':['男',np.nan,'男']}
index1=['1850001','1850002','1850004']
data2={'姓名':['张海','段霞','敬卫华'],'性别':[np.nan,'女','男'],'成绩':[90,88,91]}
index2=['1850001','1850002','1850003']
stu1=DataFrame(data1,index=index1)
stu2=DataFrame(data2,index=index2)
result_data=stu1.combine_first(stu2)
print(result_data)
```

合并后的数据结果如下：

```
         姓名   性别   成绩
1850001  张海   男    90.0
1850002  段霞   女    88.0
1850003  敬卫华  男    91.0
1850004  李明   男    NaN
```

3.4.2 数据清洗

原始数据中可能存在着不完整、不一致、有异常的数据，从而导致数据分析的结果发生偏差。例如，在病人心率数据集中，记录了病人的姓名、年龄、体重、身高、性别和心率，如表 1.3.12 所示。

序号	姓名	年龄	体重/kg	身高	性别	心率/（次/分）
1	张学兵	56	74	172 cm	男	76
2	赵小红	16	48	1.75 m	male	50
3	沈安然	52	55	169 cm	女	78
4	杨明宇	−1	50	167 cm	男	
5	沈安然	52	55	1.69 m	female	78
6	毛谦		56		男	
7	张海	56		1.75 m	男	78
8	黄红梅	19	52	1.65 m	女	100

▶表 1.3.12
病人心率数据集

通过查看数据，可以发现如下问题：

① 序号为 4 的行缺失心率数据，序号为 6 的行缺失年龄、身高、心率数据，序号为 7 的行缺失体重数据。

② 序号为 3 的行和序号为 5 的行重复。

③ 序号为 1 的行和序号为 2 的行之间有空行。

④ 身高数据的单位不统一。

⑤ 性别的表示方法不统一。

⑥ 序号为 4 的行年龄小于 0。

这些意外的情况意味着收集到的数据不够完整或在输入数据时可能发生了错误。在开始数据分析之前，需要对这些"脏数据"进行清洗，包括删除原始数据集中的无关数据、重复数据，纠正数据中存在的错误，处理缺失值等，统称为数据清洗。数据清洗是数据分析过程中不可缺少的重要环节，数据分析的大量编程工作都用在数据清洗上，数据清洗结果的质量直接关系到模型效果和最终结论。

【例 3.6】　以病人心率数据集为例，说明数据清洗的过程。假设数据集已通过如下语句加载到 DataFrame 对象 patient_data 中。

```
patient_data=pd. read_csv("d:\\ds\\patient_heart_rate. csv",encoding='gbk')
print(patient_data)
```

输出结果如下：

	序号	姓名	年龄	体重/kg	身高	性别	心率/(次/分)
0	1.0	张学兵	56.0	74.0	172 cm	男	76.0
1	NaN	NaN	NaN	NaN	NaN	NaN	NaN
2	2.0	赵小红	16.0	48.0	1.75 m	male	50.0
3	3.0	沈安然	52.0	55.0	169 cm	女	78.0
4	4.0	杨明宇	−1.0	50.0	167 cm	男	NaN
5	5.0	沈安然	52.0	55.0	1.69 m	femal	78.0
6	6.0	毛谦	NaN	56.0	NaN	男	NaN
7	7.0	张海	56.0	NaN	1.75 m	男	78.0
8	8.0	黄红梅	19.0	52.0	1.65 m	女	100.0

1. 处理缺失数据

缺失的数据称为缺失值，是最常见的数据问题。从统计上说，缺失的数据可能会产生有偏估计，从而使样本数据不能很好地代表总体，因此如何处理缺失数据非常重要。

（1）识别缺失值

Pandas 通常用 NaN 代表浮点或非浮点数据中的缺失值（NA），Python 内置的 None 也会被当作 NA 来处理。可用 isnull() 判断缺失值是否存在。

```
patient_data. isnull()
```

说明：

① isnull() 返回一个布尔矩阵，缺失值对应位置的值为 True。

② patient_data. isnull(). any() 和 patient_data. isnull(). any(1) 分别用于查看所有列、行是否有缺失值。

③ patient_data. isnull(). all() 和 patient_data. isnull(). all(1) 分别用于查看所有列、行是否全部为缺失值。

（2）处理缺失值

识别了缺失值后，就要进行处理。在 Pandas 中，对缺失值的处理主要有滤除缺失值和填充缺失值两种方法。

① 滤除缺失值。可分为删除观测样本（删除行）和删除变量（删除列）两种。删除行适用于含有缺失值的样本所占比例较小的情况；删除列适用于变量缺失率高且变量对研究目标影响不大的情况。

DataFrame 的 dropna() 方法用于删除缺失值所在的行或列，默认删除任何含有缺失数据的行。使用参数 thresh，可根据需要滤除 NA 数据。dropna() 方法的常用参数说明如表 1.3.13 所示。

常 用 参 数	说　　　明
how	取值为"any"或"all"。how="all"只丢弃全部 NA 的行（列）
axis	默认为 0，丢弃行数据；当 axis＝1 时，丢弃列数据
thresh	保留部分观测数据，例如 thresh＝3，则当一行（列）有 3 个或以上非 NA 值才保留
inplace	为 True 时，则修改调用者而不产生副本

在例 3.6 中，空行的所有列用 NA 填充，可用下面的语句删除该行：

```
patient_data. dropna(how='all')
```

样本容量较小时，可以考虑只删除缺失值较多的行，而保留缺失值较少的行。例如下面的语句只保留有 1 项缺失值的行，空行和有多个缺失值的行都被删除。

```
patient_data. dropna(thresh＝6,inplace＝True)
print(patient_data)
```

输出结果如下：

```
     序号   姓名    年龄   体重/kg   身高      性别    心率/(次/分)
0   1.0   张学兵   56.0   74.0    172 cm    男       76.0
2   2.0   赵小红   16.0   48.0    1.75 m    male    50.0
3   3.0   沈安然   52.0   55.0    169 cm    女       78.0
4   4.0   杨明宇   −1.0   50.0    167 cm    男       NaN
5   5.0   沈安然   52.0   55.0    1.69 m    femal   78.0
7   7.0   张海     56.0   NaN     1.75 m    男       78.0
8   8.0   黄红梅   19.0   52.0    1.65 m    女       100.0
```

② 填充缺失值。在变量十分重要而又有缺失数据的时候，滤除法就遇到了困难，因为有用的数据也会被删除，这时，需要填充缺失值。

fillna( )方法用于填充缺失值，其常用参数说明如表 1.3.14 所示。

常 用 参 数	说　　　明
value	用于填充缺失值的标量值或字典对象
method	用于填充缺失值的插值方法：method＝'ffill'前向填充；method＝'bfill'后向填充。默认为 ffill
axis	待填充的轴，默认 axis＝0
inplace	为 True 时，修改调用者而不产生副本
limit	可以连续填充的最大数量

例如，把心率的缺失值用 75 填充：

> patient_data['心率/(次/分)']. fillna(75)

当然，也可以简单地用前一行/后一行的数据填充：

> patient_data['心率/(次/分)']. fillna(method='ffill')
> #用前一行心率数据填充当前行的缺失值

如果要将不同列的缺失值用不同的数值来填充，需要构造〈列索引名：值〉形式的字典作为参数。例如，把体重的缺失值用该列的均值填充，心率缺失值用 75 填充：

> patient_data. fillna({'体重/kg': patient_data['体重/kg']. mean(),'心率/(次/分)':75},
> 　　　　　　inplace=True)
> print(patient_data)

输出结果如下：

	序号	姓名	年龄	体重/kg	身高	性别	心率/(次/分)
0	1.0	张学兵	56.0	74.000000	172 cm	男	76.0
2	2.0	赵小红	16.0	48.000000	1.75 m	male	50.0
3	3.0	沈安然	52.0	55.000000	169 cm	女	78.0
4	4.0	杨明宇	−1.0	50.000000	167 cm	男	75.0
5	5.0	沈安然	52.0	55.000000	1.69 m	femal	78.0
7	7.0	张海	56.0	55.666667	1.75 m	男	78.0
8	8.0	黄红梅	19.0	52.000000	1.65 m	女	100.0

2. 去除重复数据

数据集中与数据处理无关的数据行是冗余的，简单删除即可。查看和删除重复的数据行可使用 DataFrame 对象的如下方法。

① duplicated()：查看是否有重复行，返回一个布尔型的 Series 对象。

② drop_duplicates()：删除重复的数据行。结果中默认保留第一个出现的值组合。设置参数 keep="last"，则保留最后一个。

上面的两个方法会默认判断全部列，也可以对部分列进行重复项判断或删除，只需传入列名或列名的列表。

> df. drop_duplicates(['a'])

在病人心率数据集中，序号为 3 的行和序号为 5 的行是同一个病人的数据，可用下面的语句查看和删除重复行。

> patient_data. duplicated('姓名')

输出结果如下：

0	False
2	False
3	False
4	False
5	True
7	False
8	False

```
patient_data. drop_duplicates('姓名',inplace=True)
print(patient_data)
```

输出结果如下：

	序号	姓名	年龄	体重/kg	身高	性别	心率/(次/分)
0	1.0	张学兵	56.0	74.000000	172 cm	男	76.0
2	2.0	赵小红	16.0	48.000000	1.75 m	male	50.0
3	3.0	沈安然	52.0	55.000000	169 cm	女	78.0
4	4.0	杨明宇	−1.0	50.000000	167 cm	男	75.0
7	7.0	张海	56.0	55.666667	1.75 m	男	78.0
8	8.0	黄红梅	19.0	52.000000	1.65 m	女	100.0

3. 内容与格式的清洗

数据集中有可能会出现数据错误、内容或格式不一致等情况，例如，在病人心率数据集中，年龄出现了负值，性别的表示方法不统一，身高的单位不统一。内容与格式的清洗是较烦琐的工作，可采用半自动校验半人工方式找出可能存在的问题，认真分析每个问题出现的原因，根据问题产生的原因，对不同情况采取不同的处理方法。

针对病人心率数据集做如下处理：

（1）将性别"male"替换为"男"，"female"替换为"女"，将年龄−1替换为30 岁

```
patient_data. replace({'male':'男','female':'女'},inplace=True)
patient_data['年龄']. replace(−1,30,inplace=True)
```

DataFrame 的 replace()方法，可简单地实现替换数据集中的数值。replace()方法的格式如下：

```
replace(to_replace,value,[参数列表])
```

参数 to_replace 是要被替换的值，可以是数值、字符串、正则表达式、列表或字典；

value 是替换后的新值，可以是数值、字符串、列表、字典等。

说明：

① 如果一次要修改多个值，可导入一个列表和要替换的值。例如

```
df. replace([270,1400],np. nan)    #把 270、1400 均替换成 NaN
```

② 要对不同的值进行不同的替换，可导入一个替换关系组成的列表或字典，例如

```
df. replace({'U. S. A. ':'USA','U. K. ':'UK'})
```

（2）将身高的单位统一成"m"

```
rows_with_cm = patient_data['身高']. str. contains('cm'). fillna(False)
#获取身高以 cm 为单位的行
for i,cm_row in patient_data[rows_with_cm]. iterrows()：  #使用迭代器
        height =float(cm_row['身高'][:－2])/100        #身高转换为以 m 为单位
        patient_data. at[i,'身高'] = '{}'. format(round(height,2))
        patient_data. rename(columns={'身高':'身高/m'},inplace=True)
```

清洗后的数据集如下：

```
patient_data. reset_index(drop=True,inplace=True)      #重置索引
print(patient_data)
```

输出结果如下：

	序号	姓名	年龄	体重/kg	身高/m	性别	心率/(次/分)
0	1.0	张学兵	56.0	74.000000	1.72	男	76.0
1	2.0	赵小红	16.0	48.000000	1.75	男	50.0
2	3.0	沈安然	52.0	55.000000	1.69	女	78.0
3	4.0	杨明宇	30.0	50.000000	1.67	男	75.0
4	7.0	张海	56.0	55.666667	1.75	男	78.0
5	8.0	黄红梅	19.0	52.000000	1.65	女	100.0

3.4.3　数据转换

数据转换是根据分析任务和模型的要求，把数据从一种表示形式变为另一种表示形式，从而得到一个适合数据处理的数据描述形式。

1. 函数变换

函数变换是对原始数据通过数学函数进行变换，例如平方、取对数等，常用来将不具有正态分布的数据变成具有正态分布的数据。

NumPy 的通用函数（ufunc）可用于 Pandas 对象，例如 np. abs(df)；也可使用 apply()方法将函数应用到 DataFrame 各列或行形成的一维数组中。当 axis 为 1 时，作用于 DataFrame 的行；当 axis 为 0 时，作用于 DataFrame 的列，axis 默认为 0。applymap()方法则将其他函数套用到 DataFrame 的每个元素上。

【例 3.7】 根据 4 名同学的 3 门功课成绩创建 DataFrame 对象，把每位同学的成绩加 2 分，并将"程序设计"的成绩转换为等级制成绩。

程序代码如下：

```
from pandas import DataFrame
marks=DataFrame({'高数':[90,85,85,90],'英语':[85,92,87,95],'程序设计':[90,80,82,97]},
                index=['张楠','吴京','李海明','王华'])
def f(x):
    return x+2
marks=marks. applymap(f)
marks['程序设计']=marks['程序设计']. apply(lambda x:"优"if x>=90 else "良")
print(marks)
```

输出结果如下：

	高数	英语	程序设计
张楠	92	87	优
吴京	87	94	良
李海明	87	89	良
王华	92	97	优

2. 离散化与面元数据

数据集可以看作一张充满数字和字符串的表格，表中的每一行是现实世界中的单个观测记录，称为样本；每一列是观测记录的一个属性，称为特征。通常情况下，数据集中可能存在两种类型的特征：连续特征和分类特征。连续特征的值用数值（整数或浮点数）表示，有测量单位，可进行加减、比较大小等运算。例如，对表 1.3.15 中的学生成绩数据而言，年龄、身高、体重、成绩均是连续特征，成绩 90 分是高于 88 分的。分类特征是按等级划分的，取值于一个有限或无限的集合，例如，性别、专业是分类特征，性别的值取自集合{'男','女'}。

▶表 1. 3. 15
学生成绩数据表

姓　名	性　别	专　业	年　龄	身高/m	体重/kg	成　绩
张海	男	交通工程	17	1.7	65	90
段霞	女	金融学	18	1.65	50	88

续表

姓　　名	性　　别	专　　业	年　　龄	身高/m	体重/kg	成　　绩
敬卫华	男	土木工程	19	1.75	68	91
李明	男	交通工程	17	1.8	60	54
王丹	女	金融学	18	1.66	70	67
王真花	女	土木工程	18	1.65	60	58
穆桂英	女	交通工程	19	1.68	55	78
王小田	男	交通工程	19	1.8	50	86
杨丽珍	女	交通工程	18	1.7	60	47
孙振英	男	金融学	19	1.78	70	95
蒋学军	女	金融学	19	1.55	50	91
吴俊	男	金融学	20	1.85	50	83

　　为便于分析，连续特征可被离散化（或称拆分成面元）。例如，在表1.3.16中把学生成绩划分为"0~60分""60~70分""70~80分""80~90分""90分以上"几个不同的分数段（面元），每个面元是前闭后开的区间，并为每个面元指定一个名称，分别为"不及格""及格""中""良好""优秀"。

成　　绩	面　　元	面 元 名 称
90	[90,101)	优秀
88	[80,90)	良好
91	[90,101)	优秀
54	[0,60)	不及格
67	[60,70)	及格
58	[0,60)	不及格
78	[70,80)	中
……	……	……

▶表1.3.16　成绩的面元划分

　　Pandas中提供的cut()函数可实现上述功能，cut()函数格式如下：

　　　　cut(x,bins,[参数列表])

cut()函数常用参数说明如表1.3.17所示。

常 用 参 数	说　　明
x	要处理的数据，可以是数组、列表等
bins	整数或列表。如果bins是整数，则表示导入面元的数量，根据数据的最小值和最大值计算等长面元；如果bins是列表，则定义了面元的边界

▶表1.3.17　cut()函数的常用参数

续表

常 用 参 数	说　　明
labels	定义面元的名称，可以是数组或列表
right	设置为 False 时，面元包含区间的左端，但不包含右端；设置为 True 时，面元包含区间的右端，不包含区间的左端。默认为 True

【例 3.8】 为表 1.3.15 中的学生成绩数据添加"等级"列，并显示前 5 个学生的信息。

程序代码如下：

```
students＝pd. read_csv("d:\\ds\\students－info. csv",header＝0,encoding='gbk')
bins＝[0,60,70,80,90,101]
names＝['不及格','及格','中','良','优']
students['等级']＝pd. cut(students['成绩'],bins,labels＝names,right＝False)
print(students. head())
```

输出结果如下：

	姓名	性别	专业	年龄	身高/m	体重/kg	成绩	等级
0	张海	男	交通工程	17	1.70	65	90	优
1	段霞	女	金融学	18	1.65	50	88	良
2	敬卫华	男	土木工程	19	1.75	68	91	优
3	李明	男	交通工程	17	1.80	60	54	不及格
4	王丹	女	金融学	18	1.66	70	67	及格

cut()函数把 students 中的每个成绩映射到 bins 给定的区间[0,60)，[60,70)，[70,80)，[80,90)，[90,101)中，参数 labels 设置了面元的名称。

Pandas 中的另一个函数 qcut()在数据离散化时实现数据等频划分，例如 pd. qcut(students['成绩'],4)则将成绩划分为 4 个区间，每个区间的学生人数相同。

3. 使用哑变量矩阵编码分类特征

将分类特征转换为哑变量矩阵是机器学习常用的数据转换方式。若 DataFrame 的某一列含有 K 个不同的值，则哑变量矩阵是一个 K 列的矩阵，其值全为 0 或 1。下面通过一个例子来说明。

```
data＝DataFrame({"id":['001','002','003','004','005'],
                "ages":['青年','中年','青年','少儿','中年']},columns＝['id','ages'])
print(data)
```

输出结果如下：

```
      id  ages
0   001   青年
1   002   中年
2   003   青年
3   004   少儿
4   005   中年
```

上例中 ages 取值于集合{'中年','青年','少儿'}。要映射当前的年龄信息，并将其编码为二进制矩阵，需要创建 3 个二进制特征：age_中年、age_青年、age_少儿，每个特征对应分类数据的一个二进制等级。对每个样本而言，上述 3 个特征中只有一个特征为 1，表示样本的 ages 值，其他特征均为 0，这样将 ages 转换为如下的哑变量矩阵：

```
    age_中年   age_少儿   age_青年
0      0         0         1
1      1         0         0
2      0         0         1
3      0         1         0
4      1         0         0
```

这个操作称为虚拟编码。虚拟编码的代价是它的复杂性。一般来讲，取代具有 N 个可能等级的分类特征，需要构建 N 个具有 0、1 值的数值特征。Pandas 提供的 get_dummies()函数可简单实现上述操作：

```
dummies=pd.get_dummies(data['ages'],prefix='age')
```

参数 prefix 用于给它的列加上前缀，以方便与其他列进行合并。得到的 dummies 也是一个 DataFrame 对象。

【例 3.9】 6 朵鸢尾花数据如表 1.3.18 所示，分类特征 target 取值为 Iris—setosa、Iris—versicolor 和 Iris—virginica 之一，将 target 通过虚拟编码转换为数值形式。

sepal_length	sepal_width	petal_length	petal_width	target
5.1	3.5	1.4	0.2	Iris—setosa
4.9	3	1.4	0.2	Iris—setosa
7	3.2	4.7	1.4	Iris—versicolor
6.4	3.2	4.5	1.5	Iris—versicolor
6.3	3.3	6	2.5	Iris—virginica
5.8	2.7	5.1	1.9	Iris—virginica

▶表 1.3.18 6 朵鸢尾花数据

　　根据题意，先对 target 虚拟编码，得到哑变量矩阵，然后将数据集的其他列和这个二进制矩阵连接起来，就把原数据集转换成数值表示了。

　　程序的代码如下：

```
iris_data＝pd. read_csv("d:\\ds\\iris_6. csv")
dummies＝pd. get_dummies(iris_data['target'])
iris_data_with_dummy＝iris_data. iloc[:,:−1]. join(dummies)
print(iris_data_with_dummy)
```

　　输出结果如下：

	sepal_length	sepal_width	petal_length	petal_width	Iris—setosa	Iris—versicolor	Iris—virginica
0	5.1	3.5	1.4	0.2	1	0	0
1	4.9	3.0	1.4	0.2	1	0	0
2	7	3.2	4.7	1.4	0	1	0
3	6.4	3.2	4.5	1.5	0	1	0
4	6.3	3.3	6	2.5	0	0	1
5	5.8	2.7	5.1	1.9	0	0	1

3.4.4　数据排序

　　DataFrame 既可以按照值来排序，也可以按照索引排序，分别通过 sort_values() 方法和 sort_index() 方法实现。

　　（1）sort_values() 方法实现按值排序，格式如下：

sort_values(by,[参数列表])

　　参数 by 用于指定排序关键字，是用于排序的一列或多列构成的列表，不可省略。参数列表中的常用参数有 ascending、inplace、kind 和 na_position。其中 ascending 指定排序方式，True 为升序，False 为降序，默认为 True。kind 指定排序方法，其值可以是 quicksort、mergesort 或 heapsort，默认为 quicksort。参数 na_position 的值可以是 first 或 last，默认是 last，缺失值排在最后面。

　　（2）sort_index() 方法实现按索引排序，格式如下：

sort_index([参数列表])

　　参数列表中最常用的参数是 axis。axis＝0 时，按行索引排序；axis＝1 时，按列索引排序；axis 默认为 0。

　　下面以表 1.3.15 中的学生数据为例，对学生成绩按照降序排序：

```
students＝pd. read_csv("d:\\ds\\students−info. csv",header＝0,encoding='gbk')
```

```
students.sort_values('成绩',ascending=False,inplace=True)
print(students)
```

输出结果如下：

	姓名	性别	专业	年龄	身高/m	体重/kg	成绩
9	孙振英	男	金融学	19	1.78	70	95
2	敬卫华	男	土木工程	19	1.75	68	91
10	蒋学军	女	金融学	19	1.55	50	91
0	张海	男	交通工程	17	1.70	65	90
1	段霞	女	金融学	18	1.65	50	88
7	王小田	男	交通工程	19	1.80	50	86
11	吴俊	男	金融学	20	1.85	50	83
6	穆桂英	女	交通工程	19	1.68	55	78
4	王丹	女	金融学	18	1.66	70	67
5	王真花	女	土木工程	18	1.65	60	58
3	李明	男	交通工程	17	1.80	60	54
8	杨丽珍	女	交通工程	18	1.70	60	47

如果排序字段为多个列，by 的值则为多个列标签组成的列表，例如按专业、成绩升序排序，使用下面的语句：

```
students.sort_values(by=['专业','成绩'])
```

3.4.5　案例——电影票房数据预处理

表 1.3.19 和 1.3.20 为几部影片的基本信息和来自不同售票渠道的票房数据，分别保存在文件 film_info1.csv 和 film_info2.csv 中。要求完成如下任务：

① 清洗数据中存在的问题。

② 将两个数据集合并。

③ 结果数据保存到 CSV 文件中。

影　片　名	类　　型
《侏罗纪公园 2》	美国 科幻
《侏罗纪公园 2》	美国 科幻
《猛虫过江》	中国 喜剧
《泄密者》	中国 悬疑
《超时空同居》	中国 喜剧
《复仇者联盟 3：无限战争》	美国 科幻
《复仇者联盟 3：无限战争》	美国 科幻/动作

▶表 1.3.19

影片基本信息

单位：万元						
影　片　名	统计日期	票房 1	票房 2	票房 3	票房 4	票房 5
《侏罗纪公园 2》	20180622	1 969.1 万元	891.58	111.86	—	26.79
《侏罗纪公园 2》	20180621	4 728.5 万元	3 513.14	161.23	—	70.27
《侏罗纪公园 2》	20180620	5 171.1 万元	3 575.46	157.83	—	72.12
《侏罗纪公园 2》	20180619	6 410.74 万元	4 219.24	16.58	—	2.82
《侏罗纪公园 2》	20180618	20 300 万元	7 721.68	—	—	9.87
《猛虫过江》	20180622	216.51 万元	114.45	6.15	—	1.14
《猛虫过江》	20180621	1 295.02 万元	786.72	19.41	—	5.94
《猛虫过江》	20180620	1 409.27 万元	881.26	17.39	—	6.7
《猛虫过江》	20180619	1 402.37 万元	950.47	2.22	—	6.5
《猛虫过江》	20180618	2 728.41 万元	1 214.41	—	—	32.11
《泄密者》	20180622	41.15 万元	37.47	—	—	0.729 1
《泄密者》	20180621	409.25 万元	489.19	—	—	8.4
《泄密者》	20180620	450.65 万元	507.69	—	—	10.31
《泄密者》	20180619	491.84 万元	561.61	—	—	18.27
《泄密者》	20180618	1 194.42 万元	725.67	—	—	65.9
《超时空同居》	20180622	38.73 万元	25.47	—	—	2.48
《超时空同居》	20180621	227.61 万元	199.65	—	—	4.75
《超时空同居》	20180620	236.74 万元	225.48	—	—	4.19
《超时空同居》	20180619	237.11 万元	217.66	—	—	2.23
《超时空同居》	20180618	529.33 万元	282.82	—	—	10.51
《复仇者联盟 3：无限战争》	20180622	22.65 万元	18.23	0.988 0	—	0.734
《复仇者联盟 3：无限战争》	20180621	120.76 万元	122.95	8.88	—	0.968 5
《复仇者联盟 3：无限战争》	20180620	119.27 万元	136.42	9.14	—	1.12
《复仇者联盟 3：无限战争》	20180619	126.93 万元	137.67	14.03	—	1.14
《复仇者联盟 3：无限战争》	20180618	322.89 万元	161.81	17.75	—	—

▶ 表 1.3.20　影片票房数据

下面按步骤分段介绍分析方法和实现的代码。完整代码保存在文件 film1.py 中。

（1）加载并查看数据

```
import pandas as pd
film1=pd. read_csv("d:\\ds\\film_info1. csv",encoding='gbk')
film2=pd. read_csv("d:\\ds\\film_info2. csv",header=1,encoding='gbk')
```

```
print(film1)
print(film2)
```

（2）查找数据中的错误

通过查看数据，发现表 1.3.19 中存在如下问题。

① 影片《侏罗纪公园 2》和《复仇者联盟 3：无限战争》有重复的数据行。

② 影片《复仇者联盟 3：无限战争》类型不统一。

③ "类型"列应分割为"国家/地区"和"类型"两列。

表 1.3.20 中存在如下问题。

① "票房 4"列全为空。

② "票房 3"和"票房 5"列有缺失值。

③ "票房 1"列数值后面多了单位"万元"。

（3）对 film1 进行数据清洗

① 统一影片类型。

```
film1.loc[film1['影片名']=='《复仇者联盟 3：无限战争》','类型']='美国 科幻'
```

② 删除重复行。

```
film1.drop_duplicates(inplace=True)
```

③ 将"类型"列分割为"国家/地区"和"类型"两列。

```
film1[['国家/地区','类型']]=film1['类型'].str.split(expand=True)
```

清洗后 film1 的数据如下：

```
              影片名        类型   国家/地区
0        《侏罗纪公园 2》      科幻     美国
2         《猛虫过江》       喜剧     中国
3          《泄密者》       悬疑     中国
4        《超时空同居》      喜剧     中国
5  《复仇者联盟 3：无限战争》   科幻     美国
```

（4）对 film2 进行数据清洗

① 在票房数据中，无票房数据的项用"—"表示，需要先把它替换成空值 np.nan，然后删除票房数据全为空的列。

```
import numpy as np
film2.replace('——',np.nan,inplace=True)          #将'—'用 NA 值替换
film2.dropna(how='all',axis=1,inplace=True)       #删除票房数据全为空的列
```

② film2. isnull(). any()用于检测是否有缺失数据的列。本例中检测到"票房 3"
和"票房 5"两列有缺失数据，把缺失数据用 0 填充。

```
print(film2. isnull(). any())                    #检测是否有缺失数据的列
film2. fillna(0,inplace=True)                    #将缺失值用 0 填充
```

③ "票房 1"列数值后面的单位"万元"删除。

```
dr_box_office = lambda x: float(x[:-2])
film2['票房 1'] = film2['票房 1']. apply(dr_box_office)
```

（5）合并数据集

将两数据集使用 merge()函数合并，键为两个 DataFrame 的公共列"影片名"。

```
film=pd. merge(film1,film2,on='影片名')
```

（6）结果保存到 CSV 文件中

```
film. to_csv("d:\\ds\\film. csv",index=False,encoding='gbk')
```

完整程序代码保存在 film1. py 中，如下所示。

```
import pandas as pd
film1=pd. read_csv("d:\\ds\\film_info1. csv",encoding='gbk')
film2=pd. read_csv("d:\\ds\\film_info2. csv",header=1,encoding='gbk')
print(film1)
print(film2)
film1. loc[film1['影片名']=='《复仇者联盟 3:无限战争》','类型']='美国 科幻'
film1. drop_duplicates(inplace=True)
film1[['国家/地区','类型']]=film1['类型']. str. split(expand=True)
print(film1)
import numpy as np
film2. replace('——',np. nan,inplace=True)          #将'—'用 NA 值替换
film2. dropna(how='all',axis=1,inplace=True)       #删除票房数据全为空的列
print(film2. isnull(). any())                       #检测是否有缺失数据的列
film2. fillna(0,inplace=True)                       #将缺失值用 0 填充
dr_box_office = lambda x: float(x[:-2])
film2['票房 1'] = film2['票房 1']. apply(dr_box_office)
print(film2)
film=pd. merge(film1,film2,on='影片名')
```

```
print(film. head())
film. to_csv("d:\\ds\\film. csv",index=False ,encoding='gbk')
```

3.5 数据统计分析

统计分析可分为两个层次：第一个层次是数据的描述统计，它通过对数据整理、归类、简化或绘制成图表来描述和归纳数据的特征及不同变量之间的关系，分析数据的集中趋势、离散程度、相关强度等；第二个层次在描述统计的基础上，用推断统计的方法对数据进行处理，决断数据之间是否存在某种关系及用样本统计值来推测总体的特征。本节只介绍基于 Pandas 的数据描述统计。

3.5.1 常用统计量

在统计学中研究对象的全体称为总体，组成总体的每个研究对象称为个体，而总体中抽出部分个体组成的集合称为样本，样本中所含个体的个数称为样本容量。例如，要研究某地区高中男生的平均身高，这个地区所有高中男生的身高就是总体，按照一定规律抽取出 200 个男同学的身高进行研究，这 200 个同学的身高就是样本，样本容量为 200。

下面介绍描述一个总体中样本分布的常用统计量。

1. 均值

均值通常用 μ 表示，是指样本（一组数据）中所有数据之和再除以这组数据的个数（样本容量），即

$$\mu = \frac{1}{n} \sum_{i=1}^{n} x_i$$

其中 n 为样本容量，x_i 是单个样本的观测值。

均值虽然能反映样本值的集中趋势，但受极端值的影响较大，且数据分布越分散、离散程度越大，平均数的代表性就越小。

2. 中位数与分位数

中位数刻画了一组数据的中等水平。设样本容量为 n，将其值从小到大排序为 $x_1, x_2, \cdots, x_n$，则中位数定义如下：

① n 为奇数时，$m_{0.5} = x_{(n+1)/2}$，即中位数等于最中间的数。

② n 为偶数时，$m_{0.5} = \dfrac{x_{(n/2)} + x_{(n/2+1)}}{2}$，即中位数等于中间两个数的均值。

例如，有 5 笔付款，分别为 9 元、10 元、10 元、11 元、60 元，则

均值：$(9+10+10+11+60)/5=20$(元)

中位数：10（元）

可见，中位数不受最大、最小两个极端值的影响，与均值相比，具有更好的抗干扰性，在实际应用中，比均值更具参考价值。

x 百分位数指数据集中有 $x\%$ 的数小于 x，例如一个学生考试成绩 75 分，对应 70 百分位数，即他的成绩高于 70% 的学生。将样本中的数值从小到大排列后分成 4 等份，排序后处于 25%、50% 和 75% 位置上的数称为四分位数。

25%	25%	25%	25%
Q_L		Q_M	Q_U

Q_L 又称为下四分位数，对应 25 百分位数，Q_M 就是中位数，Q_U 又称为上四分位数，对应 75 百分位数。$Q_U - Q_L$ 称为四分位矩，反映一组样本中间 50% 数据的取值范围。

3. 众数

众数刻画了一组数据中出现次数最多的情况。简单地说，就是一组数据中占比例最多的那个数。一组数中可能没有众数，也可能有一个或多个众数。例如，10、5、9、12、6、8 中无众数；8、5、9、7、5、5 中众数为 5；26、28、28、36、45、45 中有两个众数，分别为 28 和 45。

在统计分布上，众数代表了具有明显集中趋势的点的数值，描述了数据在哪些数值上集中聚集。众数不受极端值的影响。

4. 方差

方差用于衡量数据集中任意数值与均值的平均偏离程度，即单个样本的观测值距离样本均值的离散程度，可用如下的公式计算：

$$s^2 = \frac{1}{n-1}\sum_{i=1}^{n}(x_i - \mu)^2$$

其中 μ 是样本的均值，n 是样本容量，x_i 是单个样本的观测值。

5. 标准差

由于方差与均值的量纲（单位）不一致，描述数据的离散程度时，使用标准差更方便。标准差是方差的平方根，定义为

$$\sigma = \sqrt{s^2}$$

其中 s^2 是方差。

方差或标准差从平均意义上描述了数据与均值的差异大小。方差或标准差值越大，说明数据的离散程度越大。

6. 极差

极差 R 定义为一组数的最大值与最小值之差，即

$$R = x_{max} - x_{min}$$

极差忽略了数据的内部差异，而仅仅关注数据的上下界。

7. 偏度与峰度

上述指标在一些差别较大的数据上仍有可能呈现相同的结果。例如，下面的两组数据 X、Y 明显不同，但它们的均值和方差完全相同。

X：10，8，13，9，11，14，6，4，12，7，5

Y：8，8，8，8，8，8，8，19，8，8，8

因此，如要更准确地把握数据的整体情况，不能忽略其分布形态。

最常见的分布是正态分布，也称高斯分布，正态曲线呈钟形，两头低，中间高，如图 1.3.4 所示。μ 是正态分布的位置参数，描述正态分布的集中趋势位置，正态分布以 $x = \mu$ 为对称轴，左右完全对称，其均值、中位数、众数相同，均等于 μ。σ 描

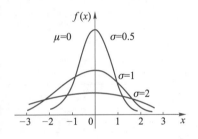

图 1.3.4 正态分布曲线

述正态分布的离散程度，也称为正态分布的形状参数。对固定的 μ，σ 越大，数据分布越分散，曲线越扁平；σ 越小，数据分布越集中，曲线越瘦高。$\mu = 0$、$\sigma = 1$ 时的正态分布是标准正态分布。

实际应用中数据的分布往往不对称，偏度 g_1 是用来衡量数据分布对称性的指标，其公式如下：

$$g_1 = \frac{1}{(n-1)\sigma^3} \sum_{i=1}^{n} (x_i - \mu)^3$$

其中 μ 是样本的均值，σ 是样本的标准差，n 是样本容量，x_i 是单个样本的观测值。

偏度的绝对值越大，数据分布形态与正态分布相比，偏斜程度越大。在偏度接近 0 时，数据分布比较对称；偏度大于 0 时，比均值更小的数据更多一些，均值右侧的数据离散程度高；偏度小于 0 时，比均值更大的数据更多些，均值左侧的数据离散程度高。

与正态分布相比，不同分布的数据在均值附近的集中程度也不同。峰度 g_2 是用来度量数据分布形态陡缓程度的指标，其公式如下：

$$g_2 = \frac{1}{(n-1)\sigma^4} \sum_{i=1}^{n} (x_i - \mu)^4 - 3$$

其中 μ 是样本的均值，σ 是样本的标准差，n 是样本容量，x_i 是单个样本的观测值。

峰度的绝对值越大，数据分布形态的陡缓程度与正态分布的差异越大。峰度大于 0 时，意味着数据较多地集中在均值附近，曲线相对正态分布陡峭些；峰度小于 0 时，意味着更多的数据分布在两侧极端，曲线相对正态分布平缓些。

3.5.2　常用统计方法

Pandas 中 Series 和 DataFrame 的常用汇总与统计方法如表 1.3.21 所示。

▶表 1.3.21

常用汇总与统计方法

方　　法	说　　明
count()	计算非 NA 值的个数
value_counts()	各样本值出现的频率
describe()	针对 DataFrame 的列计算统计信息
min、max()	最小值、最大值
idxmin()、idxmax()	最小值、最大值的索引值
quantile()	样本的分位数（0～1）
mean()	均值
median()	中位数（50%位数）
sum()	求和
cumsum()	样本值的累计和
var()	样本值的方差
std()	样本值的标准差
skew()	样本值的偏度
kurt()	样本值的峰度

上述方法主要针对连续数据，基于没有缺失数据的假设。在默认情况下，方法自动排除缺失值，也可通过参数 skipna 设置，该参数默认为 True。

统计时，既可以对 DataFrame 的行进行统计，也可以对 DataFrame 的列进行统计，由参数 axis 指定。axis＝0 时，按行统计；axis＝1 时，按列统计。

describe()方法用于计算统计信息摘要，可一次性产生多个汇总统计项，包括值计数、均值、标准差、最大值、最小值和四分位数。

【例 3.10】 根据招商银行、科大讯飞、广济药业、万科 A 股票连续 5 天的股价信息创建 DataFrame 对象，计算统计摘要。

程序代码如下：

```
index=['2018/6/8','2018/6/7','2018/6/6','2018/6/5','2018/6/4']
```

```
names=['招商银行','科大讯飞','广济药业','万科 A']
data=[[28.20,36.47,15.89,26.71],[28.90,37.14,16.18,27.39],
      [28.80,37.90,16.48,26.99],[29.26,38.19,16.41,27.49],
      [29.25,37.71,15.74,27.30]]
stock=DataFrame(data,index=index,columns=names)
print(stock.describe())
```

输出结果如下：

	招商银行	科大讯飞	广济药业	万科 A
count	5.000000	5.000000	5.00000	5.000000
mean	28.882000	37.482000	16.14000	27.176000
std	0.433151	0.683572	0.32117	0.320749
min	28.200000	36.470000	15.74000	26.710000
25%	28.800000	37.140000	15.89000	26.990000
50%	28.900000	37.710000	16.18000	27.300000
75%	29.250000	37.900000	16.41000	27.390000
max	29.260000	38.190000	16.48000	27.490000

3.5.3 分组与聚合

分组与聚合是数据分析中的常见操作，其过程可分为如下 3 个步骤。

（1）拆分：按照指定的标准将数据集拆分为若干组。

（2）应用：将某个函数或方法应用到每个分组进行计算。

（3）合并：将计算的结果整合到结果对象中。

1. 分组

DataFrame 中的数据可根据提供的键拆分为多个分组，例如，表 1.3.15 中的学生成绩数据，以"专业"为键，可拆分为 3 个分组。拆分的操作可通过 groupby()方法实现：

```
students=pd.read_csv("d:\\ds\\students-info.csv",header=0,encoding='gbk')
grouped=students.groupby(students['专业'])
```

grouped 是一个 GroupBy 对象，含有分组有关的信息。可用下面代码查看各个分组的信息：

```
for name,group in grouped:
    print(name)
    print(group)
```

分组键也可以有多个，按照多个键分组时，传入键的列表。例如，按照"专业""性别"分组：

```
grouped1＝students. groupby(['专业','性别'])
```

2. 聚合

数据聚合是对分组中的数据执行某些操作，例如求平均值、求最大值等，然后将每个分组的计算结果整合成结果集。聚合数据的方法有以下 3 种。

（1）使用 Pandas 统计方法聚合数据

GroupBy 对象可以调用 mean()、count()、sum()、median()、std()、var()、min()、max()、first()、last()、prod()、describe()等方法，处理过程是先在每个分组上进行计算，然后将结果聚合。例如，计算各专业的平均分：

```
grouped['成绩']. mean()
```

输出结果如下：

```
专业
交通工程   71.0
土木工程   74.5
金融学    84.8
```

也可以对分组后的多个列进行聚合运算，例如，求每个专业学生身高、体重的最大值：

```
grouped['身高/m','体重/kg']. max()
```

输出结果如下：

	身高/m	体重/kg
专业		
交通工程	1.80	65
土木工程	1.75	68
金融学	1.85	70

（2）使用 agg()方法聚合数据

当 Pandas 的统计方法无法满足聚合需求时，可以自定义一个函数，将它传递给 agg()方法。例如，要计算每个专业成绩的极差：

```
def f(arr):
        return arr. max()－arr. min()
grouped['成绩']. agg(f)
```

输出结果如下：

```
专业
交通工程    43
土木工程    33
金融学      28
```

分组也可以同时应用多个聚合函数，只需将多个函数名放入列表中，传入 agg() 方法，例如，计算每个专业成绩的平均分、最低分、最高分和极差：

```
grouped['成绩'].agg(['mean','min','max',f])          #注意:自定义函数名不加引号
```

输出结果如下：

```
          mean   min   max   f
专业
交通工程   71.0    47    90   43
土木工程   74.5    58    91   33
金融学     84.8    67    95   28
```

如果用（列名，函数名）组成的元组取代函数名，则可以在结果中自定义列名，例如：

```
grouped['成绩'].agg([('平均分','mean'),('最低分','min'),('最高分','max'),('最高分－最低分',f)])
```

输出结果如下：

```
          平均分   最低分   最高分   最高分－最低分
专业
交通工程   71.0     47      90       43
土木工程   74.5     58      91       33
金融学     84.8     67      95       28
```

如果希望对不同的列使用不同的函数，可在 agg() 方法中传入｛列名：函数名｝格式的字典。例如，计算不同专业身高的平均值、体重的最小值和成绩的极差：

```
grouped.agg({'身高/m':'mean','体重/kg':'min','成绩':f})
```

输出结果如下：

```
          身高/m    体重/kg    成绩
专业
交通工程   1.736     50       43
土木工程   1.700     60       33
金融学     1.698     50       28
```

（3）使用 apply()方法聚合数据

apply()方法与 agg()方法的作用基本相同，不同之处在于，apply()方法只能对一个或多个列应用同一个函数，而 agg()方法可以对不同的列应用不同的函数。

```
grouped. apply(np. mean)
```

输出结果如下：

	年龄	身高/m	体重/kg	成绩
专业				
交通工程	18.0	1.736	58.0	71.0
土木工程	18.5	1.700	64.0	74.5
金融学	18.8	1.698	58.0	84.8

3.5.4 数据透视表与交叉表

数据透视表是电子表格程序和其他数据分析软件中常用的数据汇总方法，它可以根据一个键或多个键对数据进行聚合。DataFrame 的 pivot_table()方法实现了该功能，其常用参数及说明如表 1.3.22 所示。

▶ 表 1.3.22
pivot_table()
方法的常用参数
及说明

常 用 参 数	说　　　明
values	待聚合的列的名称或列名列表
index	用于分组的列名或列名列表，结果透视表的行
columns	用于分组的列名或列名列表，结果透视表的列
aggfunc	聚合函数或函数列表，默认为 mean
margins	添加行/列总计，默认为 False
margins_name	行/列总计的显示名称，默认为 all
fill_value	用于替换结果中的缺失值

【例 3.11】　对表 1.3.15 中的学生数据，根据专业和性别计算平均成绩，生成数据透视表。

```
students. pivot_table('成绩',index='专业',columns='性别',
                      aggfunc='mean',margins=True,margins_name='合计',fill_value=0)
```

输出结果如下：

性别	女	男	合计
专业			
交通工程	62.5	76.666667	71.000000
土木工程	58.0	91.000000	74.500000
金融学	82.0	89.000000	84.800000
合计	71.5	83.166667	77.333333

交叉表是一种特殊类型的数据透视表，用于计算分组的频率，使用 Pandas 的 crosstable()函数实现，该函数的参数与数据透视表类似。

【例 3.12】 对表 1.3.15 中的学生成绩数据，统计每个专业男生和女生的人数。

```
pd. crosstab(index＝students['专业'],columns＝students['性别'])
```

输出结果如下：

```
性别      女  男
专业
交通工程   2  3
土木工程   1  1
金融学    3  2
```

3.5.5 相关分析

在数据集中特征之间往往不是独立的，而是具有一定的关联。相关分析研究数据集中不同特征之间的相关性。

1. 变量的相关性

相关性是指两个变量的关联程度。通常，两个变量有 3 种关系：正相关、负相关、不相关。

① 正相关：如果一个变量高的值对应另一个变量高的值，或者变量低的值对应另一个变量低的值，那么这两个变量正相关。

② 负相关：如果一个变量高的值对应另一个变量低的值，或者变量低的值对应另一个变量高的值，那么这两个变量负相关。

③ 不相关：如果两个变量间没有关系，即一个变量的变化对另一个变量没有明显影响，那么这两个变量不相关。

2. 相关性系数

在实际应用中，两个变量是否相关常用皮尔逊相关性系数来衡量。皮尔逊相关性系数的定义为两个变量 X 与 Y 协方差与标准差的商，形式如下：

$$\rho = \frac{Cov(X,Y)}{\sigma_X \sigma_Y}$$

其中 $Cov(X,Y)$ 是变量 X 和 Y 的协方差，σ_X、σ_Y 分别是变量 X、Y 的标准差。$Cov(X,Y)$ 定义为

$$Cov(X,Y) = \frac{\sum_{i=1}^{n}(X_i - \mu_X)(Y_i - \mu_Y)}{n-1}$$

其中 μ_X、μ_Y 分别是变量 X、Y 的均值。

在统计学中，协方差用于衡量两个变量是否同时偏离均值。如果两个变量的变化趋势一致，那么两个变量之间的协方差就是正值；如果两个变量的变化趋势相反，那么两个变量的协方差就是负值。

相关性系数 ρ 具有如下性质：

（1）ρ 的值介于 -1 和 $+1$ 之间。

（2）$|\rho|$ 越大，X 与 Y 的相关性越大。一般而言，$|\rho| > 0.8$，X 与 Y 强相关；$|\rho| < 0.3$，X 与 Y 弱相关。

（3）$\rho = 0$，X 与 Y 不相关。

（4）$|\rho| = 1$，X 与 Y 线性相关，即 $Y = aX + b$。

Series 的 corr() 方法用于计算数据集中两列之间的相关性。例如，下面的语句计算例 3.10 中"招商银行"和"万科 A"股价间的相关性：

```
stock. 招商银行 . corr(stock. 万科 A)
```

3. 相关矩阵

相关性系数矩阵也称为相关矩阵，是不同变量间的相关系数构成的矩阵。设 $(X_1, X_2, \cdots, X_n)$ 是一个 n 维随机变量，任意 X_i 与 X_j 的相关系数 $\rho_{ij}(i, j = 1, 2, \cdots, n)$ 存在，则以 ρ_{ij} 为元素的 n 阶矩阵称为该随机向量的相关矩阵，记作 $\boldsymbol{R}$。

$$\boldsymbol{R} = \begin{bmatrix} \rho_{11} & \rho_{12} & \cdots & \rho_{1n} \\ \rho_{21} & \rho_{22} & \cdots & \rho_{2n} \\ \vdots & \vdots & \vdots & \vdots \\ \rho_{n1} & \rho_{n2} & \cdots & \rho_{nn} \end{bmatrix}$$

相关矩阵用来表示数据集中不同列之间的相关性。Pandas 中提供了求相关矩阵的方法，例如，求例 3.10 中股票数据的相关矩阵：

```
stock. corr()
```

输出结果如下：

	招商银行	科大讯飞	广济药业	万科 A
招商银行	1.000000	0.845419	0.176473	0.901946
科大讯飞	0.845419	1.000000	0.548185	0.651342
广济药业	0.176473	0.548185	1.000000	0.235403
万科 A	0.901946	0.651342	0.235403	1.000000

可以看出，招商银行和科大讯飞、万科 A 的股价之间具有较强的相关性，意味着

它们的股价同时上涨或下跌的概率大。

3.5.6　案例——电影票房数据统计分析

对 3.4.5 节中得到的电影票房数据集完成如下任务：

① 统计每部影片的票房总计和单日最高票房。

② 查看哪些影片票房过亿。

③ 统计不同"国家/地区"各个"类型"影片的票房。

④ 查看不同票房数据之间的相关性。

（1）读取数据集

```
film=pd. read_csv("d:\\ds\\film. csv",encoding='gbk')
```

（2）更改列的数据类型

用 film. dtypes 查看各列的类型时，发现"统计日期"自动设置为 int 类型。为便于计算，需要将"统计日期"设置成 object 类型。

```
film['统计日期']=film['统计日期']. astype(object)
```

（3）统计每部影片的票房总计和单日最高票房

为统计每部影片的票房，先在 film 中增加"单日票房合计"列，单日票房合计＝票房1＋票房2＋票房3＋票房5。然后按照影片名分组，在分组上应用 sum()和 max()函数，计算每部影片的票房总计和单日最高票房。

```
film['单日票房合计']=film. sum(axis=1)#计算所有票房之和作为该部影片的单日票房
grouped=film. groupby('影片名')
df_grouped=grouped['单日票房合计']. agg([('票房总计','sum'),('单日最高票房','max')])
print(df_grouped)
```

输出结果如下：

	票房总计	单日最高票房
影片名		
《侏罗纪公园 2》	59129.9100	28031.55
《复仇者联盟 3:无限战争》	1344.3305	502.45
《泄密者》	5012.5491	1985.99
《猛虫过江》	11096.4500	3974.93
《超时空同居》	2244.7600	822.66

（4）查看哪些影片票房过亿

```
n=(df_grouped['票房总计']>10000).sum()    #统计票房过亿元的影片
print("票房过亿的影片:{}部".format(n))
#显示票房过亿的影片名称
for name,row in df_grouped.iterrows():
        if(row['票房总计']>10000):
                print(name)
```

输出结果如下：

票房过亿的影片:2 部

《侏罗纪公园 2》

《猛虫过江》

df_grouped 也是一个 DataFrame，"df_grouped['票房总计']>10000" 筛选出 df_grouped 中票房总计过亿的数据行。for 循环遍历 df_grouped，输出票房过亿的行的索引。

（5）统计不同"国家/地区"各个"类型"影片的票房

可以使用分组运算，用这两个列的列名组成的列表作为分组键，使用数据透视表更为方便。

```
print(film.pivot_table('单日票房合计',index='国家/地区',columns='类型',
    aggfunc='sum',margins=True,margins_name='合计',fill_value=0))
```

输出结果如下：

类型	喜剧	悬疑	科幻	合计
国家/地区				
中国	13341.21	5012.5491	0.0000	18353.7591
美国	0.00	0.0000	60474.2405	60474.2405
合计	13341.21	5012.5491	60474.2405	78827.9996

（6）查看不同票房数据之间的相关性

```
print(film.corr())
```

输出结果如下：

	票房 1	票房 2	票房 3	票房 5	单日票房合计
票房 1	1.000000	0.959286	0.185279	0.206576	0.995662
票房 2	0.959286	1.000000	0.362154	0.354763	0.981310
票房 3	0.185279	0.362154	1.000000	0.722084	0.250472

票房 5	0.206576	0.354763	0.722084	1.000000	0.262044
单日票房合计	0.995662	0.981310	0.250472	0.262044	1.000000

从结果可以看出，票房 1 与票房 2 强相关，单日票房合计与票房 1 和票房 2 强相关，与票房 3 和票房 5 弱相关，即单日票房主要由票房 1 和票房 2 贡献。

完整程序代码保存在 film2.py 中，如下所示。

```python
import pandas as pd
film=pd. read_csv("d:\\ds\\film. csv",encoding='gbk')
print(film. dtypes)
film['统计日期']=film['统计日期']. astype(object)
film['单日票房合计']=film. sum(axis=1)
#计算所有票房之和作为该部电影的单日票房
grouped=film. groupby('影片名')
df_grouped=grouped['单日票房合计']. agg([('票房总计','sum'),('单日最高票房','max')])
print(df_grouped)
n=(df_grouped['票房总计']>10000). sum()        #统计票房过亿元的影片
print("票房过亿的影片:{}部". format(n))
#显示票房过亿的影片名称
for name,row in df_grouped. iterrows():
        if(row['票房总计']>10000):
                print(name)
print(film. pivot_table('单日票房合计',index='国家/地区',columns='类型',
    aggfunc='sum',margins=True,margins_name='合计',fill_value=0))
print(film. corr())
```

习 题

一、选择题

1. 创建下面的 DataFrame 对象 df，正确的语句是_____。

	名称	单价	数量
0	苹果	8.80	3.5
1	梨	9.80	5.0
2	橘子	5.20	3.8
3	香蕉	6.99	4.2

A.　df = DataFrame(［'苹果',8.8,3.5］,［'梨',9.8,5］,［'橘子',5.2,3.8］,［'香蕉',6.99,4.2］,
index = ［'名称','单价','数量'］)

B.　df = DataFrame(［'苹果','梨','橘子','香蕉'］,［8.8,9.8,5.2,6.99］,［3.5,5,3.8,4.2］,
index = ［'名称','单价','数量'］)

C.　df = DataFrame(［［'苹果','梨','橘子','香蕉'］,［8.8,9.8,5.2,6.99］,［3.5,5,3.8,4.2］］,
columns = ［'名称','单价','数量'］)

D.　df = DataFrame(［［'苹果',8.8,3.5］,［'梨',9.8,5］,［'橘子',5.2,3.8］,［'香蕉',6.99,4.2］］,
columns = ［'名称','单价','数量'］)

2.　针对题 1 中 DataFrame 对象 df,下面＿＿＿＿＿＿＿不能取出橘子的单价。

A.　df［2］［1］   B.　df.iloc［2,1］

C.　df.loc［2,'单价'］   D.　df['单价']［2］

3.　Pandas 中＿＿＿＿＿＿＿实现了用一个 DataFrame 中的对应数据填充另一个 DataFrame
中的缺失数据。

A.　merge()   B.　concat()

C.　combine_first()   D.　groupby()

4.　下面＿＿＿＿＿＿＿不是衡量变量离散程度的统计量。

A.　方差   B.　标准差

C.　极差   D.　偏度

5.　一组数 9,10,10,11,12,70 的中位数是＿＿＿＿＿＿＿。

A.　10   B.　11   C.　10.5   D.　12

6.　使用＿＿＿＿＿＿＿可把 DataFrame 对象的索引变为默认的整型索引。

A.　reindex()   B.　rename()

C.　set_index()   D.　reset_index()

7.　下面＿＿＿＿＿＿＿用于查看 Dataframe 对象 df 的哪些列有缺失值。

A.　df.isnull().any(0)   B.　df.isnull().any(1)

C.　df.isnull().all()   D.　df.isnull().all(1)

8.　下面说法错误的是＿＿＿＿＿＿＿。

A.　DataFrame 的一列是一个 Series 对象

B.　DataFrame 的 values 属性保存值的 NumPy 数组,值的数据类型没有限制

C.　DataFrame 与 Series 之间的运算以广播方式进行,不可以在行上广播,只能在
列上广播

D.　NumPy 的通用函数(ufunc)可用于 Pandas 对象

二、填空题

1. DataFrame 的 drop()方法通过参数_____指明按行或列删除数据。

2. Pandas 中的_____函数实现沿着一条轴将多个 DataFrame 对象堆叠到一起。

3. 用 sort_values()方法对数据进行排序时，_____参数指明按升序或降序排序。

4. 将 DataFrame 对象 df 的列名"成绩"更改为"期末成绩"的语句为_____。

5. 下面程序根据 4 种水果的名称、单价、购买数量创建 DataFrame 对象，把程序补充完整，完成下述功能。

（1）添加总价列，计算每种水果的总价（总价＝单价×数量）。

（2）按照总价降序排序后，输出总价最高的水果的信息。

（3）计算购买 4 种水果的总花费。

```
from pandas import DataFrame
data = {'名称': ['苹果','梨','橘子','香蕉'],
        '单价': [8.8,9.8,5.2,6.99],
        '数量': [3.5,5,3.8,4.2]}
df = DataFrame(____(1)____)
df ['总价'] = ____(2)____
df. sort_values('总价',ascending = False, ____(3)____ = True)
print(df. head(1))
print("共花了" + str(____(4)____) + '元')
```

6. 下面程序根据数据字典创建 DataFrame 对象，将程序补充完整并完成题目中要求的任务。

```
from pandas import DataFrame
books = {"书名": ['《python 程序设计》', '《数据科学》','《机器学习》',
'《人工智能》'], "单价": [25.0,28.99,23.0,32.0], "出版社": ['高等教
育','高等教育','电子工业','清华大学'], "数量": [45,39,44,45]}
book_info = DataFrame(books)
#查看这些书来自哪些出版社，相同出版社只显示一次
print(book_info ['出版社']. ____(1)____)
#计算每个出版社的图书均价
print(book_info [['单价','出版社']]. ____(2)____. mean())
#查看高等教育出版社和电子工业出版社出版的图书信息
```

```
print(_____(3)_____)
#筛选出数量大于 40 的图书的书名，单价
book_40 = book_info [_____(4)_____] [['书名','单价']]
print(book_40)
```

三、简答题

1. CSV 格式文件有什么特点？将 DataFrame 对象中的数据写入 CSV 格式文件时，行索引不写入，如何处理？

2. 处理缺失数据有哪些方法？分别适用于什么情况？

3. 哑变量矩阵有什么特点？分类变量如何转换为哑变量矩阵？

4. 什么是变量的相关性？如何计算数据集中不同列之间的相关性？

第 4 章
数据可视化

　　数据大多以文本或数值形式呈现，借助各种工具软件可以对数据进行统计分析，从数据中提取有价值的信息。当数据量巨大时，各种统计报表容易让人眼花缭乱，改用图形和图表的方式显示数据，则可以直观清晰地展示出数据中隐含的变化规律或发展趋势，是数据分析的一种重要手段。实现数据可视化的第三方库主要包括 Matplotlib、Seaborn、ggplot、Bokeh 和 pyecharts 等，Matplotlib 是 Python 中使用最广泛的可视化库，其他许多可视化库大多是建立在其基础上或者直接调用该库，本章介绍 Matplotlib 库和 Seaborn 库的使用以及常见图表的绘制方法。

4.1 图表绘制基础

常见图表类型有柱状图（条形图）、折线图、饼图、散点图和直方图等，下面先介绍 Matplotlib 库中图表绘制的一般过程以及构成图表的常见元素。

4.1.1 引例——绘制柱状图

【例 4.1】 绘制某公司产品 A 各季度销售额柱状图，效果和各部分说明如图 1.4.1 所示。

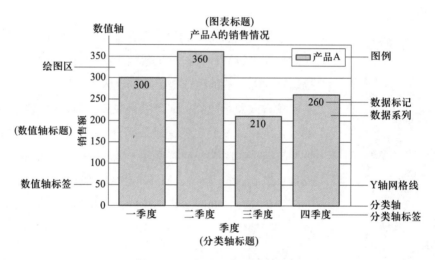

图 1.4.1 产品 A 各季度销售额

分析：首先准备好绘制图表所需的数据，调用 matplotlib.pyplot 库中的 bar()函数绘制柱状图。

（1）导入库

```
import matplotlib.pyplot as plt          #导入 pyplot 子库
import numpy as np
```

（2）新建绘图区

```
plt.figure(figsize=(6,4))                #绘图区大小为 6 * 4 英寸
plt.rcParams['font.sans-serif']=['SimHei']  #设置显示汉字字体(黑体)
```

（3）准备数据

```
sales=[300,360,210,260]
```

```
index=np.arange(4)
seasons=['一季度', '二季度', '三季度', '四季度']
```

（4）设置图表属性

```
plt.title("产品 A 的销售情况",fontsize=16)      #图表标题
plt.xlabel("季度")                            #分类轴标签
plt.ylabel("销售额",rotation=90)              #数值轴标签
plt.grid(axis="y")
plt.xticks(index,seasons)                     #设置分类轴的刻度及其标签文本
```

（5）绘制图表

```
plt.bar(index,sales,label="产品 A")           #绘制柱状图
for x,y in zip(index,sales):                  #在指定位置输出数据标记(销售额)
    plt.text(x, y-25, '%.0f' %y, ha='center', fontsize=12)
```

（6）显示图例

```
plt.legend(bbox_to_anchor=(1,1))              #在指定位置显示图例
```

（7）显示图表

```
plt.show()
```

从引例中看到，Python 中图表的绘制过程比较简单，关键是要准备好绘制所需的数据，控制好各图表元素的显示，掌握图表绘制函数的调用方法。

4.1.2 Matplotlib 绘图基础

Matplotlib 是 Python 环境下常用的一个绘图库，可生成指定分辨率的图形文件，满足各种出版级图形的要求。

1. 图表的组成

Matplotlib 的图表区主要包括绘图区、图像和辅助显示对象。

绘图区包含 Canvas、Figure 和 Axes 三个对象，既可以由系统自动创建，也可以根据需要调用 Figure() 函数来创建。图像则是调用各个绘图函数绘制的柱状图、折线图、饼图和散点图等。辅助显示对象包括 title（标题）、axis（坐标轴）、axis label（坐标轴标题）、tick（坐标轴刻度）、tick label（坐标轴刻度标签）、spines（图表边框线）、grid（网格线）、legend（图例）、facecolor（前景色）等。

2. 创建绘图区

(1) 自动创建绘图区

在 Matplotlib 中可以直接调用图表绘制函数，系统将自动创建一个绘图区，默认大小为 6.4×4.8 英寸，即 figsize＝(6.4,4.8)，分辨率为 100，即 dpi＝100，背景为白色，即 facecolor＝"white"。

例如：

```
import matplotlib.pyplot as plt
plt.plot((2,4),(5,8))          #自动创建一个绘图区,绘制一条从(2,5)到(4,8)的直线
```

(2) 手动创建绘图区

如果需要指定绘图区的大小、分辨率和背景颜色等参数，那么先调用 figure() 函数创建一个绘图区，然后再调用图表绘制函数。

例如：

```
import matplotlib.pyplot as plt
plt.figure(figsize=(6,4),dpi=72)     #绘图区大小为 6 * 4 英寸,分辨率为 72
plt.plot((3,6))                      #绘制一条从顶点(0,3)到顶点(1,6)的直线
```

3. 创建子绘图区

在一个全局绘图区中可以同时绘制多个子图，首先需要创建多个子绘图区，每个子绘图区拥有独立的坐标系，然后在指定的子绘图区中绘制图表。

常用子绘图区控制函数如下。

(1) subplot() 函数：用于在全局绘图区中创建子绘图区并显示指定子绘图区，subplot() 函数的使用格式为

subplot(nrows, ncols, index, ＊＊kwargs)

说明：

① nrows 表示子绘图区的行数，ncols 表示子绘图区的列数，index 表示当前子绘图区的编号，按照从左到右，从上向下的顺序从 1 开始依次编号。

② 如果 nrows、ncols 和 index 的值都小于 10，可以把 3 个参数的值缩写为一个整数，如 subplot(323) 和 subplot(3,2,3) 都表示有 3 行 2 列共 6 个子绘图区，显示第 3 个子绘图区。

例如：

```
plt.subplot(1,1,1)     #表示有 1 行 1 列,绘制在第 1 个子绘图区
plt.subplot(234)       #有 2 行 3 列共 6 个子绘图区,只显示第 4 个子绘图区
```

（2）add_subplot()函数：用于给已有全局绘图区添加子绘图区，add_subplot()
函数的使用格式为

add_subplot(nrows, ncols, index, ** kwargs)

说明：参数 nrows 和 ncols 用于指定子绘图区的行数与列数，仅显示 index 参数
值对应编号的子绘图区。

例如：

```
fig＝plt. figure(figsize＝(6,4))    #创建一个指定大小的全局绘图区
fig. add_subplot(221)             #添加第 1 个子绘图区
fig. add_subplot(223)             #添加第 3 个子绘图区
```

（3）subplots()函数：用于创建一个全局绘图区，然后添加多个子绘图区并显示
所有子绘图区，subplots()函数的使用格式为

subplots(nrows, ncols, ** fig_kw)

例如，创建 2 行 3 列共 6 个子绘图区，全局绘图区大小为 6×4 英寸，分辨率
为 72。

```
fig,ax ＝ plt. subplots(nrows＝2,ncols＝3,figsize＝(6,4),dpi＝72)
plt. subplots_adjust(wspace＝0. 3,hspace＝0. 3)      #调整子绘图区之间的间隔
ax[0][1]. plot(5,'y')    #在第 0 行第 1 列的子绘图区绘制一个黄色三角标记
ax[1][2]. plot((3,8),'g')    #在第 1 行第 2 列的子绘图区绘制一条绿色线条
```

上面程序执行后显示的子绘图区效果如图 1.4.2 所示。

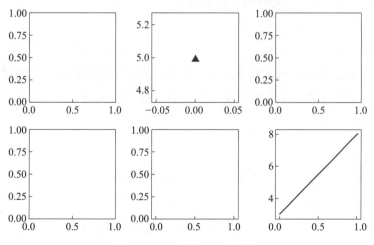

图 1.4.2　显示所有子绘图区

注意：

① 当子绘图区的行数与列数值均大于 1 时，用 ax[i][j]可以访问第 i+1 行第 j+1 列对应的坐标系，如 ax[0][0]表示的是第 1 行第 1 列的坐标系。

② 当子绘图区的行数或列数只有一个值为 1 时，可以通过 ax[i]来访问第 i+1 个坐标系。

③ 当子绘图区的行数与列数值均为 1 时，绘图区只有一个坐标系，既可以通过 plt 来访问该坐标系，也可以通过 ax 来访问。

例如：

```
fig,ax=plt.subplots(nrows=1,ncols=1,figsize=(3,2))  #创建 1 行 1 列共 1 个子绘图区
plt.scatter([5,3,8],[1,3,5],marker="D")        #绘制在当前坐标系
#ax.scatter([5,3,8],[1,3,5],marker="D"),与上一行代码的结果一样
```

4.2　Matplotlib 绘制二维图表

Matplotlib 库可以绘制各种常见的图表，如线条、柱状图、饼图、散点图、直方图和箱形图等，既可以绘制二维图表，也可以绘制三维图表。

4.2.1　绘制线条

plot()函数用于绘制线条和标记，不仅可以绘制折线图、曲线图，还可以制作出类似散点图的效果。plot()函数的使用格式为

plt.plot([x],y,[fmt],**kwargs)

说明：

① x 和 y 通常是列表或元组等序列，x 中存储所有顶点的 x 坐标序列，y 中存储所有顶点的 y 坐标序列，其中参数 x 可以缺省，缺省值为列表 $[0, 1, 2, \cdots, n-1]$，此处 n 表示顶点数量。

例如：

```
plt.plot([1,3,5,1],[2,8,2,2])    #绘制一个三角形
plt.plot([0, 1, 2], [2, 5, 2])    #可简写为 plt.plot([2, 5, 2])
```

② 参数 fmt 是一个字符串变量，用于定义图表的基本属性，如颜色（color）、标记（marker）、线形（linestyle）等，是由各个属性的单个字母或符号缩写组合而成的字符串，组成形式如下（其排列顺序可以改变）：

"[颜色][标记][线形]"

例如,"g"表示绿色,"Dr"表示红色菱形标记,"bo-"表示蓝色圆点实线。

注意:颜色、标记和线形可以采用组合字符串"gD:",但不能写成"greenD:"。

③ kwargs 是一个关键字参数(dict 类型),用于接收 0 个或多个由属性与属性值组成的键值对。若颜色属性赋值为"green""black"等单词形式,则不能用 fmt 参数来组合赋值,必须对单个颜色属性赋值。

例如,绘制一条从(2,5)到(3,7)的粗细为 5 的蓝色短虚线,且两端显示菱形标记的语句为

```
plt. plot([2,3],[5,7], color='blue', marker='D', linestyle =':', linewidth=5)
```

可将颜色、线形和线宽的属性名缩写为

```
plt. plot([2,3],[5,7], c='blue', marker='D', ls =':',lw=5)
```

颜色也可以赋值为十六进制格式的数值,如 color='#0000FF'等价于 color='blue'.

【例 4.2】 绘制神经网络模型搭建过程中常用激活函数的曲线图。

分析:激活函数是一种非线性的数学变换,用于对上一层神经元的输出结果进行某种数学变换,将转换后的结果作为下一层神经元的输入,这样的非线性变换有助于实现神经网络模型的非线性分类。常见的 3 种激活函数如下。

(1)sigmoid 激活函数,其表达式为

$$\varphi(x) = \frac{1}{1+e^{-x}} \qquad (式 1.4.1)$$

(2)tanh 激活函数(双曲正切函数),其表达式为

$$\tanh(x) = \frac{\sinh(x)}{\cosh(x)} = \frac{e^x - e^{-x}}{e^x + e^{-x}} \qquad (式 1.4.2)$$

(3)ReLU 激活函数(rectified linear unit,线性整流函数),其表达式为

$$\max(0,x) = \begin{cases} 0 & x \leqslant 0 \\ x & x > 0 \end{cases} \qquad (式 1.4.3)$$

首先利用 NumPy 库的数学函数快速生成 x 轴上的数据系列,然后分别计算对应的函数值,最后在 3 个子绘图区中分别绘制 3 个激活函数的曲线图,效果如图 1.4.3 所示。

程序代码如下:

```
import numpy as np                                    #导入 numpy 库
import matplotlib. pyplot as plt                      #导入绘图库
fig,ax=plt. subplots(nrows=1,ncols=3,figsize=(12,4))
plt. rcParams['font. sans-serif']=['SimHei']          #设置中文字体
```

```
plt. rcParams['axes. unicode_minus']=False                    #显示负号
x=np. linspace(-10,10,100)       #快速生成 x 轴上(-10,10)区间的 100 个数
sigm=1/(1+np. exp(-x))                                       #计算 sigmoid 函数值
tanh = np. tanh(x)                                          #计算 tanh 函数值
relu= (np. abs(x) + x) / 2
ax[0]. set_title("sigmoid 激活函数")                          #显示图表标题
ax[0]. plot(x,sigm,color='r',lw=3, ls='-',label='sigmoid 函数')   #绘制 sigmoid 曲线
ax[0]. legend(loc='upper left')
ax[1]. set_title("tanh 激活函数")
ax[1]. plot(x,tanh,color='g',lw=3, ls='-',label='tanh 函数')   #绘制 tanh 曲线
ax[1]. legend(loc='upper left')
ax[2]. set_title("ReLU 激活函数")
ax[2]. plot(x,relu,color='b',lw=3, ls='-',label='ReLU 函数')  #绘制 ReLU 曲线
ax[2]. legend(loc='upper left')
plt. show( )
```

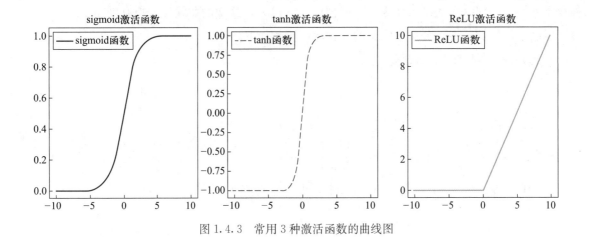

图 1.4.3   常用 3 种激活函数的曲线图

4.2.2　绘制柱状图

bar( )函数与 barh( )函数用于绘制垂直与水平柱状图（又称条形图），当数据的类别数量较少时，适合显示这些类别之间的数值比较，一个轴表示数据的类别，另一个轴表示其相应的数值。

【例 4.3】　在例 4.1 的基础上增加一个数据系列，并绘制其并列柱状图和堆叠柱状图，效果如图 1.4.4 所示。

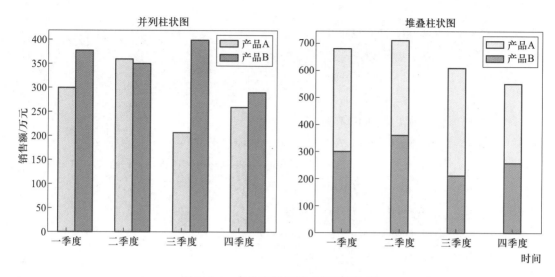

图 1.4.4　各季度销售额（多系列数据）

分析：绘制并列的多个数据系列时，关键是控制好每个系列在 x 轴方向的起始位置及条形宽度。本例中"产品 A"的每个季度的柱形条在 x 轴方向的起始位置由 index＝np. arange(4)控制，每个条形的宽度由变量 barW 控制（条形的默认宽度为 1），"产品 B"的每个季度的柱形条在 x 轴方向的起始位置则通过 index＋barW 语句往右移动指定数量的位移。

在堆叠柱状图中，每个柱形条在 x 轴方向的起始位置不变，只需改变后续数据序列在 y 轴方向的起始位置，设置 bottom 参数的值即可实现。

程序代码如下：

```
import matplotlib. pyplot as plt
import numpy as np
plt. rcParams['font. sans−serif']=['SimHei']
fig= plt. figure(figsize=(10,4))
seasons=['一季度', '二季度', '三季度','四季度']      #分类轴显示标签
saleA= [300,360,210,260]                           #产品 A 的销售额
saleB= [380,350, 400,290]                          #产品 B 的销售额
index=np. arange(4)                                #index 控制产品 A 的分类轴序号
barW=0. 3                                          #barW 控制条形宽度
fig. add_subplot(121)
plt. bar(index,saleA,barW,color='m',label='产品 A')
plt. bar(index＋barW,saleB,barW,color='b',label='产品 B')
```

```
plt.title("并列柱状图")
plt.ylabel("销售额/万元",rotation=90)
plt.xticks(index,seasons)
plt.legend(loc='upper right')
fig.add_subplot(122)
plt.bar(index,saleA,barW,color='g',label='产品 A')
plt.bar(index,saleB,barW,bottom=saleA,color='y',label='产品 B')
plt.title("堆叠柱状图")
plt.xlabel("时间",loc="right")
plt.xticks(index,seasons)
plt.legend(loc='upper right')            #显示图例文字
plt.show()
```

4.2.3 绘制饼图

pie()函数用于绘制饼图。饼图适合显示一个数据系列中各项数值与其总和的占比关系，pie()函数的使用格式为

plt.pie(x,explode=None)

说明：

① x 是一个列表或元组序列，x 中的每一个数值与其总和的占比等于饼图中对应扇形块所占的比例。

② explode 也是一个列表或元组序列，其长度与参数 x 一致，其中每个数值用于设置对应扇形块从整个饼图中分离出来的偏移量。

【例 4.4】 绘制一个饼图，显示某同学某月各项消费支出额的占比情况，效果如图 1.4.5 所示。

分析：首先需要准备好该同学某月各项消费数据，然后设置图表中各个组成元素的值，比如图表标题、每一块的颜色、每一块分裂出来的偏移量列表、图例的标签文本及图例显示位置、数据标记值及其显示格式等。

程序代码如下：

```
import matplotlib.pyplot as plt
data = [800,500,300,200,100]                    #各项消费数据
plt.rcParams['font.sans-serif']=['SimHei']      #设置中文字体
plt.title("消费分析")                            #图表标题
```

```
labels = ['伙食费', '生活用品', '学习用品', '娱乐','其他']      #数据标记
explode = (0.1, 0, 0, 0, 0)                          #第 1 块分裂出来
plt. axis("equal")
plt. pie(data, explode=explode, autopct='%4.1f%%', labels=labels)
# autopct='%4.1f%%'控制数据标记的格式化显示,显示 1 位小数
plt. legend(bbox_to_anchor=(1, 1))                   #显示图例
plt. show( )
```

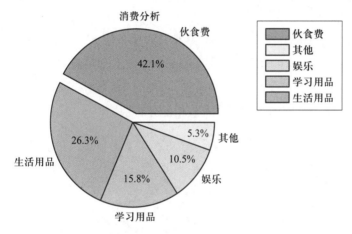

图 1.4.5　某同学某月各项消费支出额的占比情况

4.2.4　绘制散点图

scatter()函数用于绘制散点图。散点图适合展现两个变量之间的关系,用两组数据构成多个坐标点,通过坐标点的分布来判断两个变量之间是否存在某种关联,或分析坐标点的分布情况。scatter()函数的使用格式为

plt. scatter(x, y, s=None, c=None, marker=None, cmap=None, ** kwargs)

说明:

① x 和 y 通常是列表或元组等序列。x 中存储所有顶点的 x 坐标序列,y 中存储所有顶点的 y 坐标序列。

② 参数 s 用于指定标记大小,默认为 36.0。如果指定 s 为 10,那么所有标记点的大小都是 10。如果要显示不同大小的标记,可以给 s 赋值一个列表或元组序列,其长度必须与标记点的数量一致。

③ 参数 c 用于标记每个顶点的颜色,如果 c='r',表示所有标记的颜色都是红色。如果要显示不同颜色的标记,则给 c 赋值一个颜色字符串或者一个表示颜色的序列或元组,其中字符串的长度或序列的长度必须与标记点的数量一致。

注意：参数 c 如果赋值一个表示颜色的字符串，每个字母必须对应表示的是一种颜色，c='rgbgb'可以改写成 c＝['r','g','b','g','b']。如果同时有参数 cmap＝"rainbow"（指定为彩虹色系），则颜色由 c 参数决定，cmap 不起作用。

参数 c 也可以赋值一个数值列表或元组，相同数值用相同的颜色显示，这时可以通过参数 cmap 来指定一种配色方案，如 plt. scatter(x,y,c＝[0,0,2,0,1],cmap＝'ocean')。

在聚类信息可视化时，可以将表示类别信息的标注值序列赋给参数 c，使同一个类别的顶点用相同的颜色来显示。

【例 4.5】 绘制一个散点图，显示鸢尾花的分类情况，效果如图 1.4.6 所示。

分析：首先从 sklearn 库的数据集 datasets 中导入鸢尾花数据集 load_iris，获得鸢尾花样本数据和样本分类信息，再通过 scatter()函数将鸢尾花的（花萼长，花瓣长）绘制出来，便于观察同一类别样本数据的分布情况。

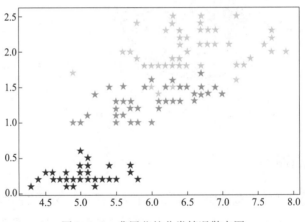

图 1.4.6　鸢尾花的分类情况散点图

程序代码如下：

```
from sklearn. datasets import load_iris
import matplotlib. pyplot as plt
from matplotlib import cm
plt. rcParams["font. sans－serif"]＝["SimHei"]
iris＝load_iris()              #加载鸢尾花数据
dt＝iris. data                 #获得鸢尾花数据
tg＝iris. target               #获得样本的分类信息
plt. scatter(dt[:,0],dt[:,3],c＝tg,marker＝" * ",cmap＝"viridis")
```

```
#上一行代码可以改用下面的语句实现用不同标记分别绘制散点,并显示图例
#plt.scatter(dt[tg==0,0],dt[tg==0,3],c='r',marker="o",label="山鸢尾花")
#plt.scatter(dt[tg==1,0],dt[tg==1,3],c='g',marker="o",label="变色鸢尾花")
#plt.scatter(dt[tg==2,0],dt[tg==2,3],c='b',marker="^",label="弗吉尼亚鸢尾花")
#plt.legend()
plt.show()
```

4.2.5 绘制直方图

hist()函数用于绘制直方图。直方图是一种统计报告图，用一系列高度不等的纵向条纹或线段表示数据的分布情况，一般用横轴表示数据类型，纵轴表示当前类别的统计结果。hist()函数的使用格式为

plt.hist(x,bins=None,range=None,rwidth=None, ** kwargs)

说明：

① x 是一个列表或元组序列，直接存放原始数据序列。

② bins 参数指定直方图条形的个数，对应原始数据的统计类别个数，默认值为10，每个条形图的高度对应当前类别的统计结果。

③ range 参数指定直方图在 x 轴上数值的显示范围。

④ rwidth 参数指定每个条形的宽度。

【例 4.6】 绘制一个直方图，显示泰坦尼克号上乘客的性别和年龄分布情况。

分析：从网上下载泰坦尼克号上乘客信息的原始数据文件 titanic.csv，读取每个乘客的性别和年龄数据，再利用 hist()函数在子绘图区中绘制直方图。

程序代码如下：

```
import matplotlib.pyplot as plt
import pandas as pd
dt=pd.read_csv("data/titanic.csv")
fig, ax = plt.subplots(nrows=1,ncols=2,figsize=(10,3))
plt.rcParams['font.sans-serif']=['SimHei']
xb=list(dt['Sex'])
x1=[0.25,0.75]
xbNum=[]
xbNum.append(xb.count("male"))
xbNum.append(xb.count("female"))
```

```
ax[0].hist(xb, bins=2, rwidth=0.5)
ax[0].set_title("泰坦尼克号上乘客的性别分布")
ax[0].set_xlabel('性别')
ax[0].set_ylabel('人数')
ax[0].set_xticks(x1)                    #设置分类轴的刻度
ax[0].set_xticklabels(['男性','女性'])
for a,b in zip(x1,xbNum):               #在每个柱形的顶部标记出数据值
    ax[0].text(a, b-50, '%.0f' % b, ha='center')
age=list(dt['Age'])
ax[1].hist(age, bins=15)
ax[1].set_title("泰坦尼克号上乘客的年龄分布")
ax[1].set_xlabel('年龄')
ax[1].set_ylabel('人数')
```

程序的运行结果如图 1.4.7 所示。

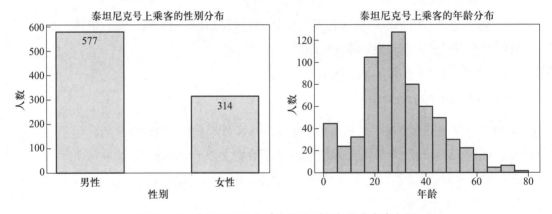

图 1.4.7　泰坦尼克号上乘客的性别和年龄分布直方图

4.2.6　绘制箱形图

箱形图又称盒须图,用于显示一组数据的分布情况,因形状像箱子而得名。先将一组数据从小到大排序,找出这组数据的下边缘(最小值)、下四分位数 Q1(四分之一处)、中位数(中间)、上四分位数 Q3(四分之三处)、上边缘(最大值),然后连接两个四分位数画出箱子,再将上边缘和下边缘与箱子连接,中位数则位于箱子内。异常值被定义为小于 Q1−1.5IQR 或大于 Q3+1.5IQR 的数,其中四分位距 IQR= Q3−Q1。

【例4.7】 绘制学生成绩的箱形图。

分析：如果分析的数据量少，可以直接将数据保存在列表中。如果数据量较大，可以调用Pandas库的相关函数读取数据并直接绘制。

方法1：分别按照课程分类和学生姓名分类绘制箱形图。

程序代码如下：

```
import matplotlib. pyplot as plt
plt. rcParams['font. sans-serif']=['SimHei']
fig,ax=plt. subplots(1,2,figsize=(10,4))          #设置绘图区大小
subject=["语文","数学","英语"]
names=["宋丽英","王大伟","顾亦菲","鲁一平","潘晓雯"]
score1=[[36,90,99,68,78],[64,93,87,99,78],[85,95,99,75,98]]
score2=list(map(list,zip( * score1)))             #将成绩列表转置
plt. subplot(121)
plt. boxplot(x=score1,labels=subject)             #按课程分类
plt. subplot(122)
plt. boxplot(x=score2,labels=names)               #按学生姓名分类
plt. show()
```

程序运行结果及说明如图1.4.8所示。

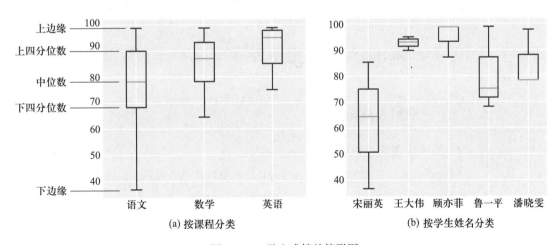

图1.4.8　学生成绩的箱形图

从图1.4.8（a）中可以直观地看出每门课程的最高分、最低分以及各门课程的成绩分布情况，比如语文成绩分布不均匀，学生的成绩差距较大。从图1.4.8（b）中则可以直观地看出每个学生的最高分、最低分以及该学生的成绩分布情况，比如王大伟同学的各门成绩都比较好，各门课程成绩之间的差距不大。

　　方法 2：直接调用 Pandas 库中的 boxplot()函数快速绘制箱形图。

　　程序代码如下：

```
import matplotlib. pyplot as plt                    #导入绘图库
import pandas as pd                                 #导入 pandas 库
scores＝pd. read_excel(r"data\学生成绩数据 . xlsx")    #读取文件中的成绩数据
plt. rcParams['font. sans－serif']＝['SimHei']        #设置中文字体
scores. boxplot()                                    #绘制箱形图
```

　　程序运行结果如图 1.4.9 所示。

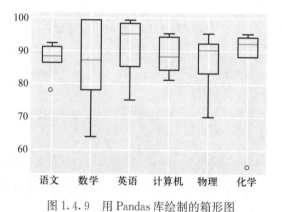

图 1.4.9　用 Pandas 库绘制的箱形图

4.3　Matplotlib 绘制三维图表

4.3.1　三维图表基础

1. 三维绘图区和坐标系

　　Matplotlib 的三维图表主要由 mplot3d 模块实现，需要从 mpl_toolkits. mplot3d. axes3d 子库中导入 Axes3D()函数，用于创建三维坐标系。导入 Axes3D()函数的语句为

　　　from　mpl_toolkits. mplot3d. axes3d import Axes3D

或　from　mpl_toolkits. mplot3d import Axes3D

　　与二维图表绘制过程一样，首先创建一个绘图区，然后调用 Axes3D()函数创建三维坐标系；或者通过 gca()函数获取当前坐标系，并通过参数 projection＝'3d'指定绘制的是三维图表。

例如：

```
import matplotlib. pyplot as plt
from mpl_toolkits. mplot3d import Axes3D
fig = plt. figure()              #创建全局绘图区
ax = Axes3D(fig)               #创建三维坐标系
plt. show()
```

程序运行结果如图 1.4.10 所示。

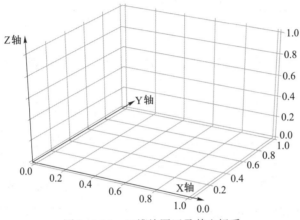

图 1.4.10　三维绘图区及其坐标系

改用 gca() 函数设置三维坐标系风格，程序代码如下：

```
import matplotlib. pyplot as plt
from mpl_toolkits. mplot3d. axes3d import Axes3D
import numpy as np
fig=plt. figure()
ax = fig. gca(projection='3d')
x=[0,1];   y=[0,1]
X,Y =np. meshgrid(x,y)   #X 为 array([[0, 1],[0, 1]]),Y 为 array([[0, 0],[1, 1]])
Z= X * Y                 #Z 为 array([[0, 0],[0, 1]])
ax. set_xticks([0,0.5,1]);   ax. set_yticks([0,0.5,1]);   ax. set_zticks([0,0.5,1])
ax. scatter(X,Y,Z)
```

程序运行效果如图 1.4.11 所示。

请将上面代码中的 x、y 的初始化改用下面的语句赋值，观察坐标点的变化。再将参数中的 10 改成 100，继续观察坐标点的显示变化情况。

```
x=np. linspace(0,1,10)
y=np. linspace(0,1,10)
```

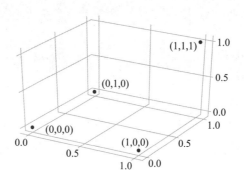

图 1.4.11　绘制三维散点图

2. 三维子绘图区

三维绘图区中可以添加多个三维子绘图区，与二维子绘图区的添加方法基本一样，都是调用 add_subplot() 函数，但是必须增加一个参数 projection='3d'。

例如：

```
import matplotlib. pyplot as plt
from mpl_toolkits. mplot3d import Axes3D
fig = plt. figure(figsize=(12,5))                          #创建全局绘图区
ax1 = fig. add_subplot(121,projection='3d')                #添加三维子绘图区1
ax1. plot((0,3),(0,3),(0,3),ls='——',lw=5)                  #绘制三维线条
ax2 = fig. add_subplot(122,projection='3d')                #添加三维子绘图区2
ax2. plot((0,3,0,0,0,0,0,3),(0,3,3,3,0,3,3,3),(0,0,3,0,0,3,0,0),c='r',marker="D")
                                                           #绘制三维折线与标记
plt. show()
```

程序代码运行效果如图 1.4.12 所示。

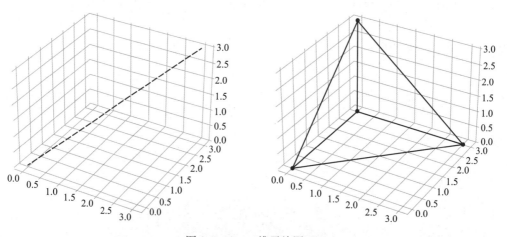

图 1.4.12　三维子绘图区

4.3.2 绘制三维图表

1. 绘制三维图表

三维图表的绘制方法与二维图表的绘制方法基本一样，调用绘制函数时需要给出 x、y、z 三个维度方向的坐标序列。

【例 4.8】 绘制一个三维柱状图，效果如图 1.4.13 所示。

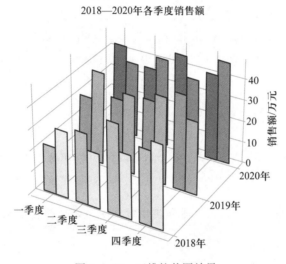

2018—2020年各季度销售额

图 1.4.13　三维柱状图效果

分析：本例先读取文件中的销售数据，第 1 个工作表中存放了 2018—2020 年产品 A 各个季度的销售数据，第 2 个工作表中则存放了产品 B 的销售数据，然后准备好 X、Y、Z 轴向的数据序列，最后调用 bar() 函数绘制三维柱状图，并设置三维图表的辅助显示对象。

程序代码如下：

```
import numpy as np
import matplotlib. pyplot as plt
from mpl_toolkits. mplot3d import Axes3D
import pandas as pd
plt. rcParams['font. sans−serif']=['SimHei']
fig = plt. figure(figsize=(8, 6))
ax = fig. add_subplot(111, projection='3d')
#下面分别读取两个工作表中的销售数据
```

```
dtA=pd.read_excel(r"data\销售数据.xlsx",sheet_name=0)
dtB=pd.read_excel(r"data\销售数据.xlsx",sheet_name=1)
width=0.4                                #设置每个条形的宽度
xs =np.arange(1,5)                       #X 轴的数据
ys=[2018,2019,2020]                      #Y 轴的数据
for i in range(3):
    ax.bar(xs,dtA.values[i,1:5],ys[i],zdir='y',width=width)
    ax.bar(xs+width,dtB.values[i,1:5],ys[i],zdir='y',width=width)
ax.set_zlabel('销售额/万元')              #设置 Z 轴标签
plt.title("2018—2020 年各季度销售额")     #设置图表标题
plt.xticks([1,2,3,4],dtA.columns[1:])    #设置 X 轴刻度的显示标记
plt.yticks([2018,2019,2020],dtA["年份"]) #设置 Y 轴刻度的显示标记
plt.show()
```

2. 绘制三维对象

Matplotlib 通过不同的填充方式来绘制不同的三维实体对象，如填充三角面、填充四边形或填充网格面等。

【例 4.9】 绘制一个三维线框图和实体对象图，效果如图 1.4.14 所示。

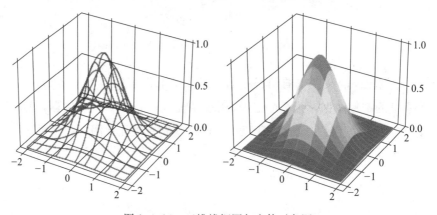

图 1.4.14　三维线框图与实体对象图

分析：首先生成 3 个轴向的数据序列，然后在两个子绘图区中分别绘制三维线框图和用四边形填充的实体对象图。

程序代码如下：

```
import numpy as np
import matplotlib.pyplot as plt
```

```
from mpl_toolkits. mplot3d import Axes3D
import matplotlib. cm as cm
x = np. linspace(-2, 2, 500)          #生成 500 个[-2,2]的数据序列
y = x. copy()
X, Y = np. meshgrid(x, y)             #在 X、Y 平面生成网格坐标点数据
Z = np. exp(-(X * * 2 + Y * * 2))     #计算 Z 轴方向对应坐标点的值
fig, ax = plt. subplots(nrows=1, ncols=2,figsize=(8,4), subplot_kw={'projection': '3d'})
ax[0]. plot_wireframe(X, Y, Z, rstride=50, cstride=50)  #绘制线框图
ax[1]. plot_surface(X,Y,Z, rstride=30, cstride=60, cmap=cm. rainbow)#绘制实体对象图
for axes in ax. flatten():            #分别设置各个子绘图区的坐标轴刻度
    axes. set_xticks([-2, -1, 0, 1, 2])
    axes. set_yticks([-2, -1, 0, 1, 2])
    axes. set_zticks([0, 0.5, 1])
fig. tight_layout()
plt. show( )
```

4.4　Seaborn 库

大家肯定有这样的体会：一款深受欢迎的优秀程序往往都是美学和技术的完美结合，既有好的美学质量，又能提供有意义的技术洞察力。在数据科学中，人们不仅要处理数量庞大、结构杂乱的数据，而且要可视化地展示结果。

Seaborn 是基于 Matplotlib 的数据可视化库，在 Matplotlib 基础上进行了更高级的 API（application program interface，应用程序接口）封装，从而使得绘图更加容易，所绘制的图形更加精致。Seaborn 不是 Matplotlib 的替代物，而是 Matplotlib 的补充，是对 Matplotlib 的锦上添花。

Seaborn 常与 Pandas 一起使用，所处理的数据类型大多是基于 Pandas 中的 DataFrame。Seaborn 中常用绘图函数如表 1.4.1 所示，本节介绍其中的 4 个常用方法：relplot 方法（散点图和折线图）、kdeplot 方法（密度图）、pairplot 方法（对图）、heatmap 方法（热力图）。

图形类别	图　形	函　　数
趋势图	点图	sns. pointplot()
	折线图	sns. lineplot()

▶表 1.4.1
Seaborn 中的常用绘图函数

续表

图 形 类 别	图　　形	函　　数
关系图	散点图和折线图	sns. relplot()
	散点图	sns. scatterplot()
	线性回归图	sns. regplot()
	回归图	sns. lmplot()
	分类散点图	sns. swarmplot()
	对图	sns. pairplot()
	条形图	sns. barplot()
	热力图	sns. heatmap()
分布图	直方图	sns. displot()
	密度图	sns. kdeplot()
	联合分布图	sns. jointplot()

下面用 Seaborn 库绘制一个散点图，了解 Seaborn 库的使用方法。

【例 4.10】　将鸢尾花花萼的长度和宽度组成数据点，用 scatterplot() 函数绘制散点图，效果如图 1.4.15 所示。

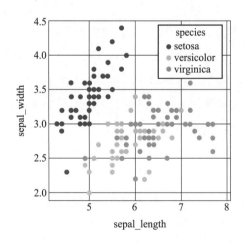

图 1.4.15　scatterplot() 函数绘制的散点图

程序代码如下：

```
import pandas as pd
import matplotlib. pyplot as plt
import seaborn as sns
```

```
iris = pd. read_csv(r"data\iris. csv")              #读入鸢尾花数据集
print(iris. head())                                 #输出鸢尾花数据集前 5 个样本数据
#调用 figsize()函数创建 8×10 的绘图区,分辨率为 150 dpi
plt. figure(figsize=(8,10), dpi=150)
sns. set(style="whitegrid")                         #设置绘图区为 whitegrid 网格
sns. scatterplot(x="sepal_length", y="sepal_width",hue="species" ,data = iris) #绘制散点图
```

说明：

① 鸢尾花数据集中每朵鸢尾花共有 4 个特征：sepal_length、sepal_width、petal_length 和 petal_width，species 是类别标签，如图 1.4.16 所示。

```
   sepal_length  sepal_width  petal_length  petal_width  species
0           5.1          3.5           1.4          0.2  setosa
1           4.9          3.0           1.4          0.2  setosa
2           4.7          3.2           1.3          0.2  setosa
3           4.6          3.1           1.5          0.2  setosa
4           5.0          3.6           1.4          0.2  setosa
```

图 1.4.16　鸢尾花的 4 个特征和 species 类别标签

② 调用 matplotlib. pyplot 中的 figsize()函数设置绘图区的大小和分辨率。

③ sns. set()是绘图初始化函数，通过参数 style 设置图表风格：darkgrid（默认值，黑色网格）、whitegrid（白色网格）、dark（黑色背景）、white（白色背景）和 ticks（标记网格）。

④ scatterplot()函数中的 data 指定数据源；x 和 y 分别指定坐标轴使用的数据；hue 指示用不同的颜色分类显示数据点。hue="species"表示根据所属的类别 species 显示数据点。

从上面的程序可以看到，绘图时之所以需要 Seaborn，是因为 Matplotlib 相对而言属于较低级的库，绘制漂亮的图表需要编写较长的代码，而 Seaborn 预定义了许多主题风格，只需要调用有关函数或通过参数设置即可完成。

1. relplot( )函数（散点图和折线图）

在数据可视化中，关系图展示了一个变量（特征）随另一个变量（特征）变化的大致趋势，据此可以选择合适的函数对数据点进行拟合，因此它是可视化两个变量（特征）之间关系的最常见方法。从本质上说，散点图和折线图都是关系图。

在 Seaborn 中，常用 relplot()函数绘制散点图和折线图，通过其 kind 参数指定所绘制的是散点图还是折线图。

【例 4.11】 将鸢尾花花萼的长度和宽度组成数据点，用 relplot()函数绘制散点图，效果如图 1.4.17 所示。

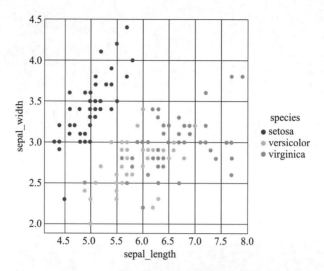

图 1.4.17   relplot()函数绘制的散点图

程序代码如下：

```
import pandas as pd
import seaborn as sns
iris = pd. read_csv(r"data\iris. csv")
sns. relplot(x="sepal_length", y="sepal_width",hue="species" ,data = iris,kind='scatter')
```

说明：relplot()与 scatterplot()函数所绘制的散点图基本相同，参数格式也基本相同。kind 参数指定线的类型，值域为{"scatter"，"line"}，默认值为 scatter。

【例4.12】　将数据文件 fmri. csv 中的 timepoint 和 signal 组成数据点，用 relplot()函数绘制折线图，效果如图 1.4.18 所示。

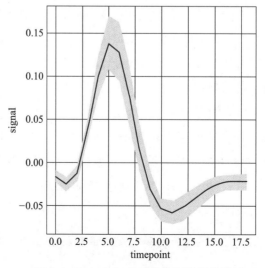

图 1.4.18   relplot()函数绘制的折线图

程序代码如下：

```
import pandas as pd
import seaborn as sns
fmri = pd. read_csv(r"data\fmri. csv")
sns. relplot(x="timepoint",y="signal",kind="line",data=fmri)
```

说明：relplot()函数绘图时，kind 参数为 line 表示绘制折线图。

2. kdeplot()函数（密度图）

数据分析的重要目标之一是了解数据的基本性质，为后续的模型选择和模型训练提供依据。了解数据的特征分布，是机器学习的第一步，同时也是相当关键的一步，通常会用核密度估计来掌握数据的基本分布情况。

基于核密度估计的密度图是连续型随机变量分布情况可视化的利器。在密度图中，分布曲线上的每一个点都表示概率密度，分布曲线下的每一块面积都是特定变量区间发生的概率。

下面以鸢尾花数据集为例，说明 3 种不同类别的鸢尾花其花瓣长度的概率密度分布。

【例 4.13】　绘制鸢尾花花瓣长度的密度图，效果如图 1.4.19 所示。

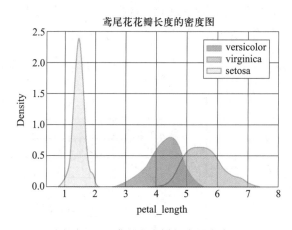

图 1.4.19　鸢尾花花瓣长度的密度图

程序代码如下：

```
import seaborn as sns
import pandas as pd
import matplotlib. pyplot as plt
iris = pd. read_csv(r"data\iris. csv")
```

```
plt. rcParams["font. sans－serif"]=["SimHei"]
sns. kdeplot(iris. loc[iris['species'] == 'versicolor',"petal_length"],\
    shade=True,color="b",label="versicolor",alpha=0. 7)
sns. kdeplot(iris. loc[iris['species'] == 'virginica', "petal_length"],\
    shade=True,color="deeppink",label="virginica",alpha=0. 7)
sns. kdeplot(iris. loc[iris['species'] == 'setosa', "petal_length"],\
    shade=True,color="dodgerblue",label="setosa",alpha=0. 7)
plt. title("鸢尾花花瓣长度的密度图",fontsize=12)
plt. legend()
plt. show()
```

绘制密度图用 kdeplot()函数，其常用格式为

kdeplot(x=None, *, y=None, shade=None, vertical=False)

说明：

① x 和 y 指定绘图的数据源。

② shade 指定密度曲线内是否填充阴影，若为 True，则填充阴影；None 表示不填充阴影。

③ vertical 为布尔类型，指定密度图的方向。vertical 若为 False（默认值），则密度图非垂直显示；否则垂直显示，效果如图 1.4.20 所示。

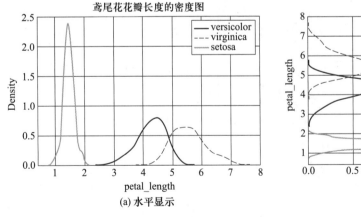

(a) 水平显示

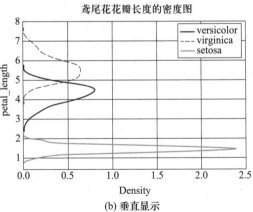

(b) 垂直显示

图 1.4.20　没有填充阴影的密度图

3. pairplot()函数（对图）

一个数据集通常包含多个特征，数据分析时需要将所有可能的特征对（两个特征）的关系用图形的形式呈现出来，这样的图形就是对图，对图是数据分析中的常用工具。

在 Seaborn 中，绘制对图所用的函数为 pairplot()，其常用格式为

> pairplot(data,kind,diag_kind,palette=None)

说明：

① data 用于指定绘图所用数据。

② kind 用于指定非对角线上图形的类别，可以设置为两种类型：散点图和回归分布图，对应的取值为 scatter 和 reg。

③ diag_kind 用于设置对角线图形的类别。因为在主对角线上，任何一个特征自己与自己配对无法画出如散点图之类的图形，但是可以设置为两种类型：频率分布直方图和核密度估计图，对应的取值为 hist 和 kde。

④ 参数 palette 用于设置配色方案（调色板）。预定义的常用配色方案有 Deep、Muted、Bright、Pastel、Dark、Colorblind 等。

【例 4.14】 绘制鸢尾花数据集（iris.csv）的对图，效果如图 1.4.21 所示。

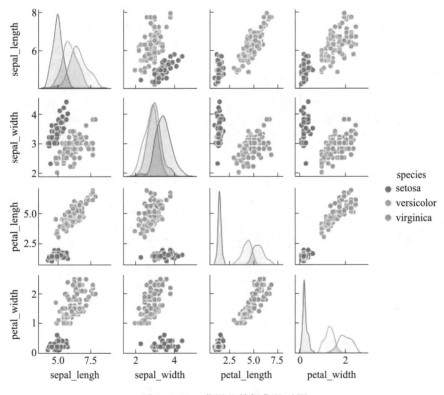

图 1.4.21　鸢尾花数据集的对图

程序代码如下：

```
import pandas as pd
import seaborn as sns
iris=pd. read_csv(r'data\iris. csv')
sns. set(style="ticks")
sns. pairplot(iris,hue='species',height=1. 5)
```

说明：

绘图初始化函数为 sns. set()，参数 style 用于设置图形风格，取值为 darkgrid（默认值）、whitegrid、dark、white 和 ticks，分别表示黑色网格、白色网格、黑色、白色和标记网格。

【例 4.15】　绘制小费数据集（tips. csv）中 tips 特征数据的对图，效果如图 1.4.22 所示。

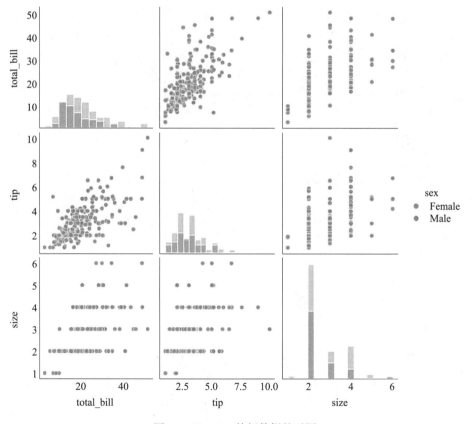

图 1.4.22　tips 特征数据的对图

程序代码如下:

```
import pandas as pd
import seaborn as sns
tips=pd. read_csv(r'data\tips. csv')
sns. set(style="white")
sns. pairplot(tips,
        kind = 'scatter',       #散点图/回归分布图{'scatter','reg'}
        diag_kind = 'hist',     #频率分布直方图/核密度估计图{'hist','kde'}
        hue = 'sex',            #按照某个字段进行分类
        palette = 'husl',       #设置调色板
        # markers = ['o', 'D']，设置不同系列的点样式(必须与类别数一致)
        # size = 2，图标大小
        )
```

4. heatmap()函数 (热力图)

热力图是指将矩阵中的数据表示为颜色的图形，通常用于描绘数据之间的关系，对分类时的特征选择具有参考意义。例如，在红酒数据集（wine. csv）中，影响红酒等级的特征多达 13 个，如固定酸度、挥发酸度、柠檬酸等，通过热力图可以了解哪些特征对分类有明显的影响。

【例 4.16】 计算红酒数据集（wine. csv）的相关系数矩阵，绘制相应的热力图，效果如图 1.4.23 所示。

程序代码如下:

```
import pandas as pd
import matplotlib. pyplot as plt
import seaborn as sns
wine=pd. read_csv(r"data\wine. csv")              #读出数据集
wine_corr=wine. corr()                           #计算红酒数据集的相关系数矩阵
plt. figure(figsize=(20,10),dpi=150)             #指定绘制区域的大小和分辨率
sns. heatmap(wine_corr,annot=True,square=True,fmt=". 2f")   #绘制热力图
```

说明:

① 热力图中的数字就是相关系数，颜色的深浅反映了特征之间的相关性。相关系数的绝对值越大，说明两个特征之间的相关性越强，反之则相关性越弱。从热力图中可以看到，红酒等级与 Ash 这个特征之间的系数最小，仅为-0.05。查看数据发现，不同种类的红酒的 Ash 值变化不大，因此对红酒进行评级时，不必将 Ash 作为特征值。找到相关性，这是探索性数据分析的内容之一。

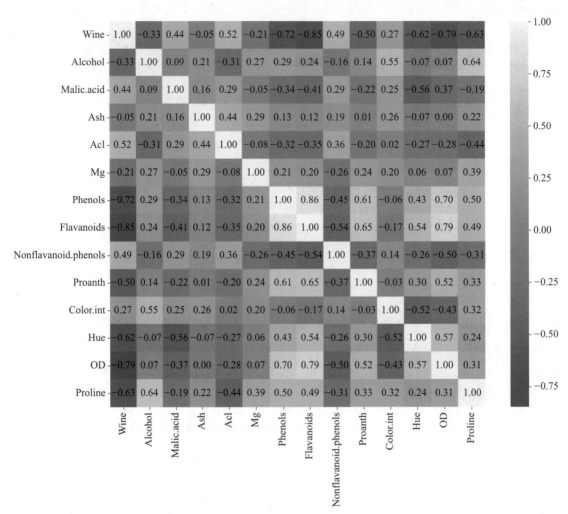

图 1.4.23   红酒数据集相关系数矩阵热力图

② DataFrame 对象的 corr 方法用于求相关系数。

③ annot 是 annotate（注释）的缩写，是布尔类型的，默认值为 False。当 annot 为 True 时，热力图中每个方格写入数据。

④ square 为布尔类型，表示是否将图形转换为正方形。

【例 4.17】 随机生成 6×8 的矩阵，绘制带有上限和下限刻度的热力图，如 图 1.4.24 所示。

程序代码如下：

```
import numpy as np
import seaborn as sns
```

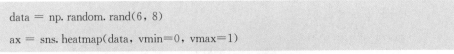

图 1.4.24　带有上限和下限刻度的热力图

说明：vmin 和 vmax 指定刻度的上限与下限。

【例 4.18】 依据 flights.csv 数据集，绘制航班数据热力图，效果如图 1.4.25 所示。

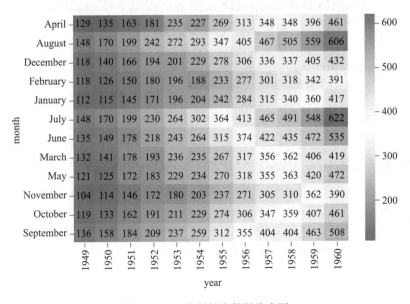

图 1.4.25　绘制航班数据热力图

程序代码如下：

```
import numpy as np
```

```
import pandas as pd
import seaborn as sns
flights = pd. read_csv(r"data\flights. csv")
flights. head()
flights = flights. pivot("month", "year", "passengers")
flights. head()
sns. heatmap(flights, cmap="RdYlGn", annot=True, fmt="d")
```

说明：

① flights. csv 数据集有 3 列数据：year、month 和 passengers，不能绘制热力图的需要格式转换，转换为年为索引行，月为索引列，数据转换前后的结果如图 1.4.26 所示。

```
   year      month  passengers
0  1949    January         112
1  1949   February         118
2  1949      March         132
3  1949      April         129
4  1949        May         121
year      1949 1950 1951 1952 1953 ... 1956 1957 1958 1959 1960
month                                ...
April      129  135  163  181  235 ...  313  348  348  396  461
August     148  170  199  242  272 ...  405  467  505  559  606
December   118  140  166  194  201 ...  306  336  337  405  432
February   118  126  150  180  196 ...  277  301  318  342  391
January    112  115  145  171  196 ...  284  315  340  360  417
```

图 1.4.26   数据转换前后的结果

② cmap 指定热力图的配色方案。

4.5   综合应用

本章主要介绍了 Python 语言中 Matplotlib 和 Seaborn 库的使用，包括图表的组成、绘图区的控制、二维图表和三维图表的绘制方法等，下面综合运用本章所学内容，制作所需图表。

4.5.1   综合案例 1——空气质量分析

AQI（air quality index，空气质量指数）是综合表示空气污染程度或空气质量等级的一个无量纲相对值，描述了空气清洁或污染程度以及对健康的影响，AQI 指数分级情况如表 1.4.2 所示，参与评价的污染物包括细颗粒物（PM2.5）、可吸入颗粒物（PM10）、二氧化硫（SO_2）、二氧化氮（NO_2）、臭氧（O_3）、一氧化碳（CO）。

AQI	AQI 指数级别	表 示 颜 色	AQI 类别
0—50	一级	绿色	优
51—100	二级	黄色	良
101—150	三级	橙色	轻度污染
151—200	四级	红色	中度污染
201—300	五级	紫色	重度污染
>300	六级	褐红色	严重污染

▶表 1.4.2
AQI 指数分级
情况

【例 4.19】 对 2014—2021 年中国各个省会城市或直辖市的空气质量进行分析，并可视化显示。

分析：本案例使用的数据是 2014—2021 年中国各个省会城市或直辖市的月平均值，其中 CO 的单位为 mg/m³，其余指标单位均为 μg/m³，数据集文件为 AQI.csv，下面是实现该案例的详细过程及程序代码。

（1）导入必要的库，设置环境参数

```
import pandas as pd
import numpy as np
from pandas import Series，DataFrame
import matplotlib. pyplot as plt
plt. rcParams['font. sans—serif'] = [u'SimHei']        #用来正常显示中文
plt. rcParams['axes. unicode_minus'] = False          #用来正常显示负号
```

（2）读取数据集，随机显示其中的 5 条记录

```
data = pd. read_csv(r'data\AQI. csv',encoding ='GBK')
print(data. sample(5))                    #随机输出 5 条记录
```

运行结果如图 1.4.27 所示。

```
In [5]: print(data.sample(5))
        city      time    AQI  AQI_min  AQI_max  ...  PM10      CO     NO2     SO2    O3
1516    长沙   2018/1/1   104       29      284  ...    74   1.000    42.0  11.000  43.0
137     兰州   2014/5/1    95       57      235  ...   138  51.000    28.0   1.317  97.0
1571    天津   2018/3/1   108        0      322  ...   100   1.090    54.0  14.000  86.0
1105    太原  2016/12/1   190       54      391  ...   207   2.461   186.0  71.000  27.0
1845    南宁  2018/12/1    50       25       90  ...    48  33.000     9.0   0.981  36.0

[5 rows x 11 columns]
```

图 1.4.27 随机输出 5 条记录

（3）对 AQI 质量进行分段统计，并绘制相应的饼图，效果如图 1.4.28 所示。
程序代码如下：

```
fig1=plt. figure(figsize=(5,5))
fig1. add_subplot(111)
min_aqi = data. AQI. min()                      #求 AQI 列的最小值
max_aqi = data. AQI. max()                      #求 AQI 列的最大值
bins=[min_aqi, 50, 100, 150, 200, 300,max_aqi]  #将 AQI 指数级别分为 6 类
aqi_cut = pd. cut(data. AQI, bins=bins)
aqi_count = aqi_cut. value_counts()             #对各 AQI 指数级别进行统计
labels = ['良(50,100]','轻度污染(100,150]','优(0,50]','中度污染(150,200]','重度污染
(200,300]','严重污染(>300)']
colors= ['#efdc31','#ffaa00','#43ce17','#ff401a','#d20040','#9c0a4e']
explode = [0. 2,0,0,0,0,0. 3]
plt. pie(aqi_count,labels=labels,            #数据标签
         colors=colors,                      #饼图颜色
         autopct='%. 2f%%',                   #设置百分比
         startangle=180,                     #设置初始角度
         explode=explode)                    #设置指定块裂开显示
```

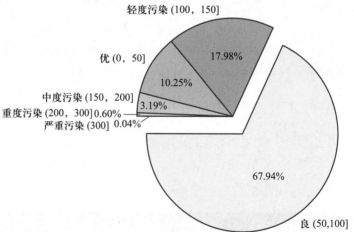

图 1.4.28   2014—2021 年中国省会城市或直辖市空气质量分析

（4）绘制上海市 2014 年以来每个月 AQI 的走势图，效果如图 1.4.29 所示。
程序代码如下：

```
fig2=plt. figure(figsize=(6,4))
fig2. add_subplot(111)
```

```
dt_sh=data[data.city=="上海"]              #抽取上海的数据
N=len(dt_sh)                              #求出记录个数
plt.title("上海市 2014—2021 年 AQI 走势图")
plt.xlabel("时间")
plt.ylabel("AQI 值")
xTicks=np.linspace(0,N,8) #设置 X 轴的标记个数,下面语句设置 X 轴的显示文本
plt.xticks(xTicks,["2014 年","2015 年","2016 年","2017 年","2018 年","2019 年",
"2020 年","2021 年"])
plt.plot(np.arange(N),dt_sh.AQI,marker="D")        #绘制折线图
plt.show()
```

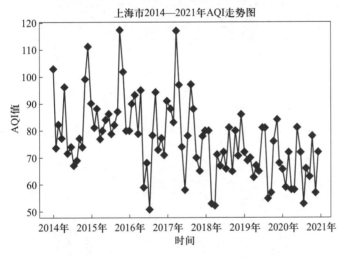

图 1.4.29　上海市 2014—2021 年 AQI 走势图

(5) 显示省会城市或直辖市中 AQI 质量最好的前 10 名,效果如图 1.4.30 所示。
程序代码如下:

```
fig3=plt.figure(figsize=(6,4))
fig3.add_subplot(111)
#先按照城市分组,对每个城市的 AQI 求平均值,然后按平均值升序排列
#再取平均值最小的前 10 个,最后再逆序排列
aqi_10=data.groupby("city")["AQI"].mean().sort_values(ascending=True)[:10][::-1]
plt.barh(np.arange(10),aqi_10)                #绘制条形图
plt.yticks(np.arange(10), aqi_10.index)       #设置 Y 轴的标记数并显示相应的城市名
plt.xlabel('AQI')
```

```
plt. ylabel('城市')

plt. title('AQI 质量最好的前 10 个城市')

plt. show()
```

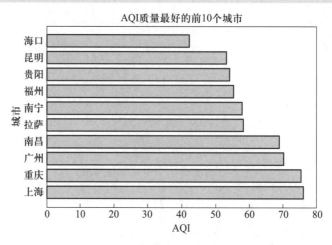

图 1.4.30　AQI 质量最好的前 10 个城市

（6）用 Seaborn 库显示省会城市或直辖市中 AQI 质量最差的前 5 个城市，效果如图 1.4.31 所示。

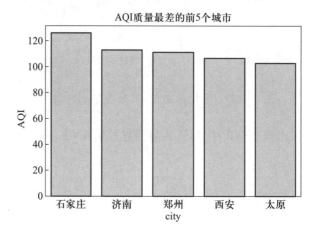

图 1.4.31　AQI 质量最差的前 5 个城市

程序代码如下：

```
import seaborn as sns

#先抽取城市和 AQI 两列数据，按城市分组，对每个城市的 AQI 值求平均

dt＝data[["city","AQI"]]. groupby("city"). mean()      #dt 中只有 AQI 数据列
```

```
dt.insert(loc=0,column="city",value=dt.index)        #再插入 city 列
dt=dt.sort_values("AQI",ascending=False).iloc[:5]     #按 AQI 降序排列后取前 5 个
plt.title("AQI 质量最差的前 5 个城市")
sns.barplot(x="city", y="AQI",data=dt)
```

（7）用 Seaborn 库的 pairplot()函数绘制 AQI 的散点矩阵图，效果如图 1.4.32 所示。

程序代码如下：

```
import seaborn as sns
dt=data[["AQI","PM2.5","CO","NO2","SO2","O3","level"]]#抽取用于分析的字段
sns.pairplot(dt,diag_kind='kde',hue="level")   #用 level 字段的值控制散点的颜色
```

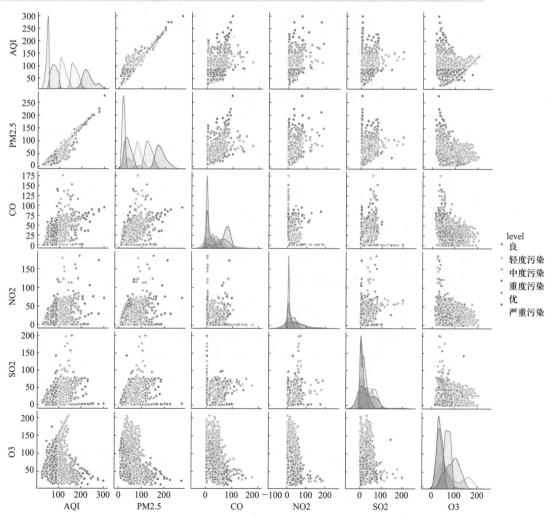

图 1.4.32　AQI 的散点矩阵图

（8）用 Seaborn 库的 heatmap()函数绘制 AQI 与 PM2.5 和 PM10 的相关性分析图，效果如图 1.4.33 所示。

程序代码如下：

```
import seaborn as sns
dt2＝data[["AQI","PM2.5","PM10"]]                    #抽取需要的字段
sns. heatmap(dt2. corr()，annot＝True，cmap＝"summer")#绘制热力图,标注相关系数的值
```

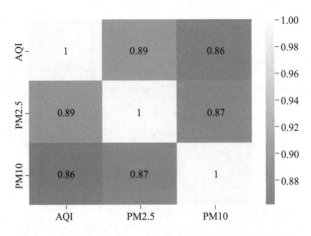

图 1.4.33   AQI 与 PM2.5 和 PM10 的相关性分析图

4.5.2   综合案例 2——绘制词云图

词云就是对网络文本中出现频率较高的关键词予以视觉上的突出，渲染出符合指定形状的关键词分布图像，从而过滤掉大量的文本信息，使用户可以快速领略文本的主旨大意。下面学习词云图的制作。

【例 4.20】   绘制《道德经》中高频词的条形图及其词云图。

分析：先打开"道德经.txt"文件读取文本内容，本例中该文件内容做过预处理，已删除所有标点符号和换行符，可直接利用 jieba 库进行分词处理，分词后对每个单词进行词频统计，对词频超过 20 次的单词绘制其条形图，然后再用 WordCloud 生成词云图并输出图像，效果如图 1.4.34 所示。

程序代码如下：

```
import numpy as np
import matplotlib. pyplot as plt
```

```
import jieba
import collections
from wordcloud import WordCloud
import PIL. Image as Image
from collections import Counter
ddj＝open(r'data\道德经 . txt','r',encoding='gb18030'). read()          #读文件
words ＝ jieba. lcut(ddj,cut_all＝True)      #使用结巴的全模式对 ddj 文本进行分词处理
wdCount＝Counter(words)#对每一个词出现的次数进行计数,返回一个字典
wdSort＝sorted(wdCount. items(),key ＝ lambda x:x[1],reverse ＝ True)
#对字典按照单词出现的次数降序排列
#下面将出现次数超过 20 次的单词名和次数分别保存在两个列表中
Names ＝ [wdSort[i][0] for i in range(len(wdSort)) if wdSort[i][1]>20]
Nums＝ [wdSort[i][1] for i in range(len(wdSort)) if wdSort[i][1]>20]
fig＝plt. figure(figsize＝(12,6))
fig. add_subplot(121)
plt. rcParams['font. sans－serif']＝['SimHei']
bar_width＝0. 7                                        #设置柱状宽度
index＝range(len(Names))                              #设置 X 轴的刻度变化范围
plt. yticks(index,Names)                             #设置 X 轴显示单词
plt. barh(index,Nums,bar_width,alpha＝1,color='b')    #绘制条形图
plt. title("道德经高频词统计显示")
plt. grid(True)
fig. add_subplot(122)
mask ＝ np. array(Image. open(r'data\ddj. png'))      #定义词云图显示的遮罩形状图
wcd ＝ WordCloud(
    font_path='C:/Windows/Fonts/simhei. ttf',        #设置字体格式
    background_color ='white',                       #设置背景颜色
    mask＝mask,                                        #设置遮罩图片
    max_words＝150,                                    #最多显示词数
    max_font_size＝24                                  #字体最大值
)
word_counts ＝ collections. Counter(ddj)
wcd. generate_from_frequencies(word_counts)           #根据单词的词频生成词云
wcd. to_file(r'data\ddj_cy. jpg')                     #将词云图保存为图片文件
```

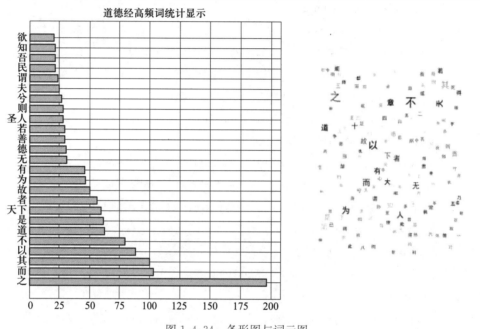

图 1.4.34 条形图与词云图

习 题

一、选择题

1. 创建并显示 3 行 2 列共 6 个子绘图区，以下代码正确的是_____。

    A. fig, axes = plt. subplot(nrows=3, ncols=2, figsize=(4,3), dpi=100)

    B. fig, axes = plt. subplots(nrows=3, ncols=2)

    C. fig, axes = plt. subplot(nrows=3, ncols=2)

    D. fig, axes = plt. subplots(nrows=2, ncols=3)

2. 语句 plt. plot([3,1,5], c='b') 绘制的是_____。

    A. 从点（0，0，0）到点（3，1，5）的一条蓝色直线

    B. 从点（3，1）到点（5，0）的一条蓝色曲线

    C. 从点（3，1，5）到点（0，0，0）的一条蓝色直线

    D. 从点（0，3）到点（1，1）再到点（2，5）的一条蓝色折线

3. 绘制一条从点(1，1)到点(2，3)最后到点(3，1)的折线，正确的语句是_____。

    A. plt. plot([1,2,3], [1,3,1])

    B. plt. plot([1,3,1],[1,2,3])

    C. plt. plot((1,1),(2,3),(3,1))

    D. plt. plot((3,1),(2,3),(1,1))

4. 下面语句可以绘制一个三角形的是_____。

    A. plt. plot((5,3),(2,4),(1,5))

    B. plt. plot((1,3,6,1),(6,3,1,6))

    C. plt. plot((1,3),(6,3),(1,2),(1,3))

    D. plt. plot((1,3,6),(6,3,1))

5. 在 Matplotlib 库中，以下_____函数用于绘制直方图。

    A. plt. scatter()

    B. plt. hist()

    C. plt. pie()

    D. plt. bar()

6. 绘制一个散点图，只有(2，1)、(5,3)和(8，4)3 个点，正确的语句是_____。

    A. plt. scatter([2,5,8], [1,3,4],c = "b",marker = "o")

    B. plt. scatter((2,1),(5,3),(8,4),c = "b",marker = "o")

    C. plt. scatter([2,1,5],[3,8,4],c = "b",marker = "o")

    D. plt. scatter((2,5),(5,8),(4,1),c = "b",marker = "o")

7. 在 Matplotlib 库中，绘制由四边形面构成曲面单元的三维图形时，应使用_____方法。

    A. plot

    B. scatter

    C. plot_surface

    D. plot_trisurf

8. 在 Matplotlib 库中，以下_____用于绘制极坐标图。

    A. plt. plot()

    B. plt. hist()

    C. plt. pie()

    D. plt. polar()

二、填空题

1. 在已有全局绘图区中添加子绘图区的函数是_____。

2. Matplotlib 的图表区包含三个层次：_____、辅助显示层和图像层。

3. plot()函数用于绘制_____和_____，不仅可以绘制折线图、曲线图，还可以制作出类似散点图的效果。

4. 用于创建一个全局绘图区，然后添加多个子绘图区并显示所有子绘图区的函数是_____。

5. 适合显示一个数据系列中各项数值与其总和的占比关系的图表类型是_____。

6. 适合分析多个坐标点分布情况的图表类型是_____。

三、简答题

1. 简述常见图表的类型、各自的特点，以及适合分析何种类型的数据。

2. Matplotlib 库中图表的主要组成元素有哪些？

3. 如何在指定的子绘图区中绘制图表？有哪几种方法？

4. Matplotlib 库中生成三维实体的方法有哪些？

5. 柱状图与直方图有什么区别？

6. Seaborn 库可以绘制哪些类型的图表？

第 5 章
网络爬虫与信息提取

随着大数据时代的来临，数据在互联网中的地位越来越重要。对于互联网中的海量数据，如何自动高效地获取感兴趣的信息是一个重要的问题，而爬虫技术就为解决这些问题应运而生。数据源是数据分析中的首要条件，利用爬虫技术，可以自动地从互联网中获取感兴趣的数据内容作为数据源，进行更深层次的数据分析并获得更多有价值的信息。

虽然百度、谷歌等搜索引擎可以抓取互联网中的大部分信息，但是需求是多样的，爬虫程序可以根据人们的需求而订制，并对数据采集有更深层次的理解。例如金融投资者抓取股票证券等信息用于分析金融数据；房屋投资者爬取房屋中介的数据用于分析房价；机构投资者获取全球领先数据以赢得收益；而数据采集公司则利用爬虫搜索出现在公共网站、社交媒体、在线社区、邮件插件中所有可能有价值的信息，如用户的照片和评论、酒店和航班预订信息等。

5.1　爬虫基本原理及数据获取

　　爬虫也称为网络爬虫。如果把互联网看成一张大网，爬虫就是大网上爬来爬去的蜘蛛。爬虫程序实际上是请求网站并提取数据的自动化程序。相当于平时使用浏览器访问网页时，爬虫程序首先会请求网站获得 HTML 代码，即从网站服务器获取网站资源；而后在提取数据过程中，爬虫程序从获取到的 HTML 代码中提取如商品名称、图片链接地址等需要的数据。由于编写的爬虫程序会自动模拟浏览器向服务器发送请求并批量获取数据，所以称之为自动化程序。

　　如果说浏览器是作为客户端从服务器端获取信息，然后将信息解析并展示给用户的话，那么爬虫的任务就是从网站页面开始，爬取页面的 HTML 代码，再利用解析库将所需信息提取出来，最后按需进行后续的数据提取或者数据存储等操作。

5.1.1　引例——百度新闻

【例 5.1】　爬取百度新闻页面的新闻标题和链接地址。

　　当在 Chrome 浏览器中输入百度新闻网址后单击 Enter 键，会在浏览器中呈现出多条新闻，单击新闻的标题可以链接到相应的新闻网页。

　　每个完整的网页由三部分组成：HTML、CSS 和 JavaScript。HTML 是网页的结构，CSS 是网页的外观，而 JavaScript 是页面的行为。当把 HTML 和 CSS 排版样式配合起来，经浏览器可以呈现出网页的形式。而 JavaScript（简称 JS）是一种脚本语言，HTML 代码经常需要调用不同的 JavaScript 程序实时产生动态的内容，以实现实时、动态、交互的页面功能。

　　如果爬虫要抓取新闻的标题和链接地址并保存下来，可按如下步骤操作。先观察网页信息。在浏览器中右击，在快捷菜单中选择“检查”命令或按功能键 F12 打开浏览器的开发者工具窗口，如图 1.5.1 所示，将直接显示元素窗口，即 Elements 选项卡，它包含了经过 JavaScript 文件（扩展名为 js）处理的最终的 HTML 代码。浏览器中显示的内容就是由这些 HTML 代码配合 CSS 排版样式呈现出来的，但这些内容和实际抓取页面时得到的源代码并不完全一样。

　　再观察开发者工具窗口中的 Network 选项卡，发现其下方包括很多条目，而每个条目代表一次发送请求和接收响应的过程，可以看到它的名称、方法（例如 get 或 post 等）、状态码、类型，还有大小、响应时间等。此时选择第一条 news. baidu. com 并单击，看到其详情中包括了 Headers 请求头、Preview 预览等。而第三项 Response 响应体是从服务器收到的响应体内容，即爬虫代码发起 get 请求后，得到的 response

对象的 text 属性，它正是网页最初从服务器收到的 HTML 源代码。观察如图 1.5.2
所示的部分源代码，可以发现所有新闻标题位于 class 属性为 hotnews 的＜div＞标签
下，而每一条新闻的标题和链接地址位于＜div＞标签下的＜li＞标签下的＜a＞标签
中，且该＜li＞标签的 class 属性为 hdline#（# 为新闻的序号，从 0 开始）。新闻标题
为该＜a＞标签的文本内容，链接地址为其 href 属性。

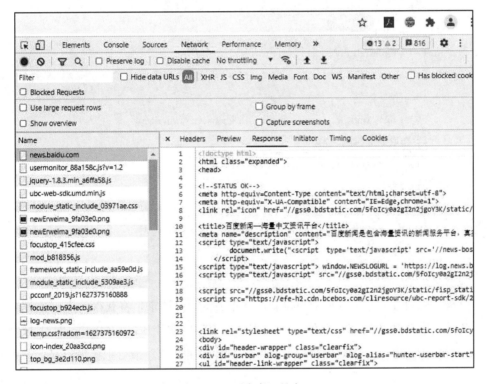

图 1.5.1　开发者工具窗口

```
<div class="hotnews" alog-group="focustop-hotnews">
<ul><li class="hdline0">
<i class="dot"></i>
<strong>
<a href="http://m.news.cctv.com/2021/07/26/ARTIyiw78w5EYLBcaDBEsea0210726.shtml" target="_blank" class="a3" mon="ct=1&a=1&c=top&pn=0">时政微纪录 | 跨越二十三年的牵挂</a
</li>
<li class="hdline1">
<i class="dot"></i>
<strong>
<a href="https://mp.weixin.qq.com/s/g21rFomX2gFkd42BFfasLQ" target="_blank" mon="r=1"><b>第八金！稳稳当当</b></a>
<i style="font-size: 12px"> </i><a href="https://mp.weixin.qq.com/s/kxUSzJUeje_3m8OjwHQbxA" target="_blank" mon="r=1"><b>杨皓然、杨倩夺得第九金</b></a>
```

图 1.5.2　网页部分源代码

通过观察新闻标题和链接在代码中的位置后，在 Anaconda 的编辑器 Spyder 中的
Editor 窗口输入如下爬取页面代码：

```
#引入 requests 库和 bs4 库
import requests
```

```
from bs4 import BeautifulSoup
#爬取网页
url = "http://news.baidu.com"
response = requests.get(url)
#解析网页
soup = BeautifulSoup(response.text，'html.parser')
#定位 div hotnews
divs = soup.find('div'，class_='hotnews')
for n in range(0,5)：
    #定位 a 标签
    a = divs.find('li'，class_='hdline{}'.format(n)).find('a')
    #爬取新闻标题、链接
    title = a.get_text()
    href = a.get('href')
    #写入文件
    with open('hotnews.txt'，'a'，encoding='utf-8') as f：
        f.write("标题：" + title + "\n")
        f.write("链接：" + href + "\n")
```

分析：先通过 requests 库对百度新闻网址发起 get 请求，将获得一个 response 对象，就是获取的页面内容，此处是 HTML 代码。再利用 BeautifulSoup 库对 HTML 内容进行解析，定位到新闻标题所在的标签和具体属性值。最后把提取出来的数据存成文本文件。运行程序后，在当前目录下新建的 txt 文件如图 1.5.3 所示，内容包含了前 5 条新闻的标题和链接地址。

图 1.5.3   例 5.1 的 txt 文件

该例已能简单地爬取网页的 HTML 代码，提取并保存所需的数据，而多样的网站及不同的要求会出现更多、更复杂的情况，需要进行更多的处理和分析。

本章仅介绍静态网页的爬取。静态网页的内容和显示效果基本不变，必须通过修改页面代码本身来进行更新；而动态网页会动态地生成网页内容，显示的内容会随着时间、交互或数据库操作结果产生不同内容或动画效果。静态页面中的数据都包含在网页的 HTML 代码中，可以直接在网页的 HTML 中提取数据，通过 BeautifulSoup、正则表达式等获取数据；而动态页面还需要使用如 Selenium 等动态抓包方法来获取 response 中的 Json 数据。

5.1.2 爬虫基本流程

浏览网页的过程就是请求与响应传递的过程，即 request 和 response 的过程，如图 1.5.4 所示。当打开一个浏览器但未访问任何网页时，浏览器内容为空。当在浏览器输入网站域名时，浏览器向网站所在的服务器发起了一个请求，即 request。请求里包含了一些相关的信息，如要请求的页面、从什么浏览器发起请求。这个过程就是向服务器发起请求的过程，告知服务器需要干什么和看什么信息。服务器收到后，会根据请求做相应的处理，并向浏览器返回一个响应，即 response，它包含了 HTML 代码，而浏览器将解析这些代码并呈现出网页的内容。网络爬虫就是要模拟用户使用浏览器访问网页的过程，即先模拟计算机对服务器发起 request，再接收服务器的 response 内容，然后根据需要进行解析和提取，并保存所需的信息。

图 1.5.4 请求与响应的传递

爬虫的基本流程如图 1.5.5 所示。

图 1.5.5 爬虫的基本流程

1. 发起请求

向目标站点发起请求，同时包含额外的配置信息，然后等待服务器响应。这个请求的过程就如同在浏览器地址栏中输入网址并单击 Enter 键，将浏览器作为客户端向服务器发送了一次请求。

2. 获取响应内容

如果服务器能正常响应，客户端会得到一个响应，即获取到的内容，类型可能是

HTML、Json 字符串，二进制数据（图片、视频等）等。此步骤相当于服务器接收了客户端的请求，并发送网页 HTML 文件给浏览器。

3. 解析内容

如果得到的内容是 HTML，可以使用正则表达式、网页解析库进行内容解析以便提取感兴趣的信息。如果是 Json，可以直接转为 Json 对象解析；如果是二进制数据，可以保存或做进一步处理。这一步相当于浏览器把服务器的文件获取到本地后再进行解释和展现。

4. 保存数据

保存的方式多样，可以把数据存为文本，特定的 JPEG、MP4 等格式文件，也可以把数据保存到数据库中。此步骤相当于用户在浏览网页时下载网页中的图片、视频或其他数据。

以上为爬虫的基本流程，下面将具体介绍请求和响应的内容。

5.1.3   数据获取

在例 5.1 的代码中，基本包含了爬虫 4 个基本流程的步骤，下面来详细介绍对网页发起请求并获取响应内容的基本方法。

【例 5.2】   请求百度新闻网页的 HTML 代码。

```
import requests                                    #引入 requests 库
r = requests. get('http：//news. baidu. com/')      #发起 get 请求
print(r. text)                                     #输出响应内容
```

运行后显示网页的 HTML 代码如图 1.5.6 所示。

在例 5.2 中，首先需要引入 requests 库，然后向百度新闻网站发送 get 请求，并将 get 请求获取到的响应结果赋给 r，r. text 可直接获取该响应对象的正文内容。

1. 请求网页的常用库

网络爬虫的第一步就是根据 URL（universal resource locator，统一资源定位符）获取网页的 HTML 信息。在 Python 中，可以使用 urllib. request 和 requests 库进行网页爬取。

urllib 库是 Python 内置的，无须额外安装，只要安装 Python 就可以使用。

requests 库是一个简洁而优雅的 Python 第三方库，功能强大，而且比 urllib 更加方便，所以被广泛使用。但它是第三方库，需要自己安装。

本章使用 requests 库获取网页的 HTML 信息。首先通过在命令行中输入 pip install requests 进行安装，并通过 import requests 语句检验是否安装成功。

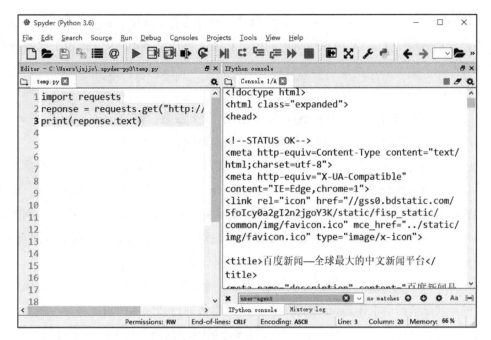

图 1.5.6　百度新闻网页的 HTML 代码

2. 使用 requests 库发起请求

请求通常包含了请求方式、请求 URL、请求头和请求体四部分数据，作为整体发送给网站服务器，服务器识别请求信息做出相应的解析，并返回响应。

requests 库主要有 7 个方法，具体形式和说明如表 1.5.1 所示。

方　　法	说　　明
request(请求方式，url，＊＊kwargs)	构造请求，实现以下各个方法
get(url，params＝ None，＊＊kwargs)	获取网页内容，返回一个 response 对象
head(url，＊＊kwargs)	获取网页头部信息
post(url，data ＝ None，json ＝ None，＊＊kwargs)	向网页提交 post 请求，如果内容为键值对时，默认会把内容放到表单里；如果是字符串，则放到 data 里
patch(url，data ＝ None，＊＊kwargs)	向网页提交局部修改请求
put(url，data ＝ None，＊＊kwargs)	向网页提交 put 请求。类似于 patch，但修改不是局部的，而是覆盖原来的内容，因此一定要重写所有内容
delete(url，＊＊kwargs)	向网页提交删除请求

▶表 1.5.1
requests 库的
主要方法及说明

表中首行的 request()方法是基础方法，其余 6 个方法只是为了让编程更加方便，实际上都是通过调用 request()方法来实现的。request()方法有以下 3 个参数：

　　① 请求方式，常用的有 get 和 post 两种，另外还有 head、put、patch、delete 等方式，分别对应了 HTTP 协议所对应的请求功能，再加上 options 方式用于向服务器获取一些服务器与客户端接口的参数，与获取资源不直接相关，使用较少。

　　② url 是链接地址。

　　③ 控制访问参数（＊＊kwargs），可以指定 13 个参数，如 params、data、headers、json、files 等，其后将单独说明，都属于 kwargs 参数。

　　request 中的 headers 参数用来指定浏览器请求头，它发给服务器一些比较重要的配置信息，例如所请求的文档类型、携带的 cookies、从什么浏览器发起请求等。服务器会根据配置信息判断请求是否合法，再根据解析结果返回相应的网页内容。例如浏览器用户代理（user agent），可能会被服务器识别为非法的请求，而拒绝返回页面。一般编写爬虫时，都会加上 request headers 以保证请求正常运行。

　　request 中还有个重要的参数是请求体 data。例如在 post 请求时，将 form data 以键值对的形式赋值给请求体 data，把表单提交时的参数通过请求体传给服务器。例如在登录窗口、文件上传时，这些登录或文件信息都会被附加在请求体中传给服务器。注意：data 参数是将参数加入 request 报文中，而 params 参数是将参数加入要访问的 URL 中。

　　request 的部分控制访问参数的说明和示例如表 1.5.2 所示，其中 kv = {'key1'：'value1'}。

参　数	说　明	示　例
params	字典或字节序列，作为参数增加到 URL 中	r = requests. request('GET', 'http://www. baidu. com/', params＝kv) print(r. url)
data	字典、字节序列或文件对象，作为 request 内容以表单形式传送	r = requests. request('POST', 'http://httpbin. org/post', data＝kv) print(r. text)
json	Json 格式的数据，作为 request 内容	r = requests. request('POST', 'http://httpbin. org/post',json＝kv) print(r. text)
headers	字典，作为 request 的请求头部参数	hd = {'User－Agent'：'Chrome/10'} r = requests. request('POST', 'http://httpbin. org/post', headers＝hd) print(r. text)
cookies	字典或 CookieJar，是 request 中的 cookie 信息	#1. cookies 是字典格式 cookies = {name1：value1,name2：value2} r = request. post(url, data＝data, cookies＝cookies) #2. headers 中加 cookie headers ={ 'User－Agent'：' Mozilla/5. 0 AppleWebKit/537. 36', 'cookie'：'_zap＝191e4816; d_c0＝"ABCsEEAYP－_6iVQA＝|'} r= requests. post(url,data＝data,headers＝headers)

▶表 1. 5. 2 kwargs 部分参数说明及示例

续表

参 数	说 明	示 例
files	字典，request 主题，用于向服务器传输文件	fs = {'files': open('hello. txt', 'rb')} r = requests. request('POST', 'http://httpbin. org/post', files=fs) print(r. text)
timeout	用于设定超时时间，单位为秒	r = requests. request('GET', 'http://www. baidu. com/', timeout=10) print(r. status_code)

proxies	字典，设置访问代理服务器，为协议指定代理服务器	#使用代理
		proxies = { "http":http://ip:端口号, "https":"https://ip:端口号"}
		request. get(url, proxies=proxies)
		#使用需要账号和密码的代理
		proxies ={ "http":"http://username:password@ip:端口号"
		"https": "https://username:password@ip:端口号"}
		request. get(url, proxies=proxies)

3. get( )方法

例 5.2 中的 requests. get 是最常用的方法之一，执行了最基本的 get 请求。它通过 requests 库的 get( )方法构造了向服务器请求资源的请求，该命令返回的结果是一个包含服务器资源的响应对象。

get( )方法的语法格式为

requests. get(url,params= None, ** kwargs)

4. 响应对象

爬虫基本流程的第二步是当请求获得服务器的正常响应后，会得到一个响应，它包含了三部分主要信息，如图 1.5.7 所示。

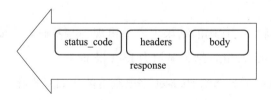

图 1.5.7 响应的主要信息

第一个是响应状态，即 status_code（状态码）。状态码等于 200 或 requests. codes. ok 时表示请求正常发送且服务器正常响应。而最常见的状态码 404 表示没有发现，找不到资源。一般 3 开头的为网页跳转状态码，4 开头的为客户端错误状态码，5 开头的为服务端错误状态码。

第二个是响应头，即 headers，呈键值对形式，包括了 set—cookies 等数据，告诉浏览器要把哪些登录的 cookie 保存下来，以维持登录会话信息。

第三个是响应体，即 body，也是最重要的信息，包含了请求的内容，类型可能是 HTML、Json 字符串，二进制数据（图片、视频等）等。最常见的数据类型是 HTML，一般的网页都是 HTML 格式，然后可以从中提取需要的信息。有时网页数据是通过 ajax 加载的，此时返回的数据是 Json 字符串，可以对它进行解析以得到结构化的数据。有时返回的是二进制数据，即图片、视频等文件的二进制流，可以将它保存成相应的文件。

（1）status_code 及 Encoding 编码方式

例如，在实现了对百度首页的信息爬取后，显示响应对象 r 的状态码和内容。

```
import requests
r = requests. get('http://www. baidu. com/')
print(r. status_code)                      #显示状态码
```

状态码输出结果为 200，表示连接成功。

```
print(r. text)                             #显示响应对象内容
```

r. text 此时返回的是 HTML 代码，部分输出结果如图 1.5.8 所示。

```
<!DOCTYPE html>
<!--STATUS OK--><html> <head><meta http-equiv=content-type content=text/
html;charset=utf-8<meta http-equiv=X-UA-Compatible content=IE=Edge><meta
content=always name=referrer><link rel=stylesheet type=text/css href=http://
s1.bdstatic.com/r/www/cache/bdorz/baidu.min.css><title>¢%åº¦å¸¨å¸æ½¼ç¾¿åº¨ åº
±ç¥é²</title></head> <body link=#0000cc> <div id=wrapper> <div id=head> <div
class=head_wrapper> <div class=s_form> <div class=s_form_wrapper> <div id=lg>
```

图 1.5.8   HTML 代码部分输出结果

对于当前 URL 来说，代码的结果内容中出现一些乱码，需要调整编码方式。先用 print 语句输出 r. encoding，结果显示为 ISO-8859-1。

由于该属性是从网页头部的 charset 字段获得的，如果不存在 charset 字段，其编码方式将默认为 ISO-8859-1，而这并不一定是该网页的编码方式，而且不能解析中文。所以实际上该方式得到的编码格式不一定正确，需要进行调整。

通过 print(r. apparent_encoding)语句响应内容的 apparent_encoding 属性，输出为 UTF-8。由于该属性根据网页分析其中文本可能的编码形式，所以原则上来说，apparent_encoding 的编码比 encoding 更加准确。

此时重新设置响应内容的编码方式，将 apparent_encoding 赋值给 encoding，并再次输出响应内容的 text 属性。

```
r. encoding＝r. apparent_encoding        #修改编码方式后重新显示
print(r. text)
```

此时可以正确显示网页中的文字了，如图 1.5.9 所示。

```
<!DOCTYPE html>
<!--STATUS OK--><html> <head><meta http-equiv=content-type content=text/
html;charset=utf-8><meta http-equiv=X-UA-Compatible content=IE=Edge><meta
content=always name=referrer><link rel=stylesheet type=text/css href=http://
s1.bdstatic.com/r/www/cache/bdorz/baidu.min.css><title>百度一下，你就知道</
title></head> <body link=#0000cc> <div id=wrapper> <div id=head> <div
class=head_wrapper> <div class=s_form> <div class=s_form_wrapper> <div id=lg>
```

图 1.5.9 更新编码方式后输出结果

综上所述，Response 对象的主要属性及说明如表 1.5.3 所示。

属　　性	说　　明
status_code	状态码，200 表示成功，其他（如 404）表示失败
text	响应内容的字符串形式，即 URL 对应的页面内容
encoding	从头部中猜测的响应内容的编码方式
apparent_encoding	从内容中分析出的响应内容的编码方式，备选编码方式
content	响应内容的二进制形式，即 URL 对应内容的二进制形式

▶表 1.5.3　Response 对象的主要属性及说明

其中 content 属性返回的是字节型的原始二进制数据，而 text 属性返回的是处理过的 Unicode 数据。

要注意的是，爬虫请求到的 HTML 代码和浏览器看到的内容不一定一致。爬虫的请求到的结果是原始的 HTML 代码，而其中很多需通过 ajax 请求的数据要经过后期的 JS 渲染，再在浏览器页面中呈现。而在浏览器的 Elements 选项卡里看到的源代码，实际上是通过 JS 渲染完毕后的代码，所以说它和请求直接获到的响应结果是不一样的，这也是为什么用 request 库请求 URL 看到的结果和在浏览器中 Elements 选项卡中看到的结果不一致的原因。

【例 5.3】 以 httpbin 网站为例，展示 request 的各个方法的使用。httpbin 网站是一个开源项目，它能测试 HTTP 请求和响应的各种信息，且支持 get、post 等多种方法，有助于网页开发和测试。

先构建简单的 get 请求，并观察所返回的 response 对象的 text 属性。

```
import requests
r＝ requests. get('http://httpbin. org/get')
print(r. text)
```

从结果看出已成功地发起了请求，并得到了服务器的正确响应。返回结果如下，其中包含了 headers、IP 地址、URL 等信息。

```
{
  "args": {},
  "headers": {
    "Accept": "*/*",
    "Accept-Encoding": "gzip, deflate",
    "Connection": "close",
    "Host": "httpbin.org",
    "User-Agent": "python-requests/2.18.4"
  },
  "origin": "111.187.27.157",
  "url": "http://httpbin.org/get"
}
```

如果在发起请求时需要附加额外信息，传送一些基本参数到服务器，可以利用 get() 方法的 params 参数，将要传递的多个参数组织成字典的多个键值对。例如，将一些键值对以 ?key1=value1&key2=value2 的模式增加到 URL 中。

```
data = {key1:value1,key2:value2}
r = requests.get("http://httpbin.org/get", params=data)
```

或者通过 request() 方法实现：

```
r = requests.request("GET", "http://httpbin.org/get", params=data)
```

观察此时的 text，发现此时的 URL 属性已被自动构造为"http://httpbin.org/get?key1=value1&key2=value2"，即 key1 和 key2 两个参数已被正确附加到请求的 URL 中。此时使用 URL 再去访问时，在原有地址的基础上代入了一些参数，而服务器会接收这些参数，并根据参数筛选部分资源返回。

（2）headers 响应头

直接对网页发起请求的话，服务器可以通过请求的 headers 信息查看请求的对象是浏览器还是爬虫访问。例如当通过 Chrome 浏览器访问百度页面时，打开浏览器开发者工具窗口，任意选择 Network 选项卡的一个条目，观察右方 headers 标签下的 User-Agent 信息，如 Mozilla/5.0 (Windows NT 10.0; Win64; x64) AppleWebKit/537.36 (KHTML, like Gecko) Chrome/89.0.4389.128 Safari/537.36，代表（向访问网站提供的）服务器识别到的浏览器类型及版本、操作系统及版本、浏览器内核等信息。

【**例 5.4**】 解决爬取知乎的"发现"页面时禁止访问的问题。

首先直接编写爬取页面的 HTML 代码。

```
import requests
r = requests. get("https：//www. zhihu. com/explore")
print(r. text)
print(r. request. headers['User-Agent'])
```

响应对象的 text 内容为禁止访问，headers 属性的 User-Agent 内容显示是 Python 爬虫：python-requests/2.22.0，运行结果如下：

```
<html>
<head><title>403 Forbidden</title></head>
<body bgcolor="white">
<center><h1>403 Forbidden</h1></center>
<hr><center>openresty</center>
</body>
</html>
python-requests/2.22.0
```

由于该网站服务器禁止爬虫访问，可通过设置 headers 中的 User-Agent 信息进行伪装，模拟成其他浏览器向服务器发起访问。例如在下方代码中，将前面观察到的浏览器代理信息赋值给 get()方法的 headers 参数，发起请求，获取响应并观察 User-Agent 信息，发现爬虫已伪装成浏览器正常访问，并获取到网页的 HTML 代码。

```
import requests
headers = {'User-Agent'：'Mozilla/5. 0 (Windows NT 10. 0；Win64；x64) AppleWebKit/
537. 36 (KHTML, like Gecko) Chrome/81. 0. 4044. 122 Safari/537. 36'}
r = requests. get("https://www. zhihu. com/explore", headers=headers)
print(r. text)
print(r. request. headers['User-Agent'])
```

5. post()方法

post()方法用于向服务器传递数据。当在网站中做一些信息提交时，例如注册、登录时，会用到 post 请求。post 请求的参数不会直接放在 URL 中，而是会以 form 表单的形式将数据提交给服务器。

post()方法的基本格式为

requests. post(url,data = None,json = None, ∗ ∗ kwargs)

该方法将 data 和 json 参数列出，data 参数用于传递 post 请求中以网页的 form 表单形式编码的主体内容；json 参数传递以 Json 格式编码的主体内容。与 get()方法不同的是，data 提交的数据并不会体现在 URL 后，而是放在 URL 对应位置的地方，如 form 表单里作为数据来存储。

例如，将姓名和年龄数据放在 data 里提交基本 post 请求时，将内容构造成一个字典，并传递给 data 参数。

```
import requests
data = {'name': 'Sharon', 'age': '18'}
r = requests. post("http://httpbin. org/post",data=data)
print(r. text)
```

观察服务器返回的结果，data 内容已放在 form 表单里，说明程序已成功提交数据。

```
{
  "args": {},
  "data": "",
  "files": {},
  "form":{
    "age": "18",
    "name": "Sharon"
  },
  "headers":{
    "Accept": " * / * ",
    "Accept-Encoding": "gzip, deflate",
    "Connection": "close",
    "Content-Length": "18",
    "Content-Type": "application/x-www-form-urlencoded",
    "Host": "httpbin. org",
    "User-Agent": "python-requests/2. 18. 4"
  },
  "json": null,
  "origin": "111. 187. 27. 157",
  "url": "http://httpbin. org/post"
}
```

向网站上传文件时，也可以用 post 请求来完成，直接使用 file 参数。例如需要上传一个 UTF-8 格式的 test. txt 文件，内容包括"Hello World!"。将 open 打开的文件对象与 file 形成键值对定义成字典，将其设置为 post()方法中的 files 参数，并利用 post()方法向 URL 提交该文件。

```python
import requests
url = 'http://httpbin.org/post'
files = {'file': open('test.txt', 'rb')}
r = requests.post(url, files=files)
print(r.text)
```

从以下返回值可以看到，响应结果中包含了 files 字段，而这个字段内部是一个键值对，键就是刚才定义的键名 file，值就是上传的文本文件的内容，说明已成功完成文件的上传。

```json
{
    "args": {},
    "data": "",
    "files": {
        "file": "Hello,World!"
    },
    "form": {},
    "headers": {
        "Accept": "*/*",
        "Accept-Encoding": "gzip, deflate",
        "Content-Length": "156",
        "Content-Type":"multipart/form-data; boundary=f59d3bc190ec2541
f16b747b0e7ac533",
    "Host": "httpbin.org",
    "User-Agent": "python-requests/2.22.0",
    "X-Amzn-Trace-Id": "Root=1-6094a255-6aba211440a518405c44dc36"
    },
    "json": null,
    "origin": "111.187.44.228",
    "url": "http://httpbin.org/post"
}
```

6. 爬取网页的通用代码框架和异常处理

认识和处理异常是编写爬虫程序的必要环节。使用 requests 库发送请求时可能会收到各种异常，若不加以处理，可能会导致程序异常终止。所以在实际的网页爬取中，通用代码框架可以有效处理和避免爬取网页过程中可能出现的错误，提高访问和爬取的效率。程序代码如下。

```
import requests                              #加载 requests 库
def get_HTML (url)                           #定义 get_HTML 函数
try:
    r = requests. get(url,timeout=30)        #设定 get 函数参数,设超时限制 30 s
    r. raise_for_status()                    #如果状态码不是 200,将引发 HTTPError 异常
    r. encoding = r. apparent_encoding       #设置编码格式
    return r. text                           #返回网页文本内容
except:
    return "产生异常"                         #返回异常提示
url = "http://www. baidu. com"               #给 url 赋值
print(get_HTML (url))                        #显示函数返回内容
```

get_HTML()函数为封装的简单爬虫通用代码框架。目前代码中的 URL 真实可访问，且超时限制参数 timeout 设置合理，正确运行时会直接输出网页源代码，并可随后进一步做解析处理。如果服务器返回错误，例如将 URL 改为一个不存在的页面，将被 raise_for_status()方法捕获；若将 timeout 设置为一个太小的值，或者将 URL 改为一个不存在的服务器，即使不使用 raise 语句也会直接给出错误。

在经过 try-except 语句的异常捕获后，程序不会退出，而进行下一步程序内错误提示与处理。如果对 except 语句捕获条件定义得更为精确，那么还可以区分不同的错误并对其定制不同的解决办法。requests 库的常见异常类型如表 1.5.4 所示。

▶表 1.5.4
requests 库的常见异常类型

异 常 类 型	说　　明
ConnectionError	网络连接错误异常，如 DNS 查询失败等
HTTPError	HTTP 错误异常
URLRequired	URL 缺失异常
TooManyRedirects	超过最大重定向次数，重定向异常
ConnectionTimeout	连接远程服务器超时异常
Timeout	请求 URL 超时，产生超时错误

ConnectionError 指在网络 TCP 层产生的异常，这类异常会强制终止程序。而 HTTPError 指在 HTTP（应用层）产生的异常，使用 raise_for_status() 方法给出异常，它能够判断状态码，只要返回代码非 200，就会显示 requests. HTTPError 异常。

5.1.4　网络爬虫引发的问题及限制

网络爬虫技术的发展，一方面为获取网络信息提供了极大便利，另一方面也给网络安全带来相关问题。所以在编写网络爬虫之前，必须先了解爬虫的特性、带来的问题以及开发和使用爬虫过程中需要遵循的规范。

1. 网络爬虫的类别

网络爬虫主要用于获取网络中的资源，目前的网络爬虫通常按尺寸划分为三大类，如表 1.5.5 所示。

尺　寸	特　　　性	目　　　的	实现方式
小规模	数据量较小，对爬取速度要求不高	爬取网页，获取网页信息	requests 库
中规模	数据量较大，对爬取速度要求较高	爬取网站和系列网站	Scrapy 库
大规模	数据量和规模极大，多用于搜索引擎，爬取速度非常关键	爬取 Internet 中的所有网站	定制

▶表 1.5.5　网络爬虫的规模及特性

① 小规模爬虫。最为常见，以爬取网页为主要目的，获取网络的数据量很小，对于爬取页面的速度要求也不高。针对这类网络爬虫，可以使用 requests 库来实现功能，它针对特定或者一系列网页能够发挥很大的作用。

② 中规模爬虫。以爬取网站或者系列网站为目的。由于网站中内容很多，对应的数据规模较大，而且爬取速度必须足够赶上网站本身数据更新的速度，所以通常使用如 Scrapy 之类更为专业的库。

③ 大规模爬虫。以爬取全 Internet 为目的。如百度、谷歌建立了全网的搜索引擎，能够爬取全网所有资源且对爬取速度要求非常高，必须专门研制开发。

2. 网络爬虫引发的问题

网络爬虫也会带来很多严重的问题。

① 对服务器性能的骚扰问题。网站服务器默认按照访问人数来计算其访问能力，而网络爬虫利用计算机的快速运算能力，自动爬取网站内容以获取相关资源，每秒钟可以爬取十万次甚至几十万次，远超人的手动访问次数，对网站来说无疑形成了骚扰，也为服务器带来巨大的资源开销。

② 内容层面的法律风险问题。网站服务器中的数据往往有版权归属，如果爬虫从网站爬取到数据后用于牟利，有可能会带来法律上的风险，所以网络爬虫一定要严格遵循互联网和企业关于爬虫的管理规定。

③ 隐私泄露问题。网络爬虫有可能突破或绕过网站的访问控制获取数据，如果爬取了网站中受保护的个人隐私数据，将带来隐私泄露风险，从而引发严重的信息安全问题。

3. 网络爬虫的限制

由于网络爬虫会带来若干问题，Internet 和各网站对于爬虫的使用条件给出了一些限制，并在一定范围内允许爬虫的运行。一般来说，通过以下两种方式对网络爬虫形成道德和技术的有效限制。

① 来源审查。服务器或者网站的所有者可通过来源审查限制网络爬虫。判断所有请求 HTTP 头部的 User-Agent 字段，对于不是预定的浏览器可以限制其访问。

② 发布 Robots 协议。网站通过发布 Robots 协议告知所有的爬虫本网站可爬取的策略和规则，要求爬虫遵守。但由于 Robots 协议仅通过发布来体现，所以只是一种对爬虫开发者的建议性规定，无法完全限制其对内容的爬取。但作为爬虫开发者，应该自觉遵守 Robots 协议的要求，以免引发严重的问题。

4. Robots 协议

Robots 协议的全称是网络爬虫排除标准（robots exclusion protocol），作用是通知网络爬虫本网站可爬取的策略和规则。协议文件 robots.txt 放置在网站根目录下，通过"主页地址/robots.txt"来访问，文件中写明了在本网站下哪些目录允许或禁止哪些爬虫进行爬取。

编写网络爬虫时，首先要查看该网站的协议文件以确定允许访问的范围。Robots 协议可以屏蔽一些较大的视频、图片等文件以节省服务器的带宽，还可以屏蔽站点的一些死链接，以及设置网站地图链接，以方便引导爬虫爬取页面。

Robots 协议通过一些基本语法来设置内部资源被网络爬虫访问的权限。基本语法包括 User-Agent、Disallow 和 Allow，具体说明如表 1.5.6 所示。

▶ 表 1.5.6
Robots 协议的
基本语法及说明

基本语法和通配符	说　　明
User-Agent：	对特定名称的爬虫的规定（开始）
Allow：	允许该爬虫访问的资源目录或网址
Disallow：	不允许该爬虫访问的资源目录或网址
*	通配符，指任意内容；放在 User-Agent 后表示所有爬虫
$	通配符，指以前面内容为结尾

例如，在浏览器中输入苏宁易购 robots.txt 文件的获取网址，摘取苏宁易购的部分 Robots 协议如下：

```
User-Agent：EtaoSpider
Disallow：/


User-Agent：*
Disallow：/pinpai/*－0－0－0－*
Disallow：/detail/
Disallow：/*?*
```

说明：

① User-Agent：EtaoSpider 表示以下内容针对具体网络爬虫 EtaoSpider 设定限制，它与爬虫请求中的 User-Agent 的首部字段相对应。

② Disallow：/表示禁止该 EtaoSpider 网络爬虫访问网站的任何部分。此后若有 Allow 规则，表示可以排除某些被禁止的目录中的子目录。

③ 用空行来分隔针对不同爬虫的规则。

④ User-Agent：*表示以下规则针对除了上述爬虫外的所有爬虫。

⑤ Disallow：/pinpai/*-0-0-0-* 表示禁止访问 pinpai 目录下所有包含-0-0-0-的网址。

⑥ Disallow：/detail/表示禁止爬取 detail 目录下的目录。

⑦ Disallow：/*?*表示禁止访问网站中所有包含?的网址。?无特殊含义，仅表示问号。

Robots 协议是目前互联网上通过自律以维持网站与网络爬虫之间平衡的有效方式。网络爬虫应当自动或人工识别协议内容，并按照协议的要求对网站进行爬取，遵守网络资源爬取的基本规则，才能让互联网健康有序地发展。

5.1.5 应用案例

1. 伪装浏览器

【例 5.5】 爬取京东书籍信息。

根据要爬取的商品的 URL，通过 requests.get()方法向服务器请求指定网页信息，并将响应得到的 Response 对象中的内容输出。

```
import requests
url = 'https://item.jd.com/12535053.html'
```

```
r = requests. get(url)
print(r. status_code)
r. encoding = r. apparent_encoding
print(r. text)
```

程序运行后，虽然响应状态码显示为 200，但返回的 Response 对象主体内容并不是浏览器中的信息，而是返回了一个 script 标签，即 JavaScript 代码，它实际上弹出了一个登录页面，并不是想要的商品网页。运行结果为

200

<script>window. location. href='https://passport. jd. com/new/login. aspx?ReturnUrl=http%3A%2F%2Fitem. jd. com%2F12535053. html'</script>

根据 HTTP 的知识，服务器会通过分析请求 headers 部分字段来区分客户端是浏览器用户还是爬虫程序，最主要的区分字段就是用户代理字段 User-Agent。一般情况下，网站都会开启 User-Agent 的自动筛选，可以将来自非浏览器和友好爬虫的访问全部拒绝。

爬虫程序在保证自己合乎道德和法律规范的情况下，需要进行一定的伪装，可以将浏览器构造的 User-Agent 作为爬虫访问时的 User-Agent。经过伪装之后，成功绕过网站的用户代理筛选，可得到网页内容，代码如下。

```
import requests
url = 'https://item. jd. com/12535053. html'
headers = {'User-Agent': 'Mozilla/5.0 (Windows NT 10.0；Win64；x64) AppleWebKit/
537. 36 (KHTML，like Gecko) Chrome/81. 0. 4044. 122 Safari/537. 36'}
r = requests. get(url, headers=headers)
print(r. request. headers)
print(r. status_code)
r. encoding = r. apparent_encoding
print(r. text)
```

2. 通过搜索引擎的关键字提交搜索

除了能够从指定网页获取信息，网络爬虫也可以通过搜索引擎查找信息。使用搜索引擎时，可以在浏览器页面中直接输入关键词进行搜索；也可以在各类应用程序中通过其提供的 API 或构造符合规范的 URL 进行搜索。而爬虫也一样，当使用 URL 搜索接口关联搜索时，使用字典传递请求参数，由于关键字通过明文进行传送，所以要注意访问安全性。如需要更高安全性的搜索，可以使用 API。

【例 5.6】 使用百度网站搜索引擎介绍通过搜索接口传递搜索请求参数来实现关联搜索。

先观察在百度网站中搜索关键词"Keyword"，发现它的搜索接口格式为"https://www.baidu.com/s?wd=[Keyword]"，说明搜索页都在"/s"目录下，想要搜索的关键字提供给一个名为 wd 的参数，可以通过 requests 库中的 params 参数将搜索关键字合成到访问 URL 中实现搜索。

编写爬虫，自动向搜索页面提交用户输入的关键词，获得搜索结果的 HTML 代码。先在浏览器中访问百度主页，然后在关键词搜索栏中输入"一带一路"进行搜索。此时结果页面中的地址链接被构造为"http://www.baidu.com/s?wd=一带一路"，观察此链接的内容，只要更换关键词并发起 get 请求，就可以向网页提交关键词并进行搜索。据此，将 wd 和输入的关键词构造一个键值对，作为 params 参数发起 get 请求。

```
import requests
keyword = input("input your searching keyword:")
url = "http://www.baidu.com/s"
kv = {"wd" : keyword}
r = requests.get(url,timeout = 30,params = kv)
r.encoding = r.apparent_encoding
print(r.text)
```

3. 网络图片的爬取和存储

使用 requests 库发出请求得到的响应有时不仅仅是文本，还可以是图片、音频、视频等文件，此时可以抓取二进制码写入相应的文件中。

【例 5.7】 获取并保存网络图片。

通过 requests.get()方法获得某图片 URL 的 Response 对象 r 后，显示 r.text 和 r.content，可以发现前者的结果为乱码，而后者的结果前带有字母 b，表示 bytes 类型数据。因为图片是二进制数据，所以前者在显示输出时转换为字符串类型，出现了乱码。随后利用 open()方法以二进制写的形式打开文件，向文件中写入二进制数据。运行结束后，可在当前文件夹中看到图片文件 pic.gif。音频和视频文件可以用类似的方法获取并保存。

```
import requests
r = requests.get ( "http://d.ifengimg.com/mw978_mh598/p0.ifengimg.com/cmpp/
2018/08/31/08/07307fc8-7656-4287-8351-bc11b8658d34_size371_w1024_h683.jpg")
```

```
print(r. text)                              #显示 text 内容
print(r. content)                           #显示 content 内容
with open("pic. gif","wb") as f:
    f. write(r. content)                    #保存图片到本地
```

【例 5.8】　基于例 5.7 的程序优化。

观察例 5.7 的程序，虽然代码可以实现功能，但是存在很多问题，例如没有异常处理、文件没有关闭、不能用原始文件名保存图片等，这些可以在程序中考虑尽量优化。引入 os 标准库，使用它检查文件路径的合法性和存在性、检查目录是否存在并创建；使用 file()方法打开、写入文件；在下载文件时，通过分割字符串并拼接指定目录，使下载保存的文件名与 URL 中的文件名和格式保持一致。

```
import requests
import os
url = "https://gd2. alicdn. com/imgextra/i2/2895983329/O1CN011aSiyVIqb4ya7wU_!!
2895983329. jpg"
root = "e://"
path = root + url. split('/')[-1]
try:
    if not os. path. exists(root):
        os. mkdir(root)
    if not os. path. exists(path):
        r = requests. get(url)
        with open(path, 'wb') as f:
            f. write(r. content)
        print("文件保存成功")
    else:
        print("文件已存在")
except:
    print("爬取失败")
```

本节通过 requests 库初步认识了爬虫的强大功能。使用 requests 库可方便地构造请求和粗略地获取响应信息，例如爬取网页中商品信息，使用搜索引擎进行爬虫搜索，下载保存网页中的图片等。在后面的两节中，将通过 BeautifulSoup 库与正则表达式对获取的网页进行更加精确的信息提取。

5.2 信息解析

在浏览网页时，获取服务器发来的源代码后，浏览器可以按标签和样式将其进行解释并展现出来。同样，在编写爬虫时，对于通过请求获取网页的内容后，也需要对其进行解析，才能提取目标数据。在网络爬虫的设计中，使用 requests 库获取 HTML 页面并将其转换成字符串后，需要进一步分析 HTML 页面格式，提取有用信息，这是爬虫流程中重要的一步。

根据网站返回的不同内容，通常有多种不同的格式。最常见的格式是 HTML，后面章节将主要介绍如何从 HTML 中提取感兴趣的数据。对于 Json 格式字符串，可以直接转为 Json 对象再进行解析；对于二进制数据，可以保存或进一步处理。表 1.5.7 展示了 requests 获取到网页代码信息后常用的解析方法。

方　　法	效　　率	难　　度
BeautifulSoup	慢	最简单
正则表达式	最快	困难
Xpath	快	正常

▶表 1.5.7
信息解析的常用方法

BeautifulSoup 库用于解析和处理 HTML 和 XML，它能根据 HTML 和 XML 的语法格式化和组织复杂的网页信息，建立标签树，进而解析、遍历、维护标签树以提取感兴趣的信息。

5.2.1 引例——获取上海市天气信息

【例 5.9】 爬取中国天气网中上海市的天气信息，如图 1.5.10 所示。

通过开发者工具窗口的 Network 选项卡观察 HTML 源代码。如图 1.5.11（a）所示，当天的天气信息位于 class 属性为 "sky skyid lv3 on"（网站更新时略有变化）的 <li> 标签下。通过获取 <h1> 标签中内容得到日期，定位 class 属性分别为 "wea" "tem" "win" 标签下的文本内容，从而获取天气、温度和风力。如图 1.5.11（b）所示，观察随后的 6 天情况，发现天气信息位于 class 属性为 "sky skyid lv3" 的 <li> 标签下。如果要一次读取全部 7 天的天气，加之考虑网页经常的变化，可以使用 soup. find_all(class_＝re. compile ("^sky skyid lv"))，利用正则表达式（详见 5.3 节）寻找所有以 "sky skyid lv" 开头的字符串为 class 属性的标签。然后遍历每一个符合条件的标签，并在其下分别获取日期、天气、温度和风力。

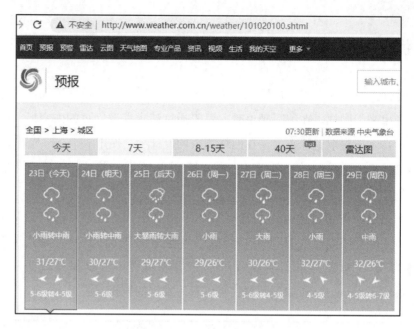

图 1.5.10   上海市天气信息

```
<li class="sky skyid lv3 on">
<h1>23日（今天）</h1>
<big class="png40 d07"></big>
<big class="png40 n08"></big>
<p title="小雨转中雨" class="wea">小雨转中雨</p>
<p class="tem">
<span>31</span>/<i>27℃</i>
</p>
<p class="win">
<em>
<span title="东风" class="E"></span>
<span title="东北风" class="NE"></span>
</em>
<i>5-6级转4-5级</i>
</p>
<div class="slid"></div>
</li>
```

(a) 当天天气

```
<li class="sky skyid lv3">
<h1>24日（明天）</h1>
<big class="png40 d07"></big>
<big class="png40 n08"></big>
<p title="小雨转中雨" class="wea">小雨转中雨</p>
<p class="tem">
<span>30</span>/<i>27℃</i>
</p>
<p class="win">
<em>
<span title="东风" class="E"></span>
<span title="东风" class="E"></span>
</em>
<i>5-6级</i>
</p>
<div class="slid"></div>
</li>
```

(b) 随后6天天气

图 1.5.11   部分 HTML 源代码

核心代码如下：

```
import requests
from bs4 import BeautifulSoup
import re
url="http://www. weather. com. cn/weather/101020100. shtml"
r=requests. get(url)
r. encoding=r. apparent_encoding
```

```
soup＝BeautifulSoup(r. text,"html. parser")
#  name＝soup. find_all(class_=" sky skyid lv3 on "),只获取当日天气
name＝soup. find_all(class_＝re. compile("˜sky skyid lv"))    #获取 7 日天气
for u in name：
    day＝u. h1. string
    wea＝u. find(class_="wea"). text                    #通过 text 属性获取
    tem ＝ u. find(class_="tem"). get_text()            #通过 get_text 方法获取
    win ＝ u. find(attrs={"class":"win"}). get_text()    #设置 attrs
    content ＝ "日期:"+day+"天气:" + wea + " 温度:" + tem +" 风力:"+win
    content ＝ content. replace("\n","")
    print(content)
```

5.2.2 BeautifulSoup 库的基本知识

BeautifulSoup 库是一个简单易用的数据分析提取库，它能够解析 HTML 或 XML 语言并生成文档树，被小型爬虫广泛采用。

BeautifulSoup 库用于格式化和组织复杂的网页信息，是解析、遍历、维护网页标签树的功能库，使用广泛且功能强大。它通常会配合 requests 库，依据网页结构的一些规则、网页节点的属性、CSS 选择器来高效快速地提取网页信息。BeautifulSoup 库可以解析 HTML 和 XML 文档，还会自动将文档转换为 Unicode 码，将文档转换为 UTF-8 格式。

1. HTML 基本知识

学习 BeautifulSoup 库之前，先对 HTML 文档有一个基本认识。HTML（hypertext markup lanuage）中文为超文本标记语言，是用来描述网页的一种语言。

网页中可能包含文字、图片、动画、视频、按钮、表单等各种复杂的元素，而不同类型的元素会用不同类型的标签来表示，例如，图片用<img>标签、段落用<p>标签、表格用<table>标签等。网页的基础架构就是 HTML，它们之间的布局通过<div>标签（分区/节）进行嵌套组合而成，加上各种标签定义的节点元素相互嵌套和组合，形成了复杂的层次关系，最终形成了网页的框架，即 HTML。

HTML 建立的网页一般比较复杂，直接解析网页需要了解 HTML 语法。而 BeautifulSoup 库将网页格式解析部分封装成函数，提供了若干方便快捷的处理函数。

图 1.5.12 为一个自定义网页在浏览器中呈现的效果，打开这个网页的源代码文件 HTML_doc，看到页面是一个 HTML5 格式的代码，在代码中包括了很多的标签，

这种标签以一对尖括号括起来。

<div align="center">图 1.5.12   自定义网页的浏览效果</div>

```
HTML_doc = """
<html><head><title>网络爬虫之学习</title></head>
<body>
<p class="title" name="spider"><b>爬虫之信息解析</b></p>
<p class="method">下面介绍了两种解析方法
<a href="http://example.com/bs" class="method" id="link1">BeautifulSoup</a>,
<a href="http://example.com/re" class="method" id="link2">正则表达式</a>,
两种方法各有特点</p>
<p class="result">...</p>
</body>
</html>"""
```

超文本标记语言是使用标记来描述文档结构和表现形式的一种语言，由浏览器进行解析后把结果显示在网页上，它是网页构成的基础。HTML 的各个元素均由标签构成，标签开始部分（标签名称和属性）与标签结束都由尖括号包含，两个尖括号中间的内容为标签主体内容。一对一对标签以及中间包括的内容构成了元素，例如

<p class="title" name="spider"><b>爬虫之信息解析</b></p>

其中 p 表示标签名称；class="title"表示标签的属性，属性键为 class，值为"title"，这个属性与 CSS 样式表相关；"爬虫之信息解析"表示标签主体内容；/p 表示标签结束符号，与 p 标签开始符号一一对应。

HTML 文档由很多标签对组成，比如 html、head、title、body、p、a 等。HTML 常用标签及说明如表 1.5.8 所示。

标 签 名 称	说　　明
\<a\>	链接
\<b\>	普通文本
\<body\>	文档主体内容标签
\<div\>	文档中的分隔区块
\<form\>	创建表单用于用户输入
\<h#\>	标题，#为等级1~6
\<img\>	图片
\<span\>	对一部分文本进行着色
\<script\>	JavaScript 脚本

▶表 1.5.8
HTML 常用标签及说明

　　一个标签对构成一个节点。节点之间存在某种关系，比如\<p\>是\<body\>的直接子节点，还是\<html\>的子孙节点；\<body\>是\<p\>的父节点；\<html\>是\<p\>的祖辈节点；\<p\>和\<p\>互为邻居，他们是相邻的兄弟节点。嵌套在标签之间的字符串是该节点下的一个特殊子节点，比如"两种方法各有特点"也是一个节点，只不过没名字。

　　标签嵌套叠加形成了一个树状结构，被称为文档树。上例 HTML 网页源代码所对应的标签树如图 1.5.13 所示。

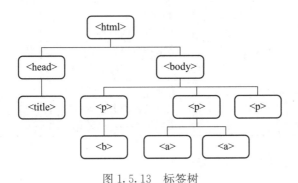

图 1.5.13　标签树

　　数据获取获得的响应一般为 HTML 格式源代码，正如浏览器包含 HTML 解析器用于解析并展示网页。在爬虫中，BeautifulSoup 库同样可用来解析 requests 库获得的响应。

2. 使用 BeautifulSoup 库

　　推荐使用 BeautifulSoup 库中的 BeautifulSoup4，与其他库安装方法一样，可通过在 cmd 下运行 pip install beautifulsoup4 或在 Anaconda Prompt 下运行 conda install beautifulsoup4 完成安装。引用库的方法略有不同，BeautifulSoup4 已被移植到 BS4

包中,使用时通过语句 import bs4 从包中单独引用即可。BeautifulSoup4 库中最主要的是 BeautifulSoup 类,所以通常使用语句 from bs4 import BeautifulSoup 直接引入 BeautifulSoup 类。

使用 BeautifulSoup() 函数创建一个 BeautifulSoup 对象,得到的实例化对象相当于一个页面。BeautifulSoup() 函数格式为

soup = BeautifulSoup(html 文档,解析器)

参数说明:

① html 文档。需要解析的 HTML 文档,例如例 5.9 代码中的 r. text 所对应的 HTML 源代码。如果网页文件已存在,也可以对文件对象创建 BeautifulSoup 对象,如 soup = BeautifulSoup(open('index. html'))。

② 解析器。网页代码的解析器,例如 html. parser 对其进行 HTML 的解析。BeautifulSoup 库支持很多解析器,如表 1.5.9 所示。其中,Python 标准库解析器在 Python 标准库中,不需要另外安装;其他的解析器需要自行安装第三方库(lxml 的两个解析器安装 LXML 包,html5lib 解析器安装 html5lib 包)。

▶表 1. 5. 9
BeautifulSoup
库支持的常用解析器

解 析 器	参 数	优 势	劣 势
Python 标准库解析器	html. parser	Python 的内置标准库 执行速度适中 文档容错能力强	Python 3.2.2 之前版本的文档容错能力差
lxml HTML 解析器	lxml	速度快 文档容错能力强	需要安装 C 语言库
lxml XML 解析器	lxml—xml xml	速度快 唯一支持 XML 的解析器	需要安装 C 语言库
html5lib	html5lib	容错性最好 以浏览器的方式解析文档 生成 HTML5 格式的文档	速度慢,不依赖外部扩展

3. BeautifulSoup 对象的基本元素及属性

经过 BeautifulSoup 类的解析,HTML 或 XML 文档被转换成一个 BeautifulSoup 对象,即一个复杂的树形结构,它包含 HTML 页面中的每一个标签元素,如<head><body>等。

通常认为 HTML 文档、标签树、BeautifulSoup 对象三者是等价的关系。所以,HTML 中主要结构都对应了标签树,而标签树中的每个节点都对应了 BeautifulSoup 对象的一个元素,可以直接用<a>. <b>形式获取,其中<b>的名字采用 HTML 中标签的名字。BeautifulSoup 对象的基本元素/属性及具体说明如表 1. 5. 10 所示。

基本元素/属性	说　　明
Tag	标签，文档的最基本元素。一般用<>和</>标明开头和结尾
Name	标签的名称，字符串形式，格式为<tag>. name
Attributes	标签的属性，字典形式，格式为<tag>. attrs
NavigableString	标签内非属性字符串，即标签主体内容，在<tag>和</tag>间括起来的字符串。格式为<tag>. string
Comment	标签内字符串的注释内容，<!——…——>中的字符串，是一种特殊的 NavigableString
Text	标签内的主体内容（不含注释），字符串形式，格式为<tag>. text
BeautifulSoup	整个文档对应的类的实例，该元素 Name 为[document]

▶表 1.5.10
BeautifulSoup
基本元素/属性
及说明

使用 requests 库得到的响应文档未经处理（换行、缩进等），在没有渲染情况下可读性较差，需要通过优化提升可读性。而 BeautifulSoup 类提供的 prettify()方法可以为 HTML 文档提供格式化输出的功能，每个 XML 或 HTML 标签都独占一行，打印显示时效果更好。

【例5.10】　创建百度新闻页面的 BeautifulSoup 对象，并格式化输出该对象的内容。

```
import requests
from bs4 import BeautifulSoup
r = requests. get('http://news. baidu. com/')
soup = BeautifulSoup(r. text,"html. parser")              # html 解析
print(soup. prettify())
```

以下具体介绍 BeautifulSoup 类的基本元素和属性。

（1）标签

每一个标签在 BeautifulSoup 库中是一个对象，称为 Tag 对象。在基本元素中，除了 Tag 为独立的标签元素外，其余所有都可视作 Tag 的属性，可以利用 BeautifulSoup 对象加标签名的方法获取这个标签。下面将以 5.2.2 中的 HTML_doc 为例，首先创建 BeautifulSoup 对象，然后执行一些语句了解 BeautifulSoup 对象和属性。

```
soup = BeautifulSoup(HTML_doc,"html. parser")#解析,得到 BeautifulSoup 对象 soup
soup. title                              #soup 的第一个<title>标签
soup. head                              #第一个<head>标签
soup. a
```

```
soup. p
type(soup. a)                          #<a>标签的类型
```

使用 BeautifulSoup 对象 . 标签名形式可以获得对应文档树中出现的第一个该类型标签，如果文档树中不存在这个标签，就返回空。最后一句 type 的结果为<class 'bs4. element. Tag'>，可以验证对象为 Tag 类型。

注意：这个方法只能获得文档树中第一个符合要求的标签，如果需要查询所有的标签，要使用文档遍历方法。

（2）标签的名称

对于 Tag 标签，它有两个重要的属性：name 和 attrs。name 是标签的名称，对于内部标签，输出的值即为标签本身的名称。而 soup 对象本身比较特殊，它的 name 为［document］。

```
soup. head. name                        #head 标签的名称
soup. p. name                           #第一个 p 标签的名称
soup. p. parent. name                   #第一个 p 标签的父节点的名称
soup. name                              #soup 对象的 name 特殊,为[document]
```

（3）标签的属性

标签属性域中的属性可以直接通过 Tag. attrs 获得，返回字典形式，说明标签的特点；也可以通过字典的操作方法，直接通过 Tag. attrs['属性']得到其属性值。对于 HTML 中已经定义的多值属性，如 class、headers，将返回一个列表，即使只有一个值也按列表返回。如果该标签没有属性，将返回为空。

```
soup. p. attrs              #输出 p 标签的所有属性,得到一个字典
soup. p['name']            #把 name 作为字典的 key 去访问其 value,也就是属性内容
soup. p['class']           #class 是多值属性,返回一个列表
soup. p. get('class')      #利用 get 方法传入属性的名称,与上一句是等价的
soup. p['class']="newClass" #修改属性
del soup. p['class']        #删除属性,不常用
```

（4）非属性字符串

非属性字符串是标签尖括号对中间的文本内容（不包含标签），通过 Tag. string 获取。如果该标签没有非属性字符串，则返回空。不为空时，其并不是一个普通字符串数据，而是 bs4. element. NavigableString 类型。

如果一个标签的主体部分既有文本又有注释，则 string 为空，原因参见（6）的说明。

```
soup. b. string                #<b>标签间的文本
type(soup. b. string)          #类型为 bs4. element. NavigableString
soup. p. string                #<p>标签下仅有一个子节点<b>,结果为 b. string
soup. html. string             #html 包含多个子节点,结果为空
```

从以上语句可以看到，如果 Tag 仅有一个 NavigableString 类型子节点，那么这个 Tag 可以通过 string 属性得到其子节点；如果 Tag 仅有一个子节点，那么这个 Tag 也可以通过 string 属性得到当前唯一子节点的 string 属性，如 soup. p. string；如果 Tag 包含多个子节点，其 string 属性结果为 None，如 soup. html. string。

（5）注释内容

注释内容是一种特殊的 NavigableString，与 NavigableString 使用方法和返回形式完全相同。

```
markup = "<b><!-- Study well and make progress every day!--></b>"
soup = BeautifulSoup(markup)
com = soup. b. string
type(com)
```

如果要区分 Comment 与 NavigableString，可以使用 type()方法，前者的类型为 bs4. element. Comment。

```
if type(com) == bs4. element. Comment:
    print('该字符串是注释')
else:
    print('该字符串不是注释')
```

（6）标签内的主体内容

Text 是标签中的主要内容（不包含注释），也是两对尖括号中的内容。但是与 NavigableString 不同的是，Text 在文本与注释中同时出现时，会过滤注释内容，仅保留文本内容。

5.2.3 BeautifulSoup 的遍历方法

BeautifulSoup 支持 HTML 文档树的下行遍历、上行遍历、平行遍历 3 种遍历方法。所有遍历均通过查询当前标签的属性实现，即 Tag. attrs。

1. 下行遍历

从根节点元素开始向文档叶节点遍历（寻找子节点），BeautifulSoup 为下行遍历提供了 3 个属性，如表 1.5.11 所示。

属　　　性	说　　　明
contents	子节点的列表,将所有儿子节点(下一层)存入列表
children	子节点的可迭代类型对象,与 contents 类似,用于循环遍历所有儿子节点(下一层)
descendants	子孙节点的可迭代类型对象,用于循环遍历所有子孙节点(下面所有层)

▶ 表 1.5.11

下行遍历的 3 个属性

contents 属性将 Tag 的子节点以列表的方式输出,所以也可以用列表索引来获取它的某一个元素,或者用循环遍历显示每一个元素。

```
soup. body. contents
soup. body. contents[0]
i=0
for c in soup. body. contents:
    print("%d:%s"%(i,c. name))
    i+=1
```

下面代码中的 children 返回的是一个 list 生成器对象,可以通过 list()方法转换并显示出来;也可以通过循环遍历,对标签的直接子节点或所有子孙节点进行遍历显示。

```
soup. head. children                    #list 生成器
list(soup. head. children)              #转换显示
list(soup. body. children)
for child in soup. body. children:      #对标签的 children 进行循环遍历显示
    print(child. name)
for child in soup. body. descendants:   #对标签的 descendants 进行循环遍历显示
    print(child. name)
```

另外,遍历经常需要用到 strings 和 stripped_strings 属性。如果 Tag 中包含多个字符串,可以使用 strings 属性来循环获取。

```
for string in soup. strings:
    print(string)
```

网页中的字符串可能包含很多空格或空行,如果使用 stripped_strings 属性可以去除多余空白内容。

```
for string in soup. stripped_strings:
    print(string)
```

2. 上行遍历

每个 Tag 或字符串都有父节点，从子节点元素开始，不断寻找父节点，可以向文档的根节点进行上行遍历。BeautifulSoup 为上行遍历提供了两个属性，如表 1.5.12 所示。

属　　性	说　　明
parent	节点的父亲标签，仅一个
parents	节点的父辈标签，包含父节点、父节点的父节点及以上节点

▶表 1.5.12
上行遍历的两个属性

通过 parent 属性可以获取某个元素的父节点。例如 title 标签的父节点为 head 标签，类型为 bs4.element.Tag；而 Tag 中的字符串的父节点为 Tag 本身。顶层节点，如 html 节点，它的父节点类型为 BeautifulSoup，而 BeautifulSoup 对象的父节点为 None。

```
print(soup.title.parent)            # <head><title>网络爬虫之学习</title></head>
print(type(soup.title.parent))                #<class 'bs4.element.Tag'>
print(soup.title.parent.name)             # head
print(soup.title.string.parent.name)          # title
print(type(soup.html.parent))             #<class 'bs4.BeautifulSoup'>
print(soup.parent)                    # None
```

通过 parents 属性可以遍历得到元素的所有父辈节点。例如，从<a>标签到根节点的所有节点的上行遍历代码如下：

```
soup = BeautifulSoup(demo,"html.parser")
for parent in soup.a.parents：
    if parent is None：
        print (parent)
    else：
        print(parent.name)
```

3. 平行遍历

在平行节点之间横向遍历称为平行遍历。平行节点就是兄弟节点，它们的父节点相同。BeautifulSoup 为平行遍历提供了 4 个属性，如表 1.5.13 所示。

属　　性	说　　明
next_sibling	HTML 文本顺序的下一个平行节点标签
previous_sibling	HTML 文本顺序的上一个平行节点标签
next_siblings	迭代类型，HTML 文本顺序的后续（下面）所有平行节点标签
previous_siblings	HTML 文本顺序的之前（上面）的平行节点标签

▶ 表 1.5.13
平行遍历的 4
个属性

平行遍历时要注意，获取的 HTML 文档中 Tag 的 next_sibling 和 previous_sibling 属性除了 Tag 之外，经常也会是字符串或空白符，如\n 换行符等，这些字符串的类型为 NavigableString。

```
print(soup. p. next_sibling)
print(soup. p. next_sibling. next_sibling)
print(soup. p. next_sibling. next_sibling. name)
for child in soup. p. next_sibling. next_sibling. descendants：
    print(child. name)
```

可通过判断元素的 name 属性是否为 None 来确定该元素是否为 NavigableString。

```
if soup. p. next_sibling. name is None：
    print("NavigableString!")
```

5.2.4　基于 BeautifulSoup 库的 HTML 内容查找方法

BeautifulSoup 库定义了很多查找方法，最常用的方法是 find_all()和 find()，其他方法的参数和用法类似。

1. find_all()方法

find_all()是 BeautifulSoup 库提供的一个专用查找指定名称的标签的方法，其语法格式为

find_all(name,attrs,recursive,string, ** kwargs)

find_all 搜索当前标签的所有子节点，并判断是否符合过滤器的条件。可以由搜索范围的 Tag 或 BeautifulSoup 对象调用 find_all()方法，name 为要查找的标签名称，函数返回一个列表，包含所有符合名称的标签。

由于列表可遍历，可以使用 for 语句遍历整个搜索结果列表，列表中的元素类型仍然为 bs4. element. Tag。当想要获取多个类型的标签时，可以将一个包含有要查找标签名称（字符串类型）的列表作为参数传入标签。当想要获得这个 soup 中的所有标签（相当于树遍历）时，可以将参数变为 True。下面具体讲解每个参数的含义。

（1）name 参数

查找所有名字为 name 的标签，字符串对象会被自动忽略。name 参数有以下几种形式。

① 字符串。最简单的过滤器是字符串。在搜索方法中传入一个字符串参数，BeautifulSoup 会查找与字符串完整匹配的内容。例如，查找文档中所有的＜a＞标签。

```
soup. find_all('a')
```

② 正则表达式。BeautifulSoup 会通过正则表达式的 match()来匹配内容。例如，找出所有以 b 开头的标签，结果包括了＜body＞和＜b＞。

```
import re                              #引入正则表达式
for tag in soup. find_all(re. compile('^b')):
    print ('tag. name')
```

③ 列表。BeautifulSoup 会将与列表中任一元素匹配的内容返回。例如，查找文档中 body 标签下所有的＜a＞标签和＜b＞标签。

```
soup. body. find_all(['a','b'])              #注意参数为列表形式
```

④ True。True 可以匹配任何值。例如，查找所有的标签，但是不会返回字符串节点。

```
for tag in soup. find_all(True):
    print(tag. name)
```

⑤ 方法。自己定义一个方法，这个方法只接受一个元素参数。如果这个方法返回 True，则表示当前元素匹配并被找到；反之则返回 False。例如，定义一个方法用于校验当前元素，如果包含 class 属性且包含 id 属性，那么将返回 True。

```
def has_class_and_id(tag):
    return tag. has_attr('class') and tag. has_attr('id')
```

将这个方法作为参数传给 find_all()方法，将得到所有符合条件的标签。

```
soup. find_all(has_class_and_id)
```

（2）attrs 参数

attrs 参数有以下几种形式。

① keyword。如果一个指定名字的参数不是搜索内置的参数名，搜索时会把该参数作为标签的指定名字的属性来搜索。例如，搜索所有 id 属性为"link2"的

标签。

```
soup. find_all(id='link2')
```

例如，搜索所有 href 属性中包含"example"的标签。

```
soup. find_all(href=re. compile("example"))
```

例如，搜索同时满足 href 属性和 id 属性条件的标签。

```
soup. find_all(href=re. compile("example"), id='link2')
```

例如，搜索满足 class 属性为"method"的<a>标签，由于 class 是 Python 的关键词，使用时需加下画线。

```
soup. find_all("a", class_="method")
```

也可以将 attrs 参数设置为一个字典，用来搜索包含特殊属性的标签。

```
soup. find_all("a",attrs={"class":"method"})
```

② text。通过 text 可搜索文档中的字符串内容。与 name 参数的可选值类似，text 也可以是字符串、正则表达式、列表、True 等。

```
soup. find_all(text="正则表达式")
soup. find_all(text=["BeautifulSoup","正则表达式"])
soup. find_all(text=re. compile("爬虫"))
```

③ limit。find_all()方法返回所有符合条件的结果时，当文档数很大时搜索时间就会较长。因此当不需要返回全部结果时，可以使用 limit 参数。当搜索到的结果数量达到 limit 时，就立即停止搜索并返回结果。例如，搜索文档树中的<p>标签时，利用 limit 参数限制查找前两个符合条件的结果。

```
soup. find_all("p", limit=2)
```

（3）recursive 参数

标签调用 find_all()方法时，默认遍历该标签下的所有子孙节点。如果只想搜索标签的直接子节点，可以使用 recursive=False 来进行限定。

```
soup. html. find_all("a")                   #在 html 标签下的所有子孙内查找 a 标签
soup. html. find_all("a",recursive=False) #在 html 标签下的直接子节点中查找 a 标签
```

（4）string 参数

string 参数可以搜索标签主体内容，返回类型为 NagivableString，但要求必须精

确匹配的内容才能搜索到，实际没有太大意义，通常使用正则表达式标准库 re 来完成正则表达式的匹配搜索。

2. find( )方法

find( )方法将返回文档中符合条件的一个结果，其语法格式为

find(name, attrs, recursive, string, ∗∗kwargs)

find_all( )方法返回的是所有符合条件元素组成的列表，而 find( )方法返回单个元素。当没有找到结果时，find_all( )方法返回空列表，而 find( )方法返回 None；当只有或者仅限找到一个结果时，find_all( )方法的返回结果是只包含一个元素的列表，而find( )方法直接返回结果。所以当只想得到一个结果时，使用 find_all( )方法并设置 limit=1 时，不如直接使用 find( )方法方便。例如

```
soup. find_all('title', limit=1)        #结果为[<title>网络爬虫之学习</title>]
soup. find('title')                     #结果为<title>网络爬虫之学习</title>
```

3. 其他查找方法

除了 find_all( )和 find( )方法外，BeautifulSoup 库还提供了其他搜索方法，如表 1.5.14 所示。这些方法的参数与 find_all( )方法相同，只是搜索 HTML 文档的不同部分。

方　　法	说　　明
find_parents( )	查找所有父辈节点中符合条件的节点，返回列表
find_parent( )	查找符合参数条件的直接父节点，只返回一个结果
find_next_siblings( )	查找所有符合条件的后续平行节点，返回一个列表
find_next_sibling( )	查找符合条件的后续第 1 个节点，返回一个结果
find_previous_siblings( )	查找所有符合条件的之前平行节点，返回一个列表
find_previous_sibling( )	查找符合条件的之前一个平行节点，返回一个结果

▶表 1.5.14
　BeautifulSoup
的其他搜索方法

这些搜索方法都是对相应父辈、平行节点属性的迭代搜索。例如：

```
soup. find(text="正则表达式"). find_parent("p")
soup. a. find_next_siblings("a")
soup. find("a", id="link2"). find_previous_sibling("a")
soup. find("p", "result"). find_previous_siblings("p")
```

5.2.5 应用案例

1. 提取豆瓣电影

【例 5.11】 在豆瓣网站上爬取上海当前放映的电影名称、标题、导演、演员。

在准备爬取网站之前，首先检查该网站的 Robots 协议，然后在 Chrome 浏览器开发者工具窗口的 Network 选项卡中观察豆瓣网页的 HTML 代码整体结构，如图 1.5.14 所示。文档开头 DOCTYPE 定义了文档类型，其次最外层是<html>标签对，以<html>开始，以</html>结束表示闭合。内部包括<head>标签对和<body>标签对，分别代表网页头和网页体。<head>标签内定义了一些页面的配置和引用，如<title>标签定义了网页的标题，即网页的选项卡内容；<body>标签定义了网页正文中显示的内容。其中包括很多不同类型的标签，例如<div>标签定义了网页中的区块，它们有各自唯一的 id，通常会有 class 属性，class 属性经常与 CSS 配合使用来设定样式；<p>标签代表一个段落；<a>标签定义超链接，其中 href 属性指定链接的目标；<li>标签定义列表项目。

```
<!DOCTYPE html>
<html lang="zh-CN" class="ua-windows ua-webkit">
  ▶ <head>…</head>
··· ▼ <body> == $0
      <script type="text/javascript">var _body_start = new Date();</script>
      <link href="//img3.doubanio.com/dae/accounts/resources/d3e2921/shire/bundle.css" rel="stylesheet" type="text/css">
    ▶ <div id="db-global-nav" class="global-nav">…</div>
    ▶ <script>…</script>
      <script src="//img3.doubanio.com/dae/accounts/resources/d3e2921/shire/bundle.js" defer="defer"></script>
      <link href="//img3.doubanio.com/dae/accounts/resources/d3e2921/movie/bundle.css" rel="stylesheet" type="text/css">
    ▶ <div id="db-nav-movie" class="nav">…</div>
```

图 1.5.14 豆瓣网站部分源代码

观察要提取的电影名称所在的标签，如图 1.5.15 所示。例如电影名称《中国医生》为<li>标签的 data—title 属性，而所有包含电影名称的<li>标签，其 id 不同，但 class 属性都为 list—item。于是，代码先通过 requests 库对 URL 发起 get 请求，获得一个 Response 对象，就是获取的页面内容，此处是 HTML 代码。通过 Beautiful-Soup 库对接收到的响应内容进行解析，得到一个 BeautifulSoup 对象，然后在其中搜索得到所有 class 属性为 list—item 的<li>标签，最后遍历获取的<li>标签，通过其 data—title 属性获取每一部电影名称。

在以下代码中，先通过 requests 库对 URL 发起 get 请求，并获得返回的 Response 对象，即页面内容 HTML 代码。再利用 BeautifulSoup 库对 HTML 内容进行解析，通过 find_all()方法搜索定位到电影标题所在的<li>标签，并输出其 data—title 属性值，即电影标题。同样地，可以通过 id、data—actors、data—director 属性获取电影 ID、演员和导演,并把同一部电影的所有信息存放在一个字典里。遍历页面中的所有电影,并将存放其信息的字典一一添加到列表中,最后根据列表将获取的电影信息存储在文件中。

图 1.5.15 电影名称所在的标签

程序代码如下:

```python
import requests
from bs4 import BeautifulSoup
headers = {'User-Agent':"Mozilla/5.0 (Windows NT 10.0; Win64; x64) AppleWebKit/
537.36 (KHTML, like Gecko) Chrome/74.0.3729.108 Safari/537.36"}
url = "https://movie.douban.com/cinema/nowplaying/shanghai/"
#获取页面信息
response = requests.get(url,headers=headers)
content = response.text
#分析页面
soup = BeautifulSoup(content, 'html.parser')
#找到所有的电影信息对应的 li 标签
movie_list = soup.find_all('li', class_='list-item')
#存储所有电影信息[{'title':'名称','id':'id 号'}]
```

```
movies_info = []
#依次遍历每一个 li 标签,提取所需要的信息
for item in movie_list：
    now_movies_dict = {}
    name = item['data-title']
    print(name)
    now_movies_dict['标题'] = name
    now_movies_dict['ID'] = item['id']
    now_movies_dict['演员'] = item['data-actors']
    now_movies_dict['导演'] = item['data-director']
    movies_info. append(now_movies_dict)
with open('movies. txt', 'w') as f：
    for item in movies_info：
        for key in item：
            f. write(key+"："+item[key] + '\n')
        f. write('\n')
```

运行的部分结果和保存的文件如图 1.5.16 所示。

图 1.5.16　运行的部分结果和保存的文件

2. 提取博客园网站信息

　　【例 5.12】　提取博客园网站的论坛标题、文章时间、标题和摘要,如图 1.5.17 所示。观察开发者工具窗口中的源代码,如图 1.5.18 所示,发现论坛标题"华为开发者论坛"处于一个 id 属性为 Header1_HeaderTitle 的＜a＞标签的文本中：＜a id= "Header1_HeaderTitle" class="### " href="###"＞华为开发者论坛＜/a＞。而每篇文章的日期位于 class 属性为 dayTitle 的标签下,标题在 class 属性为 postTitle 的

<div>标签下，摘要在 class 属性为 c_b_p_desc 的标签下。

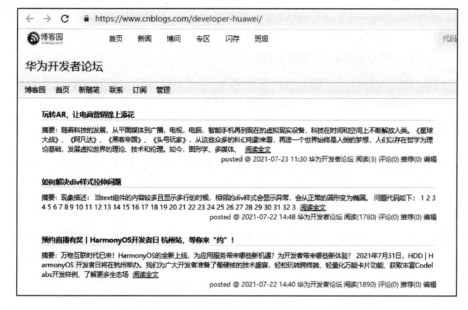

图 1.5.17 博客园页面

图 1.5.18 博客园页面部分源代码

提取页面信息的程序代码如下：

```
from bs4 import BeautifulSoup
import requests
r＝requests. get('https：//www. cnblogs. com/developer－huawei/') #请求博客园首页
soup＝BeautifulSoup(r. content,'html. parser')          #使用 html. parser 解析 html
t＝soup. find("a",id="Header1_HeaderTitle"). get_text()  #论坛标题
print("博客标题：",t)
tags＝soup. find_all(class_="dayTitle")              #文章日期
```

```
titles＝soup.find_all("div",class_＝"postTitle")        #文章标题
abstracts＝soup.find_all(class_＝"c_b_p_desc")          #文章摘要
for i in range(len(tags)):                             #显示获取信息
    print("日期：",tags[i].a.string)
    print("文章：",titles[i].a.text.strip())
    print(abstracts[i].contents[0].strip()＋'\n')
```

3. 提取豆瓣图书 Top 250 信息

【例 5.13】 提取豆瓣图书 Top 250 页面的所有书名、作者、出版社、评分和简介信息。

先分析题目希望获取的信息，如图 1.5.19 中框形所示。然后在浏览器的开发者工具中查看源码，定位到需要提取的数据位置，如图 1.5.20 所示。可以看到每本书的所有信息包含在一个 valign＝"top"的＜td＞标签下，但不是所有符合此属性的标签都符合条件，所以可以通过标签下有没有书名 title 细节信息加以判断。在符合条件的＜td＞标签下，＜a＞标签的 title 属性为书名信息；class 属性为 pl 的＜p＞标签的文本信息为作者和出版社信息；class 属性为 rating_nums 的＜span＞标签的文本信息为评分信息；class 属性为 inq 的＜span＞标签的文本信息为书的简介，但不是所有书都有简介，所以可将其放在 try 语句里执行。

图 1.5.19　豆瓣图书 Top 250 页面

```
▼<td valign="top">
  ▼<div class="pl2">
    <a href="https://book.douban.com/subject/1007305/" onclick=""moreurl(this,{i:'0'})"" title="红楼梦"> 红楼梦 </a> == $0
    "   "
    <img src="https://img3.doubanio.com/pics/read.gif" alt="可试读" title="可试读">
  </div>
  <p class="pl">[清] 曹雪芹 著 / 人民文学出版社 / 1996-12 / 59.70元</p>
  ▼<div class="star clearfix">
    <span class="allstar50"></span>
    <span class="rating_nums">9.6</span>
    <span class="pl">( 340346人评价 )</span>
    ::after
  </div>
  ▼<p class="quote" style="margin: 10px 0; color: #666">
    <span class="inq">都云作者痴，谁解其中味？</span>
  </p>
</td>
```

图 1.5.20　豆瓣图书 Top 250 部分源代码

以上所有信息可以使用 BeautifulSoup 库的 find_all()方法进行搜索定位，各信息获取的方法也类似，只是所处的标签不同。然后可以将每本书的这些信息添加在一个列表中，以便其后使用。

另外，Top 250 数据分布在 10 个页面中，怎么获得到所有数据呢？检查页面的 URL，发现第 1 页的网址与第 10 页的网址中参数 start 每增一页递加 25，依此规律，可通过循环自动产生页面地址，并获得每页的数据信息。

综上所述，程序代码如下：

```
import requests
from bs4 import BeautifulSoup
headers = {"User-Agent":"Mozilla/5.0 (Windows NT 10.0; WOW64) AppleWebKit/
537.36 (KHTML, like Gecko) Chrome/63.0.3239.84 Safari/537.36"}
top_li=[]
for i in range(0,250,25):
    urlc="https://book.douban.com/top250?start="
    urli=urlc+str(i)                                        #获取页面 url
    response=requests.get(urli,headers=headers)
    response.encoding=response.apparent_encoding
    soup=BeautifulSoup(response.text,'lxml')                #解析
    books=soup.find_all('td',attrs={'valign':'top'})
    for item in books:
        if 'title' not in item.a.attrs:
            continue
        name=item.a['title']                                #书名
        author=item.find('p',class_='pl').string            #作者
```

```
        score＝item. find('span',class_＝'rating_nums'). string        #评分
        try：
            sums＝item. find('span',class_＝'inq'). string            #简介
        except：
            sums＝''
        data='书名：'＋name＋'作者：'＋author＋'评分：'＋score＋'简介：'＋sums＋'\n'
        top_li. append(data)
for item in top_li：
    print(item＋'\t')
```

代码运行后部分结果如图 1.5.21 所示。

书名:红楼梦 作者:[清] 曹雪芹 著 / 人民文学出版社 / 1996-12 / 59.70元 评分:9.6 评价:都云作者痴，谁解其中味？

书名:活着 作者:余华 / 作家出版社 / 2012-8-1 / 20.00元 评分:9.4 评价:生的苦难与伟大

书名:百年孤独 作者:[哥伦比亚] 加西亚·马尔克斯 / 范晔 / 南海出版公司 / 2011-6 / 39.50元 评分:9.3 评价:魔幻现实主义文学代表作

书名:1984 作者:[英] 乔治·奥威尔 / 刘绍铭 / 北京十月文艺出版社 / 2010-4-1 / 28.00 评分:9.4 评价:栗树荫下，我出卖你，你出卖我

书名:飘 作者:[美国] 玛格丽特·米切尔 / 李美华 / 译林出版社 / 2000-9 / 40.00元 评分:9.3 评价:革命时期的爱情，随风而逝

图 1.5.21　获取豆瓣图书 Top 250 部分结果

5.3　关键信息提取

5.1 节介绍了通过 requests 库方法发起请求，得到响应对象；5.2 节介绍了从 HTML 响应主体中解析页面标签树，并可通过遍历、搜索得到需要的精确信息。但是在使用 find() 方法搜索中，当搜索条件精确匹配时，搜索方法才能搜索到所需内容。而在爬虫实际应用中，经常需要获取某一类具有共同特征、而不一定具备相同属性的一组标签数据，此时可以使用正则表达式进行表达式匹配。

正则表达式是对字符串操作的一种逻辑公式，就是用事先定义好的一些特定字符和这些特定字符的组合，组成一个"规则字符串"，这个"规则字符串"用来表达对字符串的一种过滤逻辑。

例如，对于想在 BeautifulSoup 对象 soup 中找出所有以 b 开头的标签，使用如下代码，就是通过创建正则表达式"^b"作为一个规则字符串，过滤出所有以 b 字符开头的字符串。

```
for tag in soup. find_all(re. compile("^b")):
    print(tag. name)
```

又例如，通过 requests 库的 get()方法获得网页 HTML 内容后，想对它进行处理和提取，如下载网页中存在的图片，需要找出所有内容中以 jpg 或者 png 等结尾的字符串，可以利用正则表达式将其提取出来。

所以，给定一个正则表达式和待匹配的字符串，可以达到如下目的：

① 匹配。待匹配的字符串是否符合正则表达式的过滤逻辑。

② 过滤。通过正则表达式，从待匹配字符串中获取想要的特定部分。

5.3.1 引例——提取微博信息

【例 5.14】 爬取《三联生活周刊》官方微博的文章标题和链接。

（1）观察网页

首先在浏览器中输入爬取的网址，大体浏览网页内容，页面呈现了多篇博文，包含每篇文章的标题和摘要等，标题上带有文章的链接，如图 1.5.22 所示。

图 1.5.22 《三联生活周刊》官方微博

（2）分析源代码

了解大体情况后，打开开发者工具窗口，观察源代码中需要爬取的信息，如图 1.5.23 所示，在所有 class 属性为 blog_title 的<div>标签下，其<a>标签内容为博客文章的标题，<a>标签的 href 属性值为文章的链接。

```
▼<div id="t_10001_470bf2570102xgi2" class="blog_title">
    <a href="http://blog.sina.com.cn/s/blog_470bf2570102xgi2.html"
    target="_blank">莼鲈之思：舌尖3文会宴中的花鲈故事</a> == $0
  </div>
```

图 1.5.23　微博部分源代码

（3）数据获取

根据上述分析获取数据，先爬取网页源代码，然后直接在源代码中使用正则表达式搜索匹配的格式，并提取文章的链接和标题。

```
import re
import requests
url = "http://blog.sina.com.cn/lifeweek"
r=requests.get(url)
r.encoding=r.apparent_encoding
#获取所有包含文章标题的 div 标签信息
all_title=soup.find_all('div',class_='blog_title')
#获取所有文章链接和标题
for ti in all_title:
    p=r'<a.*?href="(.*?)".*?>(.*?)</a>'
    t2 = re.findall(p, str(ti))
    for t in t2:
        print(t[0],t[1])
```

运行后部分信息结果如图 1.5.24 所示。

```
http://blog.sina.com.cn/s/blog_470bf2570102xgi2.html 莼鲈之思：舌尖3文会宴中的花鲈故事
http://blog.sina.com.cn/s/blog_470bf2570102xb9a.html 读书 | 一个人睡是很自然的一件事
http://blog.sina.com.cn/s/blog_470bf2570102xb99.html 与C罗面对面：做任何事情都需要天赋
```

图 1.5.24　获取微博网页信息的部分结果

5.3.2　正则表达式的构成

正则表达式是一组可以匹配或过滤一类字符串的表达式。在爬虫程序中，通过提取网页中与正则表达式相匹配的字符串，就可以获取想要的字符串。本节简单介绍正则表达式的语法和语法规则。

正则表达式主要由普通字符与限定符（也称匹配模式）构成。普通字符用于限定具体的文本内容，限定符则用于限定这些具体内容的组织结构。

用于匹配字符的语法符号如表 1.5.15 所示。

语　法	说　明	实　例	结　果
一般字符	匹配自身	xyz	xyz
.	匹配任意单个字符，除了换行符	x.z	xyz
\	转义字符，使后一个字符改变原来意思	x\.z x\\z	x.z x\z
[...]	字符集，匹配方括号字符集中的任意一个字符。字符集中的字符可以逐个列出，也可以给出范围，如[abc]或[a—c]	x[abc]z x[a—c]z	xaz xbz xcz
[^...]	取反，字符写在^后面，不匹配方括号中的任意一个字符，如[^abc]表示非 a、b、c 的其他字符	x[^abc]z	xdz

▶表 1.5.15

匹配字符的语法符号

有一些通过"\"转义的特殊符号提供了某些特殊用法，如表 1.5.16 所示。

语　法	说　明	实　例	结　果
\d	任意数字，相当于 0～9	x\dz	x5z
\D	任意非数字，相当于[^\d]	x\Dz	xyz
\s	任意一个空白符，如[<空格>\t\r\n\f\v]	x\sz	x z
\S	任意非空白符，相当于[^\s]	x\Sz	xyz
\w	一个单词字符，可取字母、数字、下画线	x\wz	xyz x5z
\W	一个非单词字符，可取非字母、数字、下画线	x\Wz	x z

▶表 1.5.16

转义的特殊符号

数量词用在字符或者子表达式之后，常见的语法符号如表 1.5.17 所示。

语　法	说　明	实　例	结　果
*	匹配前一个字符或子表达式 0 次或无限次	xyz*	xy xyzzz
+	匹配前一个字符或子表达式 1 次或无限次	xyz+	xyz xyzzz
?	匹配前一个字符或子表达式 0 次或 1 次（跟在任何一个其他限制符（*，+，?，{n}，{n,}，{n,m}）后面时，属于非贪婪方式匹配）	xy(xz)?	xy xyxz
{m}	匹配前一个字符或子表达式 m 次	xy{2}z	xyyz
{m,n}	匹配前一个字符或子表达式 m～n 次（含 m 和 n）。省略 m，匹配 0～n 次；省略 n，匹配 m 至无限次（属于贪婪模式）	xy{1,2}z	xyz xyyz

▶表 1.5.17

数量词的语法符号

边界匹配符不消耗待匹配字符串中的字符，常见的语法符号如表 1.5.18 所示。

表 1.5.18
边界匹配符的
语法符号

语　法	说　明	实　例	结　果
^	匹配字符串的开头，写在正则表达式最前面	^xyz（匹配以 xyz 开头的字符串）	xyz xyzabc
$	匹配字符串的末尾，写在正则表达式最后面	xyz$（匹配以 xyz 结尾的字符串）	xyz abcxyz

用于逻辑分组的语法符号如表 1.5.19 所示。

表 1.5.19
逻辑分组的语
法符号

语　法	说　明	实　例	结　果
|	| 的左侧或右侧表达式任意匹配一个	xyz | abc	xyz abc
(…)	被括起来的子表达式将作为分组；分组子表达式作为一个整体，可以后接数量词；子表达式中的 "|" 仅在该组中有效	(xyz){2} x(123|456)z	xyzxyz x456z

基于上述规则写的正则表达式，可以到 OSCHINA 网站提供的正则表达式在线测试工具中进行测试。表 1.5.20 列出一些常用的正则表达式。

表 1.5.20
常用的正则表
达式

说　明	正则表达式
数字表达式	^[0-9]*$或^\d*$
n 位数字表达式	^\d{n}$
零或非零开头的数字表达式	^(0|[1-9][0-9]*)$
非零开头且最多带两位小数的数字	^([1-9][0-9]*)+(.[0-9]{1,2})?$
正数、负数和小数	^(\-|\+)?\d+(\.\d+)?$
汉字	^[\u4e00-\u9fa5]{0,}$
由数字、26 个英文字母或者下画线组成的字符串	^\w+$
E-mail 地址	^\w+([-+.]\w+)*@\w+([-.]\w+)*\.\w+([-.]\w+)*$
域名	[a-zA-Z0-9][-a-zA-Z0-9]{0,62}(/.[a-zA-Z0-9][-a-zA-Z0-9]{0,62})+/.?
密码（以字母开头，长度在 6～18，只能包含字母、数字和下画线）	^[a-zA-Z]\w{5,17}$
强密码（必须包含大小写字母和数字的组合，不能使用特殊字符，长度在 8～10）	^(?=.*\d)(?=.*[a-z])(?=.*[A-Z]).{8,10}$
日期格式	^\d{4}-\d{1,2}-\d{1,2}

5.3.3　正则表达式的使用

正则表达式的使用步骤如图 1.5.25 所示。

图 1.5.25　正则表达式的使用步骤

① 使用 compile()函数将正则表达式的字符串编译为一个正则表达式对象，包含如何进行匹配的一些参数。

② 通过正则表达式对象提供的一系列方法或函数对待匹配文本进行匹配或查找，获得匹配或查找结果，包含成功匹配的信息，如匹配到的字符串、分组以及在文本中的索引。

③ 使用匹配结果提供的属性和方法获得信息，根据需要进行后续操作。

1. compile( )函数

compile()函数用于编译正则表达式字符串，生成一个正则表达式对象，方便用于匹配、搜索等方法。compile()函数语法格式为

re. compile(pattern[, flags = 0])

其中 pattern 是正则表达式的字符串或原生字符串；flags 是正则表达式使用时的控制标记，用来设定匹配的特定条件，常用选项如表 1.5.21 所示。

选　项	说　明
re. I	忽略大小写
re. M	多行匹配
re. S	匹配包括换行符在内的所有字符
re. L	特殊字符集（\w, \W, \b, \B, \s, \S），依赖于当前环境
re. U	使用 Unicode 字符集识别特殊字符集（\w, \W, \b, \B, \d, \D, \s, \S）

▶表 1. 5. 21
flags 常用的控制标记

接下来可以使用正则表达式对象通过匹配或查找函数，如 match()、search()、findall()等，对待匹配文本进行匹配。

下面的语句将一个正则表达式编译成 pattern 对象 p，然后利用 match()函数对文本 string 进行匹配。

```
p = re. compile(pattern)
result = p. match(string)
```

这两句也等价于以下语句：

```
result = re. match(pattern, string)
```

以上两种方法等价，前者为面向对象用法，常用于编译后进行多次操作；后者为函数式用法，用于一次性操作。对于同一个模式需要匹配多次时，可采用第一种方法，通过编译的正则表达式对象在使用相对应的函数或方法时，不需再次输入第二种方法的 re 类的参数 pattern。

例如，以下正则表达式匹配到字符串首的第一个数字字母串。

```
p = re. compile(r'\w+')
result＝re. match(p,'Hello 01—01！')
print(result. group(0))
```

Python 中的正则表达式功能通过标准库 re 实现，re 库提供的常用函数如表 1.5.22 所示。

▶表 1.5.22
re 库的常用
函数

函　　数	说　　明
compile()	生成一个正则表达式对象实例
match()	从字符串头开始匹配正则表达式，返回 match 对象
search()	在字符串中搜索匹配正则表达式的第一个位置，返回 match 对象
sub()	检索并替换匹配子串
findall()	搜索字符串，找到所有匹配正则表达式的子串，返回列表
finditer()	搜索字符串，返回一个匹配结果的迭代类型，每个迭代元素是一个 match 对象
split()	将字符串中符合模式的子串作为分隔符分割字符串，返回列表

2. match( )函数

match()函数从字符串的起始位置（或指定位置）开始匹配正则表达式，如果匹配到一个结果，就返回相应的匹配对象（match 对象）；如果匹配不成功，则返回 None。

注意：即使在多行匹配模式（re. M）下，match()函数只会匹配字符串的开头，而不是每行的开头。

match()函数的格式为

re. match(pattern,string[,flags＝0])

例如：

```
m = re. match('dog', 'dog and cat')
print(m)
print(m. group(0))
print(m. start())
print(m. end())
```

结果显示为

<re. match object；span＝(0，3)，match='dog'>

dog

0

3

说明 m 是一个 match 对象，匹配结果的范围为 (0,3)，匹配的结果为 dog。

match 对象提供的方法（属性）和说明如表 1.5.23 所示。

方　　法	说　　明
start()	返回匹配到字符串的开头位置
end()	返回匹配到字符串的末尾位置
span()	返回匹配到字符串的开头和结尾，以元组形式
group()	返回匹配到的字符串内容

▶表 1.5.23 match 对象提供的方法和说明

group() 或 group(0) 将获得整个匹配的子串；group(n)（n 非 0）将返回第 n 组匹配到的结果（组是指小括号，一对括号看左括号，越靠左组号越小），如果遇到一组重复匹配则仅给出最后一轮匹配结果；groups() 函数输出一个所有组的元组。

例如：

```
pattern = re. compile(r'([a—z]＋)([a—z]＋)', re. I)        # re. I 表示忽略大小写
m = pattern. match('Hello World Wide Web')
print(m. group(0))                # 返回匹配成功的整个子串
print(m. span(0))                 # 返回匹配成功的整个子串的索引
print(m. group(1))                # 返回第 1 个分组匹配成功的子串
print(m. span(2))                 # 返回第 2 个分组匹配成功的子串的索引范围
print(m. groups())                # 等价于（m. group(1)，m. group(2)，…）
```

但是 m. group(3) 会因为不存在第 3 个分组而报错。

一般来说，程序通过常规匹配、泛匹配、目标匹配、贪婪匹配、非贪婪匹配等方式进行匹配。

在常规匹配中，从字符串的起始位置开始匹配到字符串末尾，正则表达式一般比较详细精确。例如：

```
import re
content= "Hello 01-01! Happy new year!"
result = re. match("Hello\s\d\d-\d{2}!\s\w{5}\s\w{3}\syear!$',content)
print(result)
print(result. group())                    #获取匹配的结果
print(result. span())                     #获取匹配字符串的长度范围
```

但其实程序中的正则表达式并不非常简便，需要进行更改。

在泛匹配中，用 . * 表示任意字符。对于上面的 content，采用如下的匹配语句，匹配的结果一致，但是写起来简便很多。

```
result = re. match("Hello. * year!$',content)
```

为了匹配字符串中具体目标时，需要通过括号括起来进行目标匹配。

```
result = re. match("Hello\s(\d+)-(\d+)!. * year!$',content)
print(result. group())
print(result. group(1))
print(result. group(2))
```

此时，group(1)获取的就是第 1 个括号中匹配的结果，group(2)是第 2 个括号中匹配的结果。

编写正则表达式时，期望尽可能多地匹配字符，可以采用限定符 * 、+、?、{ }形成贪婪匹配模式。当期望正则表示式尽可能少地匹配字符时，可以在这些限定符后加上? 修饰符，使其变为 * ?、+ ?、? ?、{ }?，变为非贪婪匹配模式。例如：

```
content1='abbbbb'
re0=re. match('ab?',content1)
re1=re. match('ab * ',content1)
re2=re. match('ab??',content1)
re3=re. match('ab{2,4}?',content1)
re4=re. match('ab{2,4}',content1)
content2='<p>Hello</p>'
re5=re. match('<. +?>',content2)
re6=re. match('<. +>',content2)
```

结果显示出来后，发现对于字符串 "abbbbb"，模式 'ab * '将匹配'abbbbb'（优先匹配出现多次）；模式 'ab?'将匹配'ab'（优先匹配出现一次）；模式 'ab??'将匹配'a'（优先匹配出现零次）；模式 'ab{2,4}?'将匹配 abb（两个 b，尽量少）；模式 'ab{2,4}'将匹配abbbb（4 个 b，尽量多）。

对于 HTML 代码中的<p>标签'<p>Hello</p>'，模式'<.＋>'将匹配'<p>Hello</p>'（整个字符串可完全匹配，尽量多），模式'<.＋?>'将匹配'<p>'（尽量少）。

又如：

```
content＝ "Hello 20220101! Happy new year!"
re1＝ re. match('^H. ＊(\d＋). ＊!',content)          #贪婪
re2＝ re. match('^H. ＊?(\d＋). ＊!',content)         #非贪婪
print(re1. group(1))
print(re2. group(1))
```

re1. group(1)只匹配到了数字串中最后的 1，并没有匹配到 20220101，原因是其正则表达式中使用的为贪婪模式，会匹配尽量多的任意字符（换行符除外），所以分组匹配到的结果为 1。而 re2 使用的正则表达式的非贪婪模式，会匹配尽量少的任意字符，所以 re2. group(1)，即匹配到的结果为 20220101。

有时，可通过使用 flags 参数中的 re. S 实现模式匹配。例如：

```
content='''Hello
20220101!
Happy new year!'''
re1＝ re. match('^H. ＊?(\d＋). ＊!$',content,re. S)
re2＝ re. match('^H. ＊?(\d＋). ＊!$',content)
```

结果显示出来后，发现当使用 re. S 参数时，可以匹配到包括换行符的任意字符，所以能正确匹配到想要的结果。

当要匹配的内容中存在特殊字符时，需要用到转义符号"\"进行匹配。例如：

```
content＝ "How Much Is $5. 00?"
re1＝ re. match('How Much Is \$5\. 00\?',content)
```

编写正则表达式时，根据各种匹配模式可以发现，在满足基本要求下，尽量使用泛匹配，以减少表达式的复杂度。需要获取匹配目标时，在正则表达式中使用括号，且根据 group(n)依次得到不同目标的匹配结果。而且当使用括号得到匹配目标时，尽量使用非贪婪匹配，并使用 re. S 以匹配换行符。

3. search( )函数

search()函数与 match()函数极其类似，区别在于 match()函数从字符串的起始位置或指定位置开始匹配，而 search()函数会扫描整个字符串进行匹配，查找到第一个匹配项后停止查找并返回相应的匹配对象。match()函数只有在起始或指定的位置匹

配成功才有返回值；否则返回 None。search()函数将从任何位置开始尝试匹配，如果匹配到，同样返回一个 match 对象；如果没有匹配到，则返回 None。

例如，在字符串中查找第一个出现的 Happy。

```
m＝re. search(r'Happy', 'Hello 01－01! Happy new year!')
print(m)
```

结果显示为

　　＜re. Match object；span＝(13，18)，match='Happy'＞

search()函数的格式为

re. search(pattern，string[，flags＝0])

或者先用 compile()函数将正则表达式 pattern 编译生成 Pattern 对象，再调用 search()函数。

```
p＝re. compile(pattern[，flags ＝ 0])
p. search(string[，pos[，endpos]])
```

注意：因为 search()函数是扫描整个字符串，所以它使用的正则表达式不需要^和 $。即使在多行匹配模式中，match()函数只匹配字符串的开头，而 search()函数会匹配每行的开头。

例如，比较 match()和 search()函数的用法如下：

```
re. match('X', 'A\nB\nX', re. M)                        # 不匹配
re. search('^X', 'A\nB\nX', re. M)                      # 匹配成功
```

例如，在字符串中搜索第一个数字串。

```
pattern ＝ re. compile('\d＋')
m ＝ pattern. search('one12twothree34four')
print(m. group())
m ＝ pattern. search('one12twothree34four', 10，30)      #指定搜索区间
print(m. group())
```

分别输出 12 和 34。

例如，当正则表达式中包含分组。

```
content ＝"Hello 20220101! Happy new year!"
re1 ＝ re. search("Hello. ＊?(\d＋). ＊?year!",content)
print(re1. group(1))
```

group(1)将返回第 1 组分组结果 20220101。

例如，对于百度新闻网页抓取 title 标签内的内容时，使用如下代码。

```
import re
import requests
r = requests.get('http://news.baidu.com/')
ex = re.compile(r'<title>(.*?)</title>', re.M|re.S)
obj = re.search(ex, r.text)
print(obj.group(1))
```

4. findall( )函数

match()和search()函数都是一次匹配，只要找到了一个匹配的结果就返回。然而在实际应用中，需要搜索整个字符串获得所有匹配的结果。findall()函数用于搜索字符串，以列表的形式返回全部匹配的子串。其语法格式为

p=re.compile(pattern[, flags = 0])

p.findall(string[, pos[, endpos]])

或者

re.findall(pattern,string[,flags = 0])

对待匹配的字符串 string 从左向右扫描，查找符合模式 pattern 的所有非重叠匹配项，按顺序组织并以列表形式返回全部匹配的子串。如果没有匹配，则返回一个空列表；如果模式 pattern 包括了多个组，则返回的列表每个元素为一个元组，元组包括了多个组的列表。

例如，以下代码找出字符串中所有 Happy 子串。

```
content= "Happy 01-01! Happy new year!"
print(re.findall(r'Happy', content))
```

例如，以下代码提取出所有 http 或者 https。

```
content = 'http://news.baidu.com and https://www.163.com/'
print(re.findall('https?', content))
```

例如，以下代码查找字符串中指定位置范围内出现的数字（串）。

```
p= re.compile(r'\d+')
r1 = p.findall('hello 2022 0101')
r2 = p.findall('one1two2three3four4', 0, 10)
```

例如，以下代码匹配提取出所有以字母 I 开头的行内容。

```
content="""We love China
I love Computer Science
```

```
I love Programming
I love Python"""
print(re. findall('·I. * ',content,re. M))
```

例如，以下代码匹配所有浮点或整数数字串，并逐一列出结果。

```
p = re. compile(r'\d+\. ?\d * ')
r= p. findall("3. 1415 is more accurate than 3. 14, just as 3. 1 is more accurate than 3!")
for item in result：
    print(item)
```

例如，针对例 5.10，以下代码可以匹配到所有＜a＞标签中具有的 href 属性、id属性以及主体内容，以元组列表的形式返回。

```
results = re. findall('<a. * ?href="(. * ?)". * ?id="(. * ?)">(. * ?)</a>', html,
re. S)
print(results)
```

结果如下：

```
[('http://example. com/bs', 'link1', 'BeautifulSoup'), ('http://example. com/re', 'link2',
'正则表达式')]
```

5. finditer( )函数

finditer()函数类似于 findall()函数，同样是搜索整个字符串，并获得所有匹配的结果，但它返回一个顺序访问每一个匹配结果(match 对象)的迭代器。

同样以例 5.10 为例，以下代码可以匹配到所有＜a＞标签中具有的 href 属性、id属性以及主体内容，以迭代器的形式返回。

```
results = re. finditer('<a. * ?href="(. * ?)". * ?id="(. * ?)">(. * ?)</a>', Html_
doc，re. S)
print(type(results))
for result in results：
    print(result. group(1),result. group(2),result. group(3))
```

结果如下：

```
<class 'callable_iterator'>
http://example. com/bs link1 BeautifulSoup
http://example. com/re link2 正则表达式
```

6. sub( )函数

sub()函数对于原始字符串依次进行匹配和替换，并返回替换后的字符串。其语法格式为

re. sub(pattern,repl, string[, count＝0, flags＝0])

或者

p＝re. compile(pattern[, flags ＝ 0])

p. sub(repl,string[, pos, count＝0])

对原始字符串 string 在不重叠的情况下依次匹配 pattern，并依次将其替换为 repl 后，返回替换后的字符串。pattern 表示正则表达式，repl 可以是替换的字符串，也可以是函数，反斜杠加数字的形式表示匹配的组。string 表示要被替换的字符串。

① 如果 repl 是字符串，则使用 repl 替换 string 中每一个匹配 pattern 的子串，并返回替换后的字符串。repl 中的所有转义特殊字符都能被识别，否则被识别为普通字符，如\n 会被处理为对应的换行符；\r 会被处理为回车符；\# 代表第#组匹配内容 (#≠0)，例如"\b"表示匹配 pattern 中的第 6 个 group。

② 当 repl 是函数时，表示只接受一个 match 对象作为参数，对其进行处理并返回一个字符串作为替换字符串，而且返回的字符串中不能再引用分组。

③ count 参数用于指定最多能替换的次数，不指定时不限制次数。

例如，将所有数字串替换为##。

```
content＝ "It is 01—01! Happy Birthday to you!"
r = re. sub('\d+','##',content)
print(r)
```

例如，在替换时，希望获取匹配到的字符串并在其后添加一些内容，可以用\1 代表第 1 组匹配到的字符串。

```
content＝ "It is 01—01! Happy Birthday!"
content = re. sub('(\d+—\d+)',r'\1 00:00',content)
print(content)
```

例如，将 repl 设置为函数，输入参数为 match 对象，返回值为一个字符串，用于替换 pattern 匹配到的子串。

```
content＝ "现在是 21—22 年度"
def func(m):
    return '20' + m. group(1)
```

```
p=re. compile('(\d+)')
print(p. sub(func, content))
```

7. split( )函数

split()函数按照能够匹配的模式作为边界,将字符串进行分割后返回一个列表。其语法格式为

re. split(pattern, string[, maxsplit=0, flags=0])

其中,maxsplit 用于指定最大分割次数。从前向后搜索字符串 string,在分割 maxsplit 次后,不再进行匹配尝试,对字符串余下内容会整段输出;maxsplit 默认为 0 表示不限制次数,将对全部字符串进行分割。

注意:如果字符串的末尾与模式正好匹配,则在结果列表的最后会带有一个空字符串。同样地,如果开头与模式匹配,则列表首项为空字符串。

特别为 pattern 加上括号时,分割结果会同时包含匹配成功的内容与分割各段的内容。例如:

```
content='one1two2three3four4'
print(re. split('\d+',content))
print(re. split('(\d+)',content))
```

结果如下:

```
['one', 'two', 'three', 'four', '']
['one', '1', 'two', '2', 'three', '3', 'four', '4', '']
```

【例 5.15】 利用 bs 结合 re,爬取百度新闻网页的指定内容。

```
import requests
from bs4 import BeautifulSoup
import re
r= requests. get("http://news. baidu. com")
soup = BeautifulSoup(r. text,"html. parser")
#(1)搜索所有 img 标签中 src 属性的具体文件名
allimg=soup. find_all('img')
for img in allimg:
    html=str(img)
    urls = re. findall('src="(. * ?)"', html, re. I|re. S|re. M)
    if urls[0]:
```

```
            name = str. split(urls[0],'/')[-1]
            print(name)
#(2)获取所有超链接标签的内容,并显示前 5 个
res = r"<a. * ?href=. * ?<\/a>"
urls = re. findall(res, r. text)
for t in urls[:5]:
    print(t)
#(3)获取超链接标签中的 href 内容,并显示前 5 个
res = r"<a. * ?(href=. * ?). * ?<\/a>"
urls = re. findall(res, r. text)
for t in urls[:5]:
    print(t)
#(4)获取超链接标签中的文本内容,并显示前 5 个
res = r'<a . * ?>(. * ?)</a>'
texts = re. findall(res, r. text, re. S|re. M)
for t in texts[:5]:
    print(t)
#(5)找到 table 标签,并获取其中的 tr 标签内容和 td 标签完整内容
res = r'<table . * ?>. * </table>'
tables = re. findall(res, r. text, re. S|re. M)
if tables[0]:
    #获取<tr></tr>标签内容
    res = r'<tr>(. * ?)</tr>'
    trs = re. findall(res, tables[0], re. S|re. M)
    for m in trs[:1]:
        print('tr 标签:\n',m)
    #直接获取<td></td>标签内容
    res = r'<td. * ?>. * </td>'
    texts = re. findall(res, tables[0], re. S|re. M)
    for m in texts[:1]:
        print('td 标签:\n',m)
```

【例 5.16】 获取猫眼电影的热映口碑榜单信息。

在浏览器中输入爬取的网址,页面如图 1.5.26 所示。

图 1.5.26   猫眼电影网页

在浏览器中打开开发者工具窗口，观察到电影名称在一个 class 属性为 name 的 <p> 标签下的 <a> 标签中，如图 1.5.27 所示。

```
        <div class="movie-item-info">
    <p class="name"><a href="/films/344264" title="战狼2" data-act="boarditem-click" data-val="{movieId:344264}">战狼2</a></p>
    <p class="star">
        主演: 吴京,弗兰克·格里罗,吴刚
    </p>
<p class="releasetime">上映时间: 2017-07-27</p>    </div>
```

图 1.5.27   猫眼电影网页部分源代码

编写爬虫程序，先爬取网页源代码，然后直接在源代码中使用正则表达式搜索匹配的格式，并获取电影名称。

```
import re
import requests
url="https://maoyan.com/board"
headers = {'User-Agent':"Mozilla/5.0 (Windows NT 10.0; Win64; x64) AppleWebKit/
537.36 (KHTML, like Gecko) Chrome/74.0.3729.108 Safari/537.36"}
r = requests.get(url,headers=headers)
titles=re.findall('<p class="name"><a.*?>(.*?)</a></p>',r.text,re.S)
for title in titles:
    print(title)
```

5.3.4 应用案例

【例 5.17】 爬取诗词名句网中诗词排行榜的 2 000 首古诗的排名、标题和朝代及作者，并将每首诗所附的图片（如有）下载保存，最后将所有诗按照各朝代的数量绘制为条形图。

首先观察排行榜首页内容，如图 1.5.28 所示，可以看到首页显示前 20 首诗词的排名、标题、朝代、作者、内容及图片（部分有），翻页时可以看到后面所有诗词的内容。

图 1.5.28　诗词排行榜首页

在浏览器中打开开发者工具窗口查看网页源代码，如图 1.5.29 所示，观察需要爬取的信息。每首诗词信息都在一个 class 属性为 card shici_card 的<div>标签中。在其下 class 属性为 list_num_info 的<div>标签中，<span>标签中有排名，
标签中有朝代，<a>标签中有作者。另外，在<h3>标签下有诗词名称，在 class 属性为 shici_list_pic 的<div>标签中的<a>标签下，<img>标签中有对应图片的地址，有的诗词没有图片。

```
            <div class="card shici_card">
<div class="list_num_info">
    <span>1</span><br/>[唐]<br/><a href="/chaxun/zuozhe/1.html">李白</a>
</div>
<div class="shici_list_main">
    <h3><a href="/chaxun/list/25739.html">《将进酒·君不见黄河之水天上来》</a> </h3>
    <div class="shici_content">
        君不见黄河之水天上来，奔流到海不复回。<br />君不见高堂明镜悲白发，朝如青丝暮成雪。<br />
        <div style="display: none">
            人生得意须尽欢，莫使金樽空对月。<br />天生我材必有用，千金散尽还复来。<br />烹羊宰牛且为乐，
        <a href="javascript:void(0)" class="hide_more_shici">收起</a>
                        </div>
</div>
            <div class="shici_list_pic">
        <a href="/chaxun/list/25739.html"><img src="/pics/600/600/item/25739.jpg"></a>
</div>
</div>
```

图 1.5.29   诗词排行榜网页部分源代码

接下来就是获取数据，流程如图 1.5.30 所示，流程图中包含的步骤与代码对应。

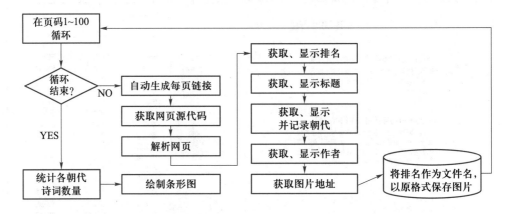

图 1.5.30   获取诗词网信息的流程图

① 在页码 1～100 循环，执行②～⑤步。

② 由于要获取的 2 000 首古诗信息分布在 100 个不同的页面中，而每个页面的 URL 稍有不同，所以根据页码自动生成每页的 URL。

③ 调用 get_page(url)向 URL 发送请求并返回页面的源代码。

④ 对每一页的源代码进行解析，得到 BeautifulSoup 对象 soup。

⑤ 调用 get_info(soup)获取和显示指定的信息，根据需要记录相应数据，再将诗词的排名作为文件名，以原图片文件的格式保存在指定目录下。

⑥ 对于记录的所有朝代数据 dynasty，调用 disp(dynasty)在排除当代、近代、现代等数据后进行一定的统计并绘制统计图。

程序代码如下:

```
#引入所需模块/库
import requests
from bs4 import BeautifulSoup
import os
import re
import matplotlib. pyplot as plt
plt. rcParams['font. sans-serif'] = ['SimHei']


#向 url 地址发送请求并获取源代码
def get_page(url):
    try:
        headers ={
            'User-Agent': 'Mozilla/5. 0 (Windows NT 6. 1; Win64; x64) AppleWebKit/
537. 36 (KHTML, like Gecko) Chrome/58. 0. 3029. 110 Safari/537. 36'}
        r = requests. get(url, headers=headers,verify=False)
        r. raise_for_status()
        r. encoding = r. apparent_encoding
        return r. text                          # 返回网页源代码
    except Exception as e:
        print(e)
#根据 soup 获取、显示和保存网页相关数据
def get_info(soup):
    all_divs = soup. find_all('div', class_='card shici_card')
    for a in all_divs:
        #排名
        info = a. find('div', class_='list_num_info')
        no = info. find('span'). get_text()
        print("第{}名:". format(no), end="")
        #标题
        titles = a. h3. get_text()
        print("{}". format(titles))
        #朝代
        time = re. search('<br/?>(. * ?)<br/?>', str(info), re. S | re. M). group(1)
        print("朝代:", time[1:-1])              # 去除朝代两端的中括号
        if time[1:-1] != ":                     # 判断朝代信息是否为空
```

```
                    dynasty. append(time[1：-1])
            else：
                    print("第{}名无朝代". format(no),end="")
            #作者
            name = info. find('a'). get_text(). strip()
            print("诗人：{}". format(name))
            #图片保存
            picDiv = a. find('div', class_='shici_list_pic')
            if not picDiv：
                    print("无图片")
            else：
                    pic_url = picDiv. find('img'). get("src")
                    root = r"c：/t/"                    #所有图片存放在 C：/t/目录下
                    path = root + str(no) + '.' + pic_url. split('.')[-1]
                    try：
                        if not os. path. exists(root)：
                            os. mkdir(root)
                        if not os. path. exists(path)：
                            r = requests. get("https：//www. shicimingju. com/{}". format(pic_url))
                            r. raise_for_status()
                            with open(path, 'wb') as f：
                                f. write(r. content)
                                print("文件保存成功")
                        else：
                            print("文件已存在")
                    except：
                        print("产生异常")
        return dynasty


    #统计各朝代的诗词数量、绘图
    def disp(dynasty)：
        #统计
        dyn_n = []
        count_n = []
```

```
    dyn_all＝set(dynasty)－{"当代","现代","近代"}
    for who in dyn_all：
        dyn_n. append(who)
        count_n. append(dynasty. count(who))
        print(who, ':', dynasty. count(who))
    #绘图
    plt. figure()
    plt. title('各朝代诗词')
    plt. xlabel('朝代')
    plt. ylabel('诗词数量')
    plt. bar(x＝dyn_n, height＝count_n, width＝0. 8)
    for i, j in zip(dyn_n, count_n)：
        plt. text(i, j, j, va='bottom', ha='center')


#主程序
dynasty ＝ []                          #存放 2 000 首诗词的朝代数据
for num in range(1,101)：
    url ＝ 'https：//www. shicimingju. com/paiming?p=' ＋ str(num)#生成每页的 url 地址
    content ＝ get_page(url)            #获取每页的源代码
    if content：
        soup ＝ BeautifulSoup(content,'html. parser')          #对每页源代码进行解析
        get_info(soup)                 #获取、显示、保存指定的数据
disp(dynasty)                          #根据朝代进行统计、绘制图形
```

部分保存图片的资源管理器截图和绘制的条形图如图 1.5.31 所示。

(a) 部分保存的图片

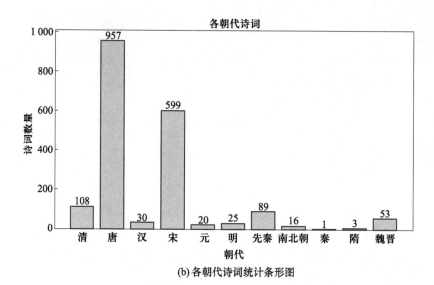

(b)各朝代诗词统计条形图

图 1.5.31　保存的图片和条形图

习　题

1. 什么是网络爬虫？ 其基本的工作流程包括哪些步骤？

2. 如何通过浏览器中的开发者工具窗口观察网页的源代码以及每一条请求与响应。

3. requests 库的常用方法有哪些？ response 响应对象的主要属性有什么？

4. 如何将爬虫伪装成浏览器？

5. 如何设置关键词并爬取搜索引擎的搜索结果？

6. BeautifulSoup 库有哪些遍历方法，分别包括哪些遍历属性？

7. BeautifulSoup 库常用的 HTML 查找方法有哪些？ 它们之间的区别是什么？

8. 如何爬取并下载网页中的图片？

9. 正则表达式的使用步骤是什么？

10. 在正则表达式匹配中，贪婪匹配和非贪婪匹配的区别是什么？

11. 在正则表达式中，常用的匹配方法有哪些？

12. 使用 BeautifulSoup 库和正则表达式编写爬虫时，两者分别有什么特点？ 如何更好地结合两者的特点完成信息的解析和提取？

第 6 章
人工智能与机器学习

人工智能可视为数据科学能力的延伸，机器学习为之提供实现的手段和方法。本章将重点介绍机器学习的实用方法，包括机器学习的基本概念、主要的机器学习方法的原理和使用场景，以及 scikit–learn 中对应的 API 使用方法。

电子教案

6.1　人工智能基础

6.1.1　引例——苹果 Siri

人工智能是通过机器来模拟人类认知能力的技术。自 1956 年达特茅斯会议上提出人工智能之日起，经过 60 多年的发展，人工智能在计算机视觉、语音识别、自然语言处理等多个领域取得突破，现已成功应用于生活和生产的各个方面。例如，当人们打开网站时，会惊讶地发现一些自己非常喜欢的内容；当人们自拍时，手机已选择了最佳的拍摄参数……

广为人知的苹果 Siri，就是人工智能成功的应用案例之一。

Siri 声音亲和，能够在日常生活中给人们提供帮助。它可以帮人们查找资料、提供指导、创建备忘录和发送信息。Siri 是如何做到这一切的呢？它运用了机器学习（machine learning）技术来提高自身智能性，以预测和理解人们的自然语言问题和命令。

6.1.2　机器学习的基础

1. 机器学习

广义上说，机器学习是一种能够赋予机器进行学习的能力，使它不断改善自身。机器学习主要通过计算手段，利用经验来改善系统性能。在计算机系统中，"经验"即为"数据"。机器学习利用"数据"训练出"模型"的算法，然后使用模型进行预测。由此可见，数据对于机器学习的意义，可以说数据是原材料，机器学习是加工工具，模型是产品。人们可以利用这个产品做预测，指导未来的行动。

2. 机器学习的分类

目前，机器学习主要分为从数据中学习和从行动中学习。

（1）从数据中学习

从数据中学习的目标是学习数据中所蕴含的规律或规则，并利用学到的规则对新数据进行预测或判断。例如，在垃圾邮件分类中，机器学习从大量的已标记出是否为垃圾邮件的数据中学习，习得一个模型后，用以对新邮件是否为垃圾邮件做出准确判断。这类学习方法按学习方式可分 3 种：监督学习、无监督学习、自监督学习。

（2）从行动中学习

从行动中学习是在行动过程中学习策略，以便利用学到的策略来指导行动。例如，股票、商业决策、下棋等场景中的机器学习问题，所关注的不是某个判断是否准确，而是行动过程能否带来最大的收益。为解决这类问题，人们提出了一种不同的学习方式——强化学习。

机器学习的分类如图 1.6.1 所示。

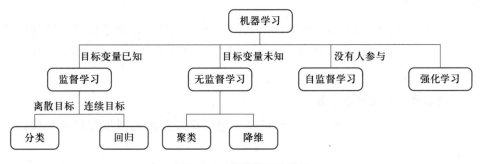

图 1.6.1 机器学习的分类

① 监督学习（supervised learning）。要求提供预测量的真实值（也称标签）。机器学习算法通过比较模型预测值和对应的真实值之间的差别获得反馈，并依据这些反馈不断地调整模型。这样，预测量的真实值通过提供反馈对学习过程起到了监督作用，称这样的学习方式为监督学习。

监督学习利用历史数据来学习模型，并将其用于预测任务。这类任务又分为两种：分类和回归。分类问题是判断新数据所属类别，这是离散的量，如判定一个新邮件是否为垃圾邮件。而在回归问题中，待预测的目标变量是连续的量，如预测一个房屋的价格。

主要的监督学习算法有朴素贝叶斯、线性回归和 logistic 回归、k 近邻、支持向量机、神经网络、决策树等。

② 无监督学习（unsupervised learning）。数据中不含待预测量的真实值，机器学习在无监督信息的条件下进行，称这样的学习方式为无监督学习。

无监督学习倾向于揭示数据内在的性质及规律。此类学习任务中研究最多、应用最广的是聚类。聚类是将数据集中的样本划分为若干个通常不相交的子集，每个子集称为一个簇。划分的结果应将相似性高的样本归入同一个簇。如商业应用中对客户群的划分，将购买习惯相似的客户归为一类，以便有针对性推出营销策略。

主要的聚类算法有 k 均值、EM 算法、DBSCAN 算法等。

降维是另一类无监督学习，它从高维数据中检测、识别低维数据结构。常用的降维算法有主成分分析、各种流形学习算法、局部线性嵌入算法等。

无监督学习较监督学习困难，但它不需要获取监督数据，特别适用于监督数据难以获取的应用场合，因此一直是机器学习的一个重要研究方向。

③ 自监督学习（self－supervised learning）。没有人类参与的学习。数据中的标签依然存在，这些标签是从输入数据中得到的，通常由启发式算法生成。如给定视频中过去的帧来预测下一帧，或给定文本中前面的词来预测下一个词，这些都是常见的自监督学习任务。

④ 强化学习（reinforcement learning）。获得一个策略去指导行动，在行动过程中得到反馈，根据反馈不断地优化策略。如击败围棋世界冠军的 AlphaGo，其惊人的博弈能力就是通过强化学习训练出来的。

3. 机器学习应用开发步骤

虽然机器学习方法多种多样，但机器学习应用开发的典型步骤却基本相同，如图 1.6.2 所示。

图 1.6.2　机器学习应用开发步骤

（1）数据准备

数据准备包括数据采集（获取数据特征及其值）、数据标记（给出预测量的真实值，对监督学习方法是必要的）、数据清洗（包括去除重复数据及噪声数据，让数据具备结构化特征等）。

（2）特征选择与变换

根据机器学习的任务特点，选择合适的特征，进行必要的变换，将得到的特征集合用于模型训练。

（3）模型选择

一个机器学习问题通常有多个不同模型可供选择。选择哪个模型和问题领域、数据量大小、训练时长、模型的准确度等多方面相关。

（4）模型训练

数据集可拆分成训练数据集（简称训练集）和测试数据集（简称测试集）。拆分比例一般为 8:2 或 7:3。然后用训练集来训练模型。训练好模型（参数）后，再用测试集来测试模型的准确度。

为什么要单独分出一个测试集来测试呢？因为一个模型的准确性是指该模型对"没见过"的新数据能否准确地进行预测，这也称为模型的泛化能力。不能用已训练的数据作为测试数据，因为这些训练数据已经被模型记住，模型对这些已"记忆"过的数据总会给出正确的预测结果。

（5）模型评估与优化

模型的性能评估涉及多个方面，包括模型的准确性、训练时长、训练数据集规模、模型能否满足应用场景的性能要求等。模型的准确性是模型性能评估的最重要方面，为了客观地评价模型的准确性，要用测试集来评估模型的预测准确率。

机器学习的目标是学习一个泛化能力强的模型。若所学到的模型在训练集上预测准确率高，而在测试集上的准确率低，说明模型对数据过拟合（overfitting）。过拟合模型过于灵活，在适应数据所有特征的同时也适应了随机误差。这时，应考虑降低模型复杂度或者增加样本。若模型不能在训练集上获得足够低的误差、预测准确率低，则称模型对数据欠拟合（underfitting）。欠拟合模型没有足够的灵活性来适应数据的所有特征，此时应考虑提高模型复杂度或增加样本的特征。

无论欠拟合还是过拟合，都表明模型不能满足应用场景的性能要求，就需要对其进行优化。然后继续对模型进行训练和评估，或者更换其他模型。

（6）模型使用

将训练好的模型保存起来，下次使用时直接调用即可。调用时，直接将待预测的新样本作为输入，调用模型后便可得到预测结果。

6.1.3 scikit‑learn 简介

scikit‑learn 是流行的 Python 机器学习库之一，它对许多经典的和流行的机器学习算法给出了高效实现，提供了分类、回归、聚类、维数约简、模型选择和预处理六大工具。scikit‑learn 依赖 NumPy、SciPy 和 Matplotlib 库，因此使用前需安装这些库。

本书推荐安装 Anaconda 集成开发环境。Anaconda 已集成了 NumPy、SciPy、Matplotlib、Pandas、scikit‑learn 等。

scikit‑learn 为各种机器学习模型提供了统一的评估器 API，只要掌握了 scikit‑learn 一种模型的基本用法，就可以自然过渡到其他模型或算法上。下面简介评估器 API。首先介绍 scikit‑learn 的数据表示。

1. scikit‑learn 的数据表示

（1）数据表

在 scikit‑learn 中，要求将待处理数据表示成数据表的形式。数据表即二维网格数据，表中的每一行表示数据集中的一个样本（sample），而每一列表示样本的某个特征（feature）。例如，机器学习领域最常用的数据集——鸢尾花数据，如图 1.6.3 所示。

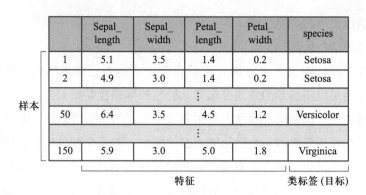

样本	Sepal_length	Sepal_width	Petal_length	Petal_width	species
1	5.1	3.5	1.4	0.2	Setosa
2	4.9	3.0	1.4	0.2	Setosa
⋮					
50	6.4	3.5	4.5	1.2	Versicolor
⋮					
150	5.9	3.0	5.0	1.8	Virginica

特征　　　　　　　　类标签（目标）

图 1.6.3　鸢尾花数据集

鸢尾花数据集中的每行数据表示一朵鸢尾花的观测值，行数（记为 n）表示数据集中记录的鸢尾花总数。表中共有 5 列，其中前 4 列 Sepal_length（花萼长）、Sepal_width（花萼宽）、Petal_length（花瓣长）、Petal_width（花瓣宽）是描述鸢尾花的 4 个特征（特征列数记为 m），最后一列 species 表示该鸢尾花的类别。该数据集共有 150 个样本，分属 Setosa、Versicolor、Virginica 三个类别。

（2）特征矩阵

数据表可以通过二维数组或矩阵来实现，数据表中由样本和特征构成的矩阵为特征矩阵，简记为 X。X 是 $n \times m$ 的二维矩阵，n 是数据集中的样本总数，m 是样本的特征个数。通常用 NumPy 数组或 Pandas 的 DataFrame 来表示特征矩阵。

（3）目标数组

对于监督学习任务，数据表中还有一列表示待预测的目标变量，常记为 y。y 是一维数组，其长度是样本总数 n，常用一维的 NumPy 数组或 Pandas 的 Series 表示，称之为目标数组。目标数组是从数据中预测的量，在回归任务中其元素是连续的实数，而在分类问题中其元素是表示类别的整数。

在 scikit‐learn 中，需要将数据表整理成特征矩阵和目标数组的形式，如图 1.6.4 所示。若数据表以 DataFrame 表示，可使用 Pandas 的基本方法从数据表中抽取出特征矩阵和目标数组。现以鸢尾花数据集为例，分步介绍数据整理过程。

【例 6.1】　iris 数据集的整理。

首先，从 iris.csv 文件中读取数据集，存入 DataFrame 对象 iris 中。

```
import pandas as pd
iris＝pd. read_csv('iris. csv')
iris. shape
```

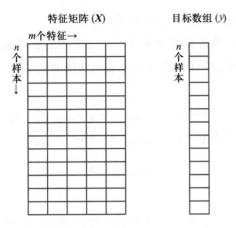

图 1.6.4 scikit－learn 中的数据表

输出结果为(150, 5)。

然后，调用数据框的 drop()方法，返回删去 species 列后的结果给 X_iris。

```
X_iris＝iris. drop('species',axis＝1)
X_iris. shape
```

输出结果为(150, 4)。

最后，获取 iris 对象的 species 列，并赋值给 y_iris。

```
y_iris＝iris['species']
y_iris. shape
```

输出结果为(150,)。

2. scikit－learn 的评估器 API

scikit－learn 中的所有机器学习算法都有对应的类，以统一的评估器 API 形式呈现。这种统一的接口设计为使用 scikit－learn 中机器学习模型带来方便。评估器 API 使用步骤如下：

(1) 整理数据，获取特征矩阵和目标数组。

(2) 通过从 scikit－learn 中导入适当的评估器类，选择模型类。

(3) 设置模型超参数，初始化模型。

(4) 调用模型实例的 fit 方法，拟合数据。

(5) 应用模型，预测新数据的标签

① 在监督学习模型中，使用 predict()方法预测新数据的目标值。

② 在无监督学习模型中，使用 transform()或 predict()方法转换或推断数据的性质。

下面以简单线性回归为例，详述利用评估器 API 进行机器学习建模的过程。

（1）将数据整理成特征矩阵和目标数组

用前面介绍的方法，将数据整理成 $n \times m$ 二维特征矩阵 X，长度为 n 的一维目标数组 y。这里，n 为数据集中样本总数，m 表示数据的特征数。

（2）选择模型类

在 scikit-learn 中，每个模型类都是一个 Python 类，使用时直接导入即可。例如，要使用一个简单回归模型，可直接导入线性回归模型类。

```
from sklearn.linear_model import LinearRegression
```

（3）初始化模型

有的模型带有一类重要参数，这类参数的值必须在模型拟合数据之前被确定，通常称这类参数为超参数（hyperparameter）。scikit-learn 在模型初始化阶段设置超参数。

例如，以线性回归问题为例，实例化 LinearRegression 类，并用 fit_intercept 超参数设置拟合直线的截距。

```
model= LinearRegression(fit_intercept=True)
```

（4）用模型拟合数据

调用模型的 fit() 方法，将模型应用到训练数据集上。

```
model.fit(X,y)
```

fit() 方法会在模型内部进行大量运算，运算结果将存储在模型属性中。例如，在线性回归模型中，通过 fit() 方法获得模型属性 model.coef_ 和 model.intercept_，分别表示样本数据拟合直线的斜率和截距。

注意：在 scikit-learn 中，所有通过 fit 方法获取的模型参数都带下画线。

（5）预测新数据的标签

训练出模型后，监督学习的下一步任务就是对不属于训练集的新数据进行预测。在 scikit-learn 中使用 predict() 方法进行预测。输入新数据对应的特征矩阵，predict() 返回模型预测结果。例如，假设新数据为 X_fit，通过如下语句，获得预测结果为 y_fit。

```
y_fit=model.predict(X_fit)
```

6.2   分类与回归

监督学习实质是对数据的特征与标签之间的关系进行建模的过程。根据任务的不同，这类学习可进一步分为分类和回归。用于解决分类和回归任务的模型很多，本节将重点介绍几种常用的模型。

6.2.1　引例——鸢尾花分类

先看一个简单的分类任务。假设新收集了一些鸢尾花的观测数据，这些鸢尾花分属 Setosa、Versicolor、Virginica 三类，但具体类别未知。希望能利用已有的带类别标签的鸢尾花数据集，对这些新观测的、不知类别的鸢尾花分类。怎么通过机器学习来实现呢？这需要根据已知数据的特征和标签信息训练一个分类模型，用所得模型判断新鸢尾花所属类别。这种能完成分类任务的模型被称为分类器。

分类模型多种多样，然而无论是简单的 k 近邻法，还是复杂的如支持向量机、神经网络的模型，其训练及预测过程基本相同。

1. 分类器训练及预测过程

首先，提取观测样本的特征，标注数据。例如，在鸢尾花分类任务中，将获取以下特征和标签。

① 特征。Sepal_length（花萼长）、Sepal_width（花萼宽）、Petal_length（花瓣长）、Petal_width（花瓣宽），如图 1.6.5 所示。

② 标签。Setosa（山鸢尾花）、Versicolor（变色鸢尾花）、Virginica（弗吉尼亚鸢尾花）。

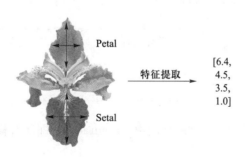

图 1.6.5　鸢尾花的特征

然后，选择一种分类模型，如神经网络，模型参数（如神经网络的权重）的最优解可通过学习已标注数据获得，这个过程被称为分类器训练（或模型训练）。

最后，用训练好的模型对一个新的、不带标签的数据进行分类。这个阶段被称为预测。整个流程如图 1.6.6 所示。

用分类器预测的结果准确吗？怎样衡量分类器的分类性能呢？

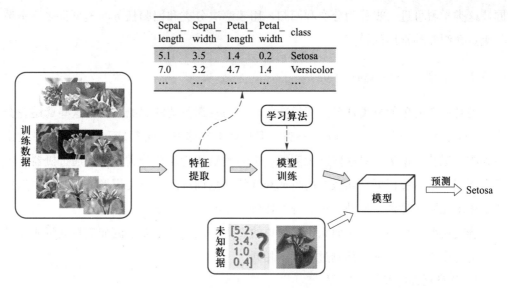

图 1.6.6　分类器训练及预测过程

2. 分类器的性能评估

对于两分类问题，分类结果的评估可以用混淆矩阵（confusion matrix）全面表达。将每个样本的特征值输入分类器，得到对应的输出结果，即预测类别。样本真实类别与预测类别可能相同（正确预测），也可能不同（错分）。假设两类中一类为正类，另一类为负类，混淆矩阵如表 1.6.1 所示。

▶表 1.6.1
混淆矩阵（两分类问题）

样　　本	预测为正类	预测为负类
真实是正类	a	b
真实是负类	c	d

基于混淆矩阵，可计算分类的准确率（accuracy），即所有样本中被正确预测的比例，如（式 1.6.1）所示。

$$accuracy = \frac{a+d}{a+b+c+d} \qquad (式 1.6.1)$$

在实际应用中，通常更关心 3 个指标：精确率（precision）、召回率（recall）、F1 得分（F1 score）。

精确率是预测为正类的样本中，真实类别为正类的样本所占比例，它是对分类精确性的度量，如（式 1.6.2）所示。

$$precision = \frac{a}{a+c} \qquad (式 1.6.2)$$

召回率是真实类别为正类的样本被正确预测出来的比例，是分类器覆盖面的度量，如（式 1.6.3）所示。

$$\text{recall} = \frac{a}{a+b} \qquad (\text{式 1.6.3})$$

一个好的分类模型应同时具有良好的精确率和召回率。但是这两个指标互相矛盾，一个达到最好时（100%），往往另一个则很差。为量化两者的均衡性，引入了 F1 得分，它是精确率和召回率的调和均值，如（式 1.6.4）所示。

$$\text{F1} = \frac{2a}{2a+b+c} \qquad (\text{式 1.6.4})$$

【例 6.2】　某地有一种常见病，检测中心利用所积累的历史病历数据训练出一个预测这种疾病的分类器，想对该分类器的性能进行评估。他们用新收集的 100 个样本（其中 35 个阳性，65 个阴性）来测试分类器性能。测试结果是：25 个阳性（其中 20 个是真阳性，5 个是假阳性），75 人是阴性（其中 60 个是真阴性，15 个是假阴性）。该分类器的分类准确率、精确率、召回率、F1 得分各是多少？计算分类结果的混淆矩阵。

分析：本例是一个两分类问题，样本分阳性（正类）和阴性（负类）两类。真阳性是指样本真实类别是阳性，分类器预测结果也为阳性；真阴性是指样本真实类别是阴性，分类器预测结果也是阴性；假阳性是指样本的真实类别是阴性，而分类器预测结果为阳性；假阴性是指样本的真实类别是阳性，而分类器预测结果为阴性。

本例真阳性样本数 20 个，假阳性为 5 个，真阴性为 60 个，假阴性为 15 个，故混淆矩阵如表 1.6.2 所示。

样　　本	预测为阳性	预测为阴性
真实是阳性	20	15
真实是阴性	5	60

▶表 1.6.2

例 6.2 的混淆矩阵

准确率：$(20+60)/100 = 0.8$

精确率：$20/(20+5) = 0.8$

召回率：$20/(20+15) \approx 0.571\,4$

F1 得分：$2 \times 20/(2 \times 20 + 15 + 5) \approx 0.666\,7$

3. 模型验证

当一个分类问题有多个模型可供选择时，怎样才能选出性能最好的模型呢？模型选择以及模型中的超参数选择，对有效使用各种机器学习工具和技术至关重要。为了做出正确的选择，需要一种方式来验证选中的模型和超参数能否很好地拟合数据。

　　模型验证（model validation）就是在选定模型及其超参数之后，通过对训练数据进行学习，来对比习得模型预测的结果与真实值的差异。

　　可靠的模型验证，应使用模型没有见过的数据来比较该模型的预测值与真实值的差别。这样的模型验证方法有留出集（holdout set）与交叉验证（cross－validation）两种。

　　① 留出集就是将初始训练数据集分成两部分，其中一部分数据用作模型训练，留下的数据检验模型性能。留出的数据是模型之前没有见过的，这样可保证验证的可靠性。

　　scikit－learn 中 model_selection 模块的 train_test_split()函数可实现留出集。

　　用留出集进行模型验证仍有一个缺点，那就是模型失去了一部分训练机会。在数据规模比较小时，这个问题就更为突出。解决该问题的常用方法是交叉验证。

　　② 交叉验证中最典型的是 k 折交叉验证（k－fold cross validation），其主要思想是把初始训练数据集（随机地）分为 k 个互不相交的、大小相同的子集，其中 $k-1$ 个作为训练集，剩下的 1 个作为验证集，然后轮换验证子集，使得每个子集均做一次验证集，交叉验证总共重复 k 次，最后将 k 次验证结果的均值作为最终的结果。

　　以 $k=4$ 为例，4 折交叉验证如图 1.6.7 所示。

　　4 折交叉验证是把初始训练数据分成 4 组，每一轮依次用模型拟合其中的 3 组数据，再预测第 4 组数据，评估模型准确率，4 轮后获得 4 个准确率，再求平均就得到一个更准确的模型总体性能。

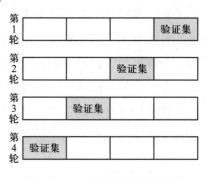

　　k 折交叉验证的一个显著优点是所有样本都被用于训练和验证。由于每个样本都被验证一次，从而降低了模型对数据划分方法的敏感度。k 折交叉验证是目前应用最多的模型验证方法。

图 1.6.7　4 折交叉验证示意图

　　scikit－learn 中 model_selection 模块的 cross_val_score()函数可实现 k 折交叉验证。

　　在实际应用中，当做出模型选择或超参数选择之后，一般还要对所选择的模式做测试，这就要求从原始数据集中预先划出一部分数据留作测试集。因此，在进行模型选择的交叉验证前，应先将初始数据集拆分成训练集和测试集。然后，对训练集做 k 折交叉验证。

6.2.2　k 近邻分类

　　k 近邻（k－nearest neighbor，kNN）是机器学习中最简单的算法之一。它既可以用于分类，又可解决回归问题。下面重点介绍 k 近邻分类的工作原理，并以示例演示其分类器在经典数据集上的应用。

1. k 近邻分类原理

k 近邻分类基于这样一个假设，即数据集中邻近的数据点之间可能具有相同的类标签。在用于分类任务时，k 近邻法先存储一个已标注的训练集，即每个数据都有类标签。然后输入没有类标签的新数据，从训练集中找出与新数据最近（基于欧式距离或其他的距离测度）的前 k 个样本，选择这 k 个样本中出现最多的类标签（多数投票）作为预测类别。这里，k 需要预先指定的。

总之，新数据的类别预测结果由距离其最近的 k 个"邻居"投票决定。

如图 1.6.8 所示，假设有两类样本，一类都是红色
▲，另一类都是蓝色■。现有一个新样本★。若 $k=3$，
该新样本应判为哪类？根据 K 近邻分类原理可知，离
该新样本最近的 3 个样本中有两个样本是红色▲，1 个
样本是蓝色■，因此该样本被判为红色▲类。若 $k=5$
时属于哪个类请读者思考。

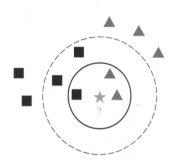

2. k 近邻分类算法及其实现

下面，根据 k 近邻分类原理设计并实现 k 近邻分类
的预测函数。首先，给出 k 近邻分类预测算法。

图 1.6.8　K 近邻分类示意图

（1）输入：已知类别的训练集为（Xtr,ytr），待预测类别的新数据为 X，近邻个数为 k。

（2）过程

① 选择一种距离度量方法（如欧氏距离），计算训练集中的每个点与新数据点之间的距离。

② 按距离递增次序排序。

③ 确定前 k 个点所在类别的出现频率。

④ 返回前 k 个点出现频率最高的类别，作为新数据点的预测类别。

（3）输出：新数据的类别标签为 Ypred。

算法中使用了欧氏距离来度量两个数据点之间的距离。实际上，距离度量方法有多种，除了欧氏距离外，常用的还有曼哈顿距离、闵可夫斯基距离等。欧氏距离最为常用，对于有 m 个特征的样本，两个样本点 $x^{(i)}$、$x^{(j)}$ 间的欧氏距离如（式 1.6.5）。

$$d(x^{(i)},x^{(j)}) = \sqrt[2]{\sum_{t=1}^{m}(x_t^{(i)}-x_t^{(j)})^2} \qquad （式 1.6.5）$$

例如，数据集有 3 个特征，则样本点（1,2,3）和（1,3,5）之间的距离为 $\sqrt[2]{(1-1)^2+(2-3)^2+(3-5)^2}$。

【例 6.3】　编写一个 k 近邻类 KNNClassifier，提供训练方法 train 和预测方法 predict，存入文件 KNN. py 中。

程序代码如下：

```python
import numpy as np

class kNNClassifier:
    def __init__(self,k=1):
        self.Xtr = None
        self.ytr = None
        self.k = k

    def train(self, X, y):
        """X 是 n * d 维的特征矩阵,每行是一个样本;y 是 n * 1 的向量"""
        self.Xtr = X
        self.ytr = y

    def predict(self, X):
        """X 是 m * d 维的特征矩阵,每行是一个待预测的样本"""
        num_test = X. shape[0]
        Ypred = np. zeros(num_test, dtype=self. ytr. dtype)
        #遍历所有测试样本
        for i in range(num_test):
            distances = np. sqrt(np. sum((self. Xtr-X[i,:]) ** 2, axis=1)) # ①计算距离
            sorted_indices = np. argsort(distances)        #②升序排序,返回对应索引
            #③确定前 k 个近邻类标的出现频次
            classCount = {}    #字典:键是类标,值是 k 个点中属于该类的个数
            for j in range(self. k):
                vote_j_label = self. ytr[sorted_indices[j]]
                classCount[vote_j_label]=classCount. get(vote_j_label,0) + 1
            #④字典按值降序排序,返回(类别,频次)二元组列表
            sortedClassCount = sorted (classCount. items(), key = lambda d: d[1],
                                    reverse=True)
            Ypred[i] = sortedClassCount[0][0]        #获取频次最高的类标
        return Ypred
```

KNNClassifier 类有 3 个数据成员：self. Xtr、self. ytr、self. k，其中 self. Xtr、self. ytr 分别设置训练数据的特征矩阵和目标数组，self. k 指定近邻数目。该类还提供两个实例方法 train()和 predict()，其中 train(self,X,y) 用于将传入的训练数据 X、y 分别赋值给数据成员 self. Xtr、self. ytr，而 predict(self,X) 用于预测新样本集 X 中

各个样本所属类别，并返回预测的类标签。

【例 6.4】 预测鸢尾花类别。

用例 6.3 编写的 k 近邻类 KNNClassifier，训练一个 k 为 3 的近邻分类器，计算该分类器的分类准确率、混淆矩阵，输出分类性能报告。

分析：为评估模型的分类准确率，需要从数据集中划出一部分留作测试。

（1）利用 train_test_split() 函数划分数据集

scikit‑learn 的 model_selection 模块提供的 train_test_split() 函数，可按指定比例划分数据集，留出一部分数据作为测试。

train_test_split() 函数格式为

train_test_split (X，y，test_size＝0.25，random_state＝None，…)

说明：

① X 是待拟合的特征矩阵，可以是列表、NumPy 数组、Pandas 的数据网格等。

② y 是目标向量（监督学习），可以是列表、NumPy 数组、Pandas 的 Series 对象等。

③ test_size 是测试集大小，是 float 或 int 型，默认值为 0.25。它是可选参数。

④ random_state 是随机数种子，是 int 型，默认值为 None。它是可选参数。

⑤ 函数返回值是对输入集划分后的结果列表，包含"训练用 X、测试用 X、训练用 y、测试用 y"。

本例从原始数据集（X，y）中抽出 25% 的样本留作测试。

（2）利用 confusion_matrix() 和 classification_report() 函数评估分类性能

scikit‑learn 的 metrics 模块中提供了多个函数用于评估分类器的性能，包括计算预测结果准确率的 accuracy_score(y_true,y_pred) 函数，计算混淆矩阵的 confusion_matrix(y_true,y_pred) 函数，汇总多个指标的分类性能报告 classification_report(y_true,y_pred) 函数。这 3 个函数中参数 y_true 和 y_pred 分别表示真实目标值和分类器返回的预测值。

本例首先读 iris.csv 文件，存入一个 Pandas 的 DataFrame 对象，取其中 species 列作为类别标签存入 y，将其余特征列存入特征矩阵 X。再将 X 和 y 转换为 NumPy 的二维数组。

```
#读 iris.csv 数据
import pandas as pd
iris＝pd.read_csv('iris.csv')
#整理数据
X＝iris.drop('species',axis＝1)          #特征矩阵 X
```

```
y=iris['species']              #目标数组 y

import numpy as np
X = np.array(X)                #转换为(n,d)的 numpy 数组
y = np.array(y,np.newaxis)     #转换为(n,1)的 numpy 数组
```

然后调用 scikit-learn 的 model_selection 模块中的 train_test_split()函数,将数据集(X,y)拆分成训练集(X_train,y_train)和测试集(X_test,y_test)。测试集大小取原始数据集的 25%。

创建一个 $k=3$ 的近邻分类器,用训练集数据训练该分类器。

```
#划分数据集
from sklearn.model_selection import train_test_split
X_train,X_test,y_train,y_test = train_test_split(X,y,random_state=0)

#创建 k=3 的近邻分类器,然后训练
from kNN import kNNClassifier       #导入自定义 KNNClassifier 类
clf = kNNClassifier(3)             #初始化 k=3 的近邻分类器
clf.train(X_train,y_train)         #训练分类器
```

最后,用测试集数据来测试分类器的分类准确率,计算分类结果的混淆矩阵,并输出分类性能报告。

```
#评估模型性能
from sklearn import metrics
y_pred = clf.predict(X_test)                        #测试数据的预测结果
score = metrics.accuracy_score(y_test,y_pred)       #计算分类准确率
print('测试集上分类准确率为:{:.4f}'.format(score))
mat=metrics.confusion_matrix(y_test,y_pred)         #计算混淆矩阵
print("混淆矩阵:\n",mat)
print("分类性能报告:")
print(metrics.classification_report(y_test,y_pred)) #输出分类器性能报告
```

输出结果为

```
测试集上分类准确率为:0.9737
混淆矩阵:
[[13  0  0]
 [ 0 15  1]
```

[0　0　9]]

分类性能报告：

	precision	recall	f1—score	support
Setosa	1.00	1.00	1.00	13
Versicolor	1.00	0.94	0.97	16
Virginica	0.90	1.00	0.95	9
accuracy			0.97	38
macro avg	0.97	0.98	0.97	38
weighted avg	0.98	0.97	0.97	38

在输出的混淆矩阵中，第 2 行第 3 列的值为 1，表明有 1 个 Versicolor 类的样本被错分为 Virginica 类。

3. scikit - learn 中的 kNN 类

scikit - learn 已给出基本 k 近邻分类算法的高效实现，提供了名为 KNeighborsClassifier 的评估器类。该评估器在 neighbors 模块中，使用前需要先导入。

KNeighborsClassifier 类的构造器语法格式为

KNeighborsClassifier (n_neighbors=5,…)

说明：该构造器用于创建一个 k 近邻分类器对象，参数 n_neighbors 用来设置近邻个数，其类型为 int，默认值为 5。

例如，创建一个近邻个数为 1（最近邻）的分类器对象 knn：

```
from sklearn. neighbors import KNeighborsClassifier
knn=KNeigborsClassifier(n_neighbors=1)
```

scikit - learn 为 KNeighborsClassifier 评估器提供了模型训练、预测、评估等常用方法，具体如表 1.6.3 所示。

方　法	说　明
fit(X_train,y_train)	用训练集的数据(X_train,y_train)训练模型，也称用模型来拟合数据。参数 X_train 为特征矩阵，y_train 为目标向量，均为 NumPy 数组类型
predict(X_new)	预测给定数据 X_new 的类标签。X_new 为 NumPy 二维数组类型
score(X, y)	返回在给定测试集（X,y）上，评估器的平均分类准确率。X、y 均为 NumPy 数组类型
kneighbors(X=None, n_neighbors=None, return_distance=True)	查找给定 X 中每个点的 k 个近邻。返回每个点的近邻索引和距离。其中，参数 X 是待查点构成的数组，n_neighbors 设置近邻个数，return_distance 设置是否返回距离

▶表 1.6.3 KNeighborsClassifier 评估器的常用方法

4. 构建和使用 k NN 分类器的步骤

（1）整理数据

先导入数据，然后调用 sklearn. model_selection 库中的 train_test_split（）函数，将数据集拆分成训练集（X_train,y_train）和测试集（X_test,y_test）。

（2）选择模型类，并初始化模型

```
from sklearn. neighbors import KNeighborsClassifier
knn＝KNeighborsClassifier(n_neighbors＝k)　# 创建一个指定 k 的近邻分类器 knn
```

（3）拟合数据

```
knn. fit(X_train,y_train)　#用分类器 knn 拟合训练集数据
```

（4）评估模型

```
knn. score(X_test,y_test)　#在测试集上测试该分类器的分类准确率
```

（5）预测新数据

```
knn. predict(X_new)　#用分类器预测新样本 X_new 的类标签
```

【例 6.5】　评估一个简单的 k 近邻分类器。

在这个例子里，生成一个由两类样本构成的数据集，假设样本数为 100，每个样本有两个特征，而且数据集中的数据以（－2,1）和（0,2）为中心点呈高斯分布。

用 scikit-learn 提供的 k 近邻评估器类，训练一个近邻个数为 5 的近邻分类器，评估它的分类准确率，预测新数据（－1,3）和（－0.9,1.1）的类别，最后画出预测结果的示意图。

分析：本例的首要问题是怎样产生题目所要求的数据集，这可用 sklearn. datasets 库中的 make_blobs（）函数来实现。

make_blobs（）函数语法格式为

make_blobs（n_samples＝100，n_features＝2，centers＝3，cluster_std＝1.0，
　　　　　　random_state＝None，…）

说明：

① n_samples 是待生成的样本总数，是 int 型，默认值为 100。它是可选参数。

② n_features 是每个样本的特征数，是 int 型，默认值为 2。它是可选参数。

③ centers 是分布的中心点数或者固定中心位置的数组。它是 int 型（默认值为3）或形状为（n 个中心，n 个特征）的数组，可选参数。

④ cluster_std 是分布的标准差，是 float 型或 float 序列，默认值为 1.0。它是可

选参数。

⑤ random_state 是随机数种子，是 int 型，默认值为 None。它是可选参数。

⑥ 在函数返回值中，X 是 n_samples×n_features 大小的特征矩阵。y 是 n_samples 大小的标签数组，每个元素对应特征矩阵一行数据的类标签。

在本例中，生成含 100 个样本的数据集，这些样本分别以(−2,1)和(0,2)为中心点呈高斯分布，两个分布的标准差均为 0.6。其代码如下：

```
centers=[(−2,1),(0,2)]
X,y=make_blobs(n_samples=100,centers=centers,random_state=0,cluster_std=0.6)
```

下面分步给出相应程序代码。

（1）生成数据集

```
from sklearn. datasets import make_blobs
centers=[(−2,1),(0,2)]
X,y=make_blobs(n_samples=100,centers=centers,random_state=0,cluster_std=0.6)
from sklearn. model_selection import train_test_split
X_train,X_test,y_train,y_test=train_test_split(X,y,random_state=0)    #拆分数据集
```

（2）初始化模型

使用 scikit-learn 的 neighbors 模块提供的 KNeighborsClassifier 类，初始化一个近邻个数为 5 的近邻分类器。

```
from sklearn. neighbors import KNeighborsClassifier
clf=KNeighborsClassifier(n_neighbors=5)
```

（3）模型训练

```
clf. fit(X_train,y_train)                #模型 clf 拟合训练数据
```

（4）评估模型

```
test_score = clf. score(X_test,y_test)    #在测试集上测试分类准确率
print("测试集上的准确率:",test_score)
```

输出结果为测试集上的准确率：0.92。

（5）预测新数据

应用模型 clf 预测新数据(−1,3)和(−0.9,1.1)的类别。

```
import numpy as np
X_sample=np. array([[−1,3],[−0.9,1.1]])    # scikit-learn 的输入数据必须是二维数组
y_sample=clf. predict(X_sample);
```

```
print("scikit‐learn 中 KNeighborsClassifier 预测结果:{}". format(y_sample))
neighbors=clf. kneighbors(X_sample,return_distance=False);  #返回最近 5 个样本点
```

输出结果为

> scikit‐learn 中 KNeighborsClassifier 预测结果:[1 1]

（6）预测结果可视化

画出预测结果示意图,并在图上标出新数据以及和它最近的 5 个样本点。

```
#画出示意图,把待预测的新数据以及和它最近的 5 个样本点标出来
import matplotlib. pyplot as plt
import seaborn as sns
sns. set(style="ticks")                      #设置图表风格为 ticks(标记网格)

plt. figure(figsize=(12,8),dpi=144)
sns. scatterplot(X_sample[:,0],X_sample[:,1],marker=" * ",hue=y_sample,s=300,
            legend=False)          #待预测点
sns. scatterplot(X_train[:,0],X_train[:,1],marker='o',hue=y_train,
            style=y_train,s=100)  #样本点
c=np. array(centers);
sns. scatterplot(c[:,0],c[:,1],s=150,marker='‘',color='k')    #中心点

for i in neighbors[0]:
    plt. plot([X_train[i][0],X_sample[0][0]],[X_train[i][1],X_sample[0][1]],
            'k——',linewidth=0. 6);
for i in neighbors[1]:
    plt. plot([X_train[i][0],X_sample[1][0]],[X_train[i][1],X_sample[1][1]],
            'k——',linewidth=0. 6);

plt. show()
```

预测结果示意图如图 1.6.9 所示。

在例 6.5 中,构建了 1 个 $k=5$ 的近邻分类器,预测新数据 $(-1,3)$ 和 $(-0.9,$ $1.1)$ 的类别都为 1,预测的准确率是 92%。若改变 k 的取值,预测结果会有什么变化呢? 请读者自己动手试一试。

实际上,模型参数 k 是影响近邻分类器预测效果的一个主要因素,当 k 取不同值时,分类结果会有显著不同。在实践中,较小的 k（如 3 或 5）往往得到较好的结果。此外,度量邻居间距的方法（即距离测度）也会影响预测效果,采用不同的距离测

度，找出的"近邻"可能有显著差别，从而也会导致分类结果不同。scikit‑learn 默认使用欧氏距离，它在多数情况下效果较好。k 值和距离测度是初始化模型时需要指定的参数，也就是 k 近邻法的超参数。

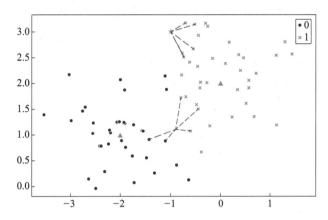

图 1.6.9　$k=5$ 时，对新数据 $(-1,3)$ 和 $(-0.9,1.1)$ 的预测结果示意图

经典 kNN 模型指定 k 个近邻，并等同视之。换句话说，它们投票的分量相同、不分轻重。然而在有些应用场合对新数据的类别判定过程中，k 个近邻产生的影响是不同的，它们投票的分量需要加以区分，因此促生了加权 kNN 算法。在 scikit‑learn 中，通过设置评估类 KNeighborsClassifier 的参数 weights＝distance，即可实现带权 kNN 算法，使得距离越近的近邻点，权重越高。

在数据采样不均匀的情况下，密度不同的区域近邻的分布情况不同，密度高的区域数据云集，而稀疏区域的数据则不靠近，这种情况下指定同样的 k 是不合适的。用指定半径内的点取代距离最近的 k 个点，就发展出了指定半径的 kNN 算法，该算法可取得更好的性能。scikit‑learn 中的 RadiusNeighborsClassifier 类实现了这个算法。

下面以糖尿病预测问题为例，演示如何借助交叉验证在多个模型间择优。

【例 6.6】 *糖尿病预测。*

现有糖尿病数据集，试用 k 近邻、加权 k 近邻、指定半径的 k 近邻法，分别训练各自的糖尿病预测模型，比较 3 个分类器的分类性能，选出最优分类器。

分析：本例的难点在于最优模型的选择。为了能够从多个模型中选出性能最优的模型，需要对每个模型的性能进行可靠评估，前面讲过的 k 折交叉验证法可以满足这个要求。scikit‑learn 的 model_selection 模块提供了可进行 k 折交叉验证的函数 cross_val_score()。

cross_val_score() 函数语法格式为

cross_val_score (estimator, X, y＝None, cv＝3,…)

说明：

① estimator 是评估器对象，是必选参数。

② X 是待拟合的特征矩阵，是列表或数组类型。它是必选参数。

③ y 是待拟合的目标向量（监督学习），是数组类型。它是必选参数。

④ cv 是确定交叉验证拆分策略，其默认值为 3，即 3 折。若 cv 为整数，则指定折数；若 cv 为一个 kFold 发生器，则使用该发生器的策略。

⑤ 函数返回值是评估器在每轮交叉验证中分类准确率构成的得分数组，是实数数组。

cross_val_score() 函数返回一个得分数组，数组中元素的个数是折数，元素的值是每轮验证时评估器的分类准确率。计算所有轮次准确率的均值就可得到模型的预测准确率。

例如，用 4 折交叉验证对一个最近邻模型 clf 进行预测准确率评估，代码如下：

```
from sklearn. neighbors import KNeighborsClassifier
clf= KNeighborsClassifier(n_neighbors=1)
from sklearn. model_selection import cross_val_score
scores=cross_val_score(clf, X, y, cv=4)
scores. mean()
```

本例中糖尿病数据集文件为 diabetes. csv，在 Python 中输入如下代码，观察糖尿病数据。

```
import pandas as pd
data=pd. read_csv('diabetes. csv')
data. head()
```

scikit - learn 提供了获取糖尿病数据集的函数。调用 sklearn. datasets. load_diabetes() 函数返回一个类似字典的对象，通过"对象名 . data"可获取该数据集的特征矩阵，"对象名 . target"获取该数据集的目标向量。

糖尿病数据集由 768 行、9 列构成，每行对应一个样本。前 8 列表示样本的特征（与糖尿病相关的某些诊断量），最后 1 列表示样本所属类别（是否患有糖尿病）。该数据集中的样本分属两个类别：患有糖尿病的样本类标签为 1，没有糖尿病的样本类标签为 0。图 1.6.10 显示了糖尿病数据集中前 5 行数据，第一行是特征名及类标签名（Outcome）。

利用糖尿病数据集创建模型，进行交叉验证，然后选择最优模型，步骤及相应代码如下。

	Pregnancies	Glucose	BloodPressure	SkinThickness	Insulin	BMI	DiabetesPedigreeFunction	Age	Outcome
0	6	148	72	35	0	33.6	0.627	50	1
1	1	85	66	29	0	26.6	0.351	31	0
2	8	183	64	0	0	23.3	0.672	32	1
3	1	89	66	23	94	28.1	0.167	21	0
4	0	137	40	35	168	43.1	2.288	33	1

图 1.6.10 糖尿病数据集前 5 行数据

（1）整理数据

读 diabetes. csv 文件，整理成特征矩阵 X 和目标数组 y。将数据集(X,y)拆分成训练集(X_train,y_train)和测试集(X_test,y_test)。测试集大小为 20%。

```
import pandas as pd
data=pd. read_csv('diabetes. csv')          #返回 DataFrame 类型的数据
X=data. iloc[:,0:8]                          #将 8 个特征值分离出来,存入 X
y=data. iloc[:,8]                            #Outcome 列分离出来作为目标值存入 y
from sklearn. model_selection import train_test_split
X_train,X_test,y_train,y_test=train_test_split(X,y,test_size=0. 2)
```

（2）初始化模型

本例需建立 kNN、加权 kNN、指定半径的 kNN 分类器，可利用 scikit-learn 的 neighbors 模块中的 KNeighborsClassifier 类和 RadiusNeighborsClassifier 类来创建。3 个分类器的近邻个数都设为 3。

```
from sklearn. neighbors import KNeighborsClassifier,RadiusNeighborsClassifier
models=[]
models. append(("KNN",KNeighborsClassifier(n_neighbors=3)))   # k=3 的近邻分类器
models. append(("KNN with weights",KNeighborsClassifier(n_neighbors=3,
            weights="distance")))                #权重算法:距离越近,权重越高
models. append(("Radius Neighbors",RadiusNeighborsClassifier(n_neighbors=3,
            radius=500. 0)))                      #模型半径设为 500
```

（3）模型比较

这里采用 scikit-learn 提供的 cross_val_score()函数进行 k 折交叉验证，计算分类准确率评分的平均值，以提高模型评估的可靠性。

```
from sklearn. model_selection import cross_val_score
results=[]
```

```
for name,model in models：
    cv_result=cross_val_score(model,X,y,cv=10)    # 10 折交叉验证
    results.append((name,cv_result))              # 3 种模型,均得到 10 次评分
for i in range(len(results))：
    print("name：{}; cross val score：{:.4f}".format(results[i][0],
        results[i][1].mean()))                    #求每种模型 10 次评分的平均值
```

输出结果为

name：KNN；cross val score：0.7031

name：KNN with weights；cross val score：0.6992

name：Radius Neighbors；cross val score：0.6498

（4）选择最优模型

选择评分平均值最高的模型 kNN，再次用训练集数据训练该模型，计算评分。

```
knn=KNeighborsClassifier(n_neighbors=3)    # k=3
knn.fit(X_train,y_train)
train_score=knn.score(X_train,y_train)
test_score=knn.score(X_test,y_test)
print("train score:{:.4f}; test score:{:.4f}".format(train_score,test_score))
```

输出结果为 train score:0.851 8；test score:0.655 8。

从上述运行结果可知，对于糖尿病数据集，在 kNN、加权 kNN、指定半径的 kNN 分类器中，kNN 模型的分类性能最佳，它的 10 折交叉验证的平均得分为 0.703 1。选用最优模型 kNN 再次拟合训练数据，然后分别在训练数据集、测试数据集上计算分类准确率，得到 0.851 8 和 0.655 8。可见，无论对训练集还是测试集，kNN 模型都无法达到很高的预测准确率。这说明 kNN 模型对本例的糖尿病预测问题不是一个好的模型。

k 近邻法简单、直观，其泛化错误率不超过最优分类器（贝叶斯分类器）错误率的两倍。k 近邻模型的构建速度通常很快（它几乎没有训练，仅仅记住了训练数据），但是预测速度却较慢。这是因为 k 近邻模型在预测新数据的标签时，需要计算训练集中每一个数据与新数据的距离，系统开销大。因此，在实际应用中，k 近邻法一般被用作对数据进行初步探索的方法。

6.2.3 线性回归

回归任务的建模是建立数据的特征（输入）和连续的目标值（输出）之间关系的

过程。模型一经确定，便可用于新数据的目标值预测。解决回归任务的模型有多种，常用的有线性回归、岭回归、Lasso 等，其中最简单、最基本的模型是线性回归模型。

1. 线性回归原理

【例 6.7】 现有上海某区房屋销售数据，包括房源的序号、面积、房间数、售价，如表 1.6.4 所示。请利用这些数据建立一个模型，完成以下要求。

（1）解释这些数据之间的关系。

（2）用它进行预测，如预测该区一个新发布的房源（2 个房间，面积 71 m²）的售价。

序 号	面积/m²	房间数/个	售价/万元
1	87	3	380
2	98	3	389
3	88	3	398
4	55	1	200
5	84	2	299

▶表 1.6.4
上海某区房屋销售数据（仅列出前 5 行）

确定面积、房间数与价格之间关系的最直接方法是构建一个依据面积和房间数（输入）计算价格（输出）的方程：

$$\text{price} = w_1 \times 面积 + w_2 \times 房间数 + b$$

该方程就是回归方程（regression equation），式中 w_1、w_2 被称为回归系数，b 是偏置，求这些系数（包括截距）的过程就是回归。本例中输出项是输入项的线性组合，这种模型被称为线性回归模型。

线性回归模型将数据拟合成一个线性函数，其一般形式为

$$f(\boldsymbol{x}) = w_1 x_1 + w_2 x_2 + \cdots + w_d x_d + b \qquad \text{（式 1.6.6）}$$

式中 $\boldsymbol{x}$ 是 d 个特征构成的样本列向量，$\boldsymbol{x} = (x_1, x_2, \cdots, x_d)^{\mathrm{T}}$，T 表示向量转置。

给定数据集 $(\boldsymbol{X}, y)$ 有 n 个样本，$\boldsymbol{X} = \{\boldsymbol{x}^{(1)}, \boldsymbol{x}^{(2)}, \cdots, \boldsymbol{x}^{(n)}\}$ 是输入数据的特征矩阵，$y = \{y^{(1)}, y^{(2)}, \cdots, y^{(n)}\}$ 是目标变量的真实值，线性回归目的是寻找一组 $w = (w_1, w_2, \cdots, w_d)^{\mathrm{T}}$ 和 b，使得学到的线性模型能尽可能准确地预测目标变量，即 $f(x^{(i)}) \cong y^{(i)}$，$i = 0, 1, \cdots, n$。

线性回归采用普通最小二乘法（least-mean-square，LMS）寻找参数 w 和 b，使得训练集的预测值与目标的真实值之间的均方误差最小。均方误差（mean square error，MSE）是预测值与真实值之差的平方和除以样本数目。

以均方误差最小为目标所学得的线性回归模型，其预测能力究竟怎样呢？在统计学中，使用模型的决定系数 R^2 来评估回归模型（包括非线性回归）的预测能力。

$$R^2 = 1 - \frac{\sum\limits_{i=1}^{n}(y^{(i)} - \hat{y}^{(i)})^2}{\sum\limits_{i=1}^{n}(y^{(i)} - \overline{y}^{(i)})^2} \qquad (\text{式 } 1.6.7)$$

在（式 1.6.7）中，$y^{(i)}$ 是目标变量的真实值，$\overline{y}^{(i)}$ 表示 $y^{(i)}$ 的均值，$\hat{y}^{(i)}$ 是回归模型对目标变量的预测值。

R^2 可理解为：使用均值对真值的误差作为误差基准，看预测误差是否大于或小于这个基准误差。若 R^2 取值范围在 [0,1] 内，表示目标变量的预测值与真实值之间的相关程度。R^2 值越接近 1，回归分析中自变量对因变量的解释越好。若 R^2 小于 0，说明模型的预测不如作为基准的均值。

2. scikit‐learn 中的线性回归模型

在 scikit‐learn 中用于构建标准线性回归模型的类是 LinearRegression。该类在 sklearn.linear_model 模块中，使用前需先导入。

LinearRegression 类的语法格式为

LinearRegression (fit_intercept＝True, normalize＝False, …)

说明：

① fit_intercept 用于设置是否计算模型截距。它是布尔型，默认值为 True。若其设为 False，则不在计算中使用截距。

② normalize 设置是否规范化。它是布尔型，默认值为 False。如果其值为 True，则输入项将在回归之前被规范化。当 fit_intercept 设置为 False 时，将忽略此参数。

LinearRegression 类有回归系数、截距等属性，也提供了模型训练、预测、评价等常用方法，如表 1.6.5 所示。

▶ 表 1.6.5

LinearRegression 类的常用属性和方法

属性和方法	说　　明
coef_	回归系数（权重向量），一个 NumPy 数组
intercept_	截距，float 型
fit(X_train, y_train)	训练模型的方法
predict(X_new)	预测新数据的方法
score(X, y)	计算模型的决定系数方法

　【例 6.8】　分析例 6.7 中的上海某区房屋销售数据，建立房屋面积、房间数与售价间的线性关系模型，并预测该区一个 2 室 71 m^2 房屋的售价。

　　分析：本例中的数据存储在 estate.csv 文件中。文件内有 31 行、4 列信息。第一行是列名，之后的每一行代表一个样本，共 30 个样本；每一列代表一个特征，4 列分别代表序号、面积、房间数、售价。表 1.6.4 给出了前 5 个样本的信息。

（1）加载数据

从文件中读取数据，存入 DataFrame 对象 data 中，指定原文件中列号 0 的列作为 data 的行索引。data 的前两列数据是特征，取出赋给 X；data 最后一列是目标值，取出赋给 y。

```
import pandas as pd
filename='estate. csv'
data=pd. read_csv(filename,index_col=0)
X=data. iloc[:,:2]
y=data. iloc[:,2]
```

（2）观察特征与目标变量的相关程度

为观察每个特征与目标变量之间的相关程度，画出各维特征与目标变量的散点图。

```
import matplotlib. pyplot as plt
#房屋面积与售价的散点图
X0=data. iloc[:,0]
plt. subplots_adjust(hspace=0. 4,wspace=0. 4)
plt. subplot(1,2,1)
plt. scatter(X0,y)
plt. xlabel("size")
plt. ylabel("price")


#房间数与售价的散点图
X1=data. iloc[:,1]
plt. subplot(1,2,2)
plt. scatter(X1,y)
plt. xlabel("Number of rooms")
plt. ylabel("price")
plt. show()
```

各维特征与目标变量的散点图如图 1.6.11 所示。

（3）创建并训练回归模型

先将房屋销售数据集划分为训练集和测试集。利用 scikit‐learn 的 LinearRegression 初始化一个线性回归模型，并拟合训练集数据，返回模型的回归系数和截距。

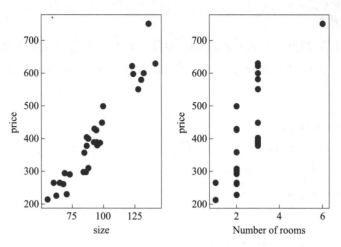

图 1.6.11　各维特征与目标变量的散点图

```
from sklearn. linear_model import LinearRegression
from sklearn. model_selection   import train_test_split

Xtrain,Xtest,ytrain,ytest = train_test_split(X,y,random_state=42)
lr=LinearRegression(). fit(Xtrain,ytrain)   #初始化模型并拟合训练集数据
print("模型的回归系数为:",lr. coef_)
print("模型的截距为:{:. 4f}". format(lr. intercept_))
print("决定系数为:{:. 4f}". format(lr. score(Xtest,ytest)))
```

输出结果为

模型的回归系数为: $\begin{bmatrix} 5.37682127 & 23.40932013 \end{bmatrix}$

模型的截距为: -152.7847

决定系数为: 0.9069

训练好的回归模型对象为 lr，其回归系数和截距可由属性 lr. coef_和 lr. intercept_
查得，得到线性回归方程如下：

$$y=5.377x_1+23.409x_2-152.785$$

（4）模型保存与加载

训练好的模型可以保存到文件中，以备后续预测新数据时加载使用。Python 的
joblib 库提供了 dump() 函数，可将模型保存为 pkl 文件。下次使用前，可调用 joblib
库的 load() 函数加载该模型文件，便可直接使用这个已经训练好的模型。

joblib. dump() 为保存模型到指定的文件中；joblib. load() 为用指定的模型文件加
载模型。

```
import joblib
joblib. dump(lr,'Lr. pkl')              #将模型保存在 Lr. pkl 文件中


import numpy as np
Lr=joblib. load('Lr. pkl')              #重新加载模型
new_X=np. array([[71,2]])               #新数据(71,2)
print("该房价预测为:{:.4f}". format(Lr. predict(new_X)[0]))      #预测新数据
```

输出结果为

　　该房价预测为:275.788 2

在本例中，利用所学到的线性回归模型预测一个面积为 $71\,m^2$ 的两居室的新房源售价，预测价格为 275.788 2 万元。

标准线性回归模型易于建模，并且具有良好的可解释性。但是，它将变量限制在线性关系上，难以对复杂的数据行为进行建模。解决方法之一是对线性模型进行扩展，利用基函数对原始数据进行变换，将变量间的线性回归模型转换为非线性回归模型。

3. 基函数回归

标准线性回归模型的函数为（式 1.6.6），令 $x_k = g_k(x)$，这里 $g_k(\cdot)$ 是数据转换函数。若 $g_k(x) = x^k$，$k = 1, 2, \cdots, d$，则模型变成多项式回归：

$$f(\boldsymbol{x}) = w_1 x + w_2 x^2 + w_3 x^3 + \cdots + w_d x^d + b \qquad (式 1.6.8)$$

从（式 1.6.8）到（式 1.6.6），实质是将一维的 $\boldsymbol{x}$ 投影到了高维空间的向量 $(x_1, \cdots, x_d)^{\mathrm{T}}$。这样，若对低维线性模型中的特征进行某种非线性变换来扩展原有特征集合，增加更复杂的特征，可更好地拟合非线性数据。这种特征变换函数被称为基函数，常用的基函数有多项式基函数、高斯基函数。先利用基函数对原始数据做特征变换，然后对扩展后的数据进行线性回归的方法统称为基函数回归。多项式基函数回归常称为多项式回归。

多项式基函数是较为常用的特征变换方法，scikit-learn 的 preprocessing 模块中内置的 PolynomialFeatures 类实现了该功能。

PolynomialFeatures 类的语法格式为

PolynomialFeatures (degree=2, include_bias=True, …)

说明：

① degree 指定多项式特征的度数，即多项式的次数。它是 int 型，默认值是 2。

② include_bias 设置是否包括偏置列。它是布尔型，默认值为 True。

PolynomialFeatures 用来生成一个新的特征矩阵，该矩阵由度数小于或等于指定度数的所有多项式特征组合组成。例如，如果输入样本是二维的且形式为[a,b]，则

二次多项式特征为$[1, a, b, a**2, a*b, b**2]$。

PolynomialFeatures 提供的特征变换函数主要有 fit()、transform()、fit_transform()。fit()计算输出特征的数量,transform()对数据进行变换,fit_transform()是前两个函数的复合。

fit_transform()函数的格式为

fit_transform(X,[y=None])

说明:该方法先根据 X 计算输出特征的数量,然后执行变换,返回 X 的变换后结果。

例如,$\boldsymbol{X}=[[2,3],[5,6]]$,利用 PolynomialFeatures 产生 $\boldsymbol{X}$ 的二次多项式特征矩阵 $\boldsymbol{X}1$,代码如下。

```
from sklearn. preprocessing importPolynomialFeatures
X = [[2,3],[5,6]]
poly = PolynomialFeatures(2)        #二次多项式特征变换
X1 = poly. fit_transform(X)         #变换结果存入 X1
print("变换得到 X1:\n",X1)
```

输出结果为

变换得到 X1:

[[1. 2. 3. 4. 6. 9.]

 [1. 5. 6. 25. 30. 36.]]

对数据进行多项式变换后,需用线性回归模型对变换得到的数据进行拟合、预测。这种经常要先后执行的对数据的处理操作,可用管道串联起来。scikit-learn 的 pipeline 模块提供了管道类。

一个管道可包含多个处理节点,在 scikit-learn 中,除最后一个节点外,其他节点都必须实现 fit()和 transform(),最后一个节点只需要实现 fit()。当训练数据被送入管道对象进行处理时,它将逐个调用节点的 fit()和 transform(),然后调用最后一个节点的 fit()来拟合数据。

例如,一个将多项式变换、线性回归拟合串起来的管道对象,其示意图如图 1.6.12 所示。

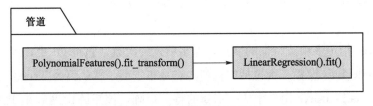

图 1.6.12 管道对象示意图

相应代码如下:

```
from sklearn. preprocessing import PolynomialFeatures
from sklearn. linear_model import LinearRegression
from sklearn. pipeline import make_pipeline
model＝make_pipeline(PolynomialFeatures(degree＝2),LinearRegression())
```

上面代码创建了一个管道对象 model。管道对象可以直接对输入数据进行拟合、预测处理,自动完成管道中各个节点的操作。例如:

```
model. fit(X,y)
model. predict(X)
```

【例6.9】 构建一个7次多项式回归模型,用于拟合带噪声的正弦波。

下面分步详解本例的代码。

(1) 生成正弦波形态的非线性数据

先产生$[0,10]$均匀分布的 50 个数据,存入 x。令 y 等于 $\sin(x)$加上"均值为 0、标准差为 0.1 的正态分布的噪声"。画出数据的散点图。

```
import matplotlib. pyplot as plt
import numpy as np
rng = np. random. RandomState(1)
x = 10 * rng. rand(50)
y = np. sin(x) + 0. 1 * rng. randn(50)
plt. scatter(x,y)
plt. show()
```

数据的散点图如图 1.6.13 所示。

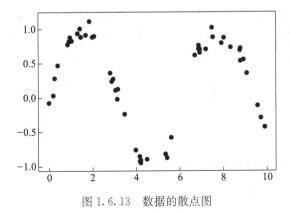

图 1.6.13　数据的散点图

（2）创建多项式回归模型

利用管道创建一个7次多项式回归模型，然后拟合数据、预测新数据，画出拟合曲线。

```
from sklearn. preprocessing import PolynomialFeatures
from sklearn. linear_model import LinearRegression
from sklearn. pipeline import make_pipeline

poly_model = make_pipeline(PolynomialFeatures(7),LinearRegression())
poly_model. fit(x[:, np. newaxis], y)
xnew=np. linspace(0,10,1000)
ypred = poly_model. predict(xnew[:, np. newaxis])
plt. scatter(x, y)
plt. plot(xnew, ypred)
```

画出的拟合曲线如图1.6.14所示。

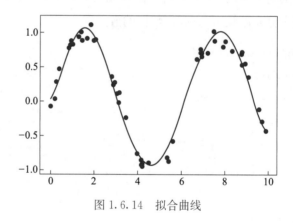

图 1.6.14   拟合曲线

除多项式基函数外，常用的基函数还有高斯基函数，scikit - learn 中内置的 GaussianFeatures 变换器实现了该功能。虽然引入基函数令线性回归模型更加灵活，但也容易造成过拟合，通常采用正则化来解决，如，岭回归采用L_2范数正则化，Lasso 采用L_1范数正则化。感兴趣的读者可查阅 scikit - learn 在线文档了解详情。

6.2.4   支持向量机

6.2.3节介绍了一种用于回归的线性模型，本节将介绍一种用于分类的线性模型——支持向量机（support vector machine，SVM）。

线性分类用一个线性判别函数来判定新数据的类别。以两类问题为例，线性分类

寻找一个超平面来将两类样本分开。这个超平面被称为分类超平面，它可用如下公式
表示：

$$w^T x + b \tag{式1.6.9}$$

其中，x 是 d 维空间的样本 $(x_1, x_2, \cdots, x_d)^T$，$w = (w_1, w_2, \cdots, w_d)^T$ 是权向量，b 是
偏置。当 $w^T x + b > 0$ 时，线性分类器预测 x 为正类；而当 $w^T x + b < 0$ 时，线性分类器
预测 x 属于负类。

1. 线性 SVM 原理

对于二维空间的样本，两类样本的分类超平面是直线。当数据集线性可分时，能
将两类样本正确分开的直线通常有多条。如图 1.6.15 所示，选择不同的分隔线，可
能让新数据点（★）分配到不同的类标签。哪一条分割线更可信呢？

分类超平面离每个类别最近的数据点越远，
其分类结果越可信。图 1.6.15 中粗实线离开每
个类别最近的数据点最远，其分类结果可靠性
最高，称为最优分类超平面（简称最优超平
面）。与最优分类超平面最近的数据点称为支
持向量（support vector），图 1.6.15 中带圆圈
的点。通过支持向量且与最优超平面平行的两
条虚线之间的距离称为间隔（margin）。

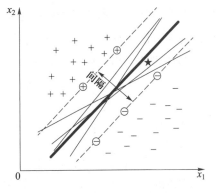

图 1.6.15　分类超平面

线性 SVM 的基本思想就是寻找一个分类
超平面，它能把数据集的数据正确地分类，并且间隔最大。

线性 SVM 以间隔最大为优化目标，以数据正确分类为约束条件，将线性分类问
题转换为一个带约束条件的函数极值求解问题，以便利用最优化算法寻找间隔最大的
分类超平面。最常用的优化算法是序列最小优化（sequential minimal optimization，
SMO）算法。

对于线性可分的数据集，一定存在能够将该数据集所有数据点都正确分类的超平
面。然而在实际应用中，通常数据集在
原空间中是线性不可分的。如图 1.6.16
所示，这个数据集在原二维空间的决策
边界是非线性的，当将其投影到三维特
征空间后，就能找到一个决策超平面将
变换后的数据正确分类。但是，将数据
映射到高维空间，可能产生因维数过高
而难以直接计算的问题。SVM 等方法利

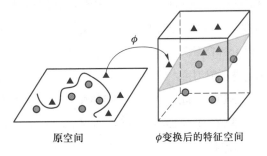

图 1.6.16　特征空间映射

用一种核技巧技术，巧妙地回避了对新的高维表示进行直接计算。

核技巧（kernel trick）的基本思想是，若想在变换后的高维特征空间中找到间隔最大的决策超平面，并不需要直接在新空间中计算点的坐标值，只要算得新空间中"点对之间的距离"，而利用核函数可以高效地完成这种计算。

核函数（kernel function）是假设 $x^{(i)}$ 和 $x^{(j)}$ 是原空间的两个样本，$\phi(x)$ 是变换函数，"·"是点积运算符。如果有一个函数 $k(x^{(i)}, x^{(j)})$，能得到与 $\phi(x^{(i)}) \cdot \phi(x^{(j)})$ 相同的结果，而无须计算 $\phi(x^{(i)})$ 和 $\phi(x^{(j)})$，即满足（式 1.6.10），则称函数 k 为核函数。

$$k(x^{(i)}, x^{(j)}) = \phi(x^{(i)}) \cdot \phi(x^{(j)}) \qquad (\text{式 1.6.10})$$

许多机器学习算法都可写成样本对之间的点积形式，用核函数 $k(x^{(i)}, x^{(j)})$ 替换点积运算 $\phi(x^{(i)}) \cdot \phi(x^{(j)})$，让运算留在原空间中进行，就避免了先对输入进行 $\phi(x)$ 高维变换后计算点积所带来的维数灾难，降低了计算复杂度。所有使用核技巧的算法统称为核方法或核机器。核方法的关键是选择合适的核函数。常用的核函数有线性核、多项式核、高斯核等，如表 1.6.6 所示。

名　　称	表　达　式	参　　数
线性核	$k(x^{(i)}, x^{(j)}) = x^{(i)} \cdot x^{(j)}$	$x^{(i)}$ 和 $x^{(j)}$ 是原空间的两个样本
多项式核	$k(x^{(i)}, x^{(j)}) = (x^{(i)} \cdot x^{(j)})^d$	$d \geqslant 1$ 为多项式的次数
高斯核	$k(x^{(i)}, x^{(j)}) = \exp\left(-\dfrac{\|x^{(i)} - x^{(j)}\|^2}{2\delta^2}\right)$	$\delta > 0$ 为高斯核的带宽

SVM 一经提出就受到广泛关注，它即可用于分类，也可用于回归任务。SVM 在简单的分类问题上表示出极好的性能，并拥有最优化理论支持，且适于严谨的数学分析，因而易于理解和解释。在深度学习提出前，SVM 是实践中非常流行的算法之一。但是，SVM 虽然在小样本数据集上效果良好，却很难扩展到大数据集。

2. scikit-learn 中的 SVM 模型

scikit-learn 的 svm 模块给出了多个 SVM 算法的实现，其中用于分类的评估器有 SVC、NuSVC 和 LinearSVC，它们都支持多类的分类任务。SVC 与 NuSVC 方法类似，两者都是核函数 SVM 模型，只在参数和公式上略有不同，但实质是等价的。而 LinearSVC 只是线性支持向量机，不接受 Kernel 参数。本节以 SVC 为例介绍支持向量机的使用。

SVC 在 sklearn.svm 模块中，它的语法格式为

SVC (C=1.0, kernel='rbf', gamma='scale', …)

说明：

① C 是误差项的惩罚参数，是 float 型，一般取 10^n，如 0.1、1.0、10 等，默认

值是 1.0。

② kernel 设置算法中使用的核函数类型，是 String 型，可取 linear（线性核）、poly（多项式核）、rbf（高斯核）、sigmoid（核函数），默认值是 rbf。

③ gamma 设置核函数的系数，其值域为{'scale','auto'}或 float 型，默认值为 scale。如果 gamma 取值 scale（默认值），则使用 $1/(\text{n\_features} * X.\text{var}())$ 作为 gamma 的值；如果 gamma 取值 auto，则使用 $1/\text{n\_features}$。

SVC 用 support_vectors_、dual_coef_ 等属性存放支持向量相关信息，并提供了用于模型训练、预测、评估的方法，SVC 的常用属性和方法如表 1.6.7 所示。

属性或方法	描　述
support_vectors_	支持向量，类数组型
dual_coef_	决策方程中支持向量的系数，数组型
fit(X_train, y_train)	训练模型，X_train、y_train 均为数值型 NumPy 数组
predict(X_new)	预测新数据的类别
score(X, y)	计算模型的分类准确率

▶表 1.6.7
SVC 的常用属性和方法

SVC 既可用于两分类，也可用于多分类任务，下面分别举例说明。

【例 6.10】 SVM 乳腺癌预测。

利用威斯康星州乳腺癌数据集（俗称 cancer 数据集），构建 RBF 核 SVM，训练并测试该模型，并分析测试结果。尝试如下改进策略。

（1）采用 0-1 缩放方法预处理数据，使得数据的各个特征大致在同一范围变化。在缩放后的数据上再次拟合 SVM，计算预测准确率。

（2）调节模型参数 C 和 gamma，从多种参数组合中选出最佳参数组合，以改进拟合效果。

分析：本例是一个两分类问题，下面分步详解。

（1）加载数据

威斯康星州乳腺癌数据集中记录了乳腺癌肿瘤的临床测量数据。每个数据都已被标记为"良性"或"恶性"，其任务是基于人体组织的测量数据来学习预测肿瘤是否为恶性。该数据集共 569 个样本（其中良性 357 个，恶性 212 个），30 个特征。

首先，利用 scikit-learn 中 datasets 模块的 load_breast_cancer()函数来加载数据。该函数返回一个类似字典的数据对象，通过"对象名.keys()"方法可查看其键列表。

```
from sklearn.datasets import load_breast_cancer
cancer=load_breast_cancer()
print(cancer.keys())          #查看 cancer 数据的 keys
```

输出结果为

dict_keys(['data', 'target', 'frame', 'target_names', 'DESCR', 'feature_names', 'filename'])

说明：'data'的值是数据，即特征矩阵；'target'的值是类标签数组；'feature_names'的值是特征名；'target_names'的值是类名；'DESCR'的值是数据集的描述信息。

输入下列语句，查看 cancer 数据集的形状和特征名。

```
print("cancer 数据的形状：",cancer. data. shape)
print("cancer 数据的特征名称：",cancer. feature_names)
```

输出结果为

cancer 数据的形状：(569，30)

cancer 数据的特征名称：['mean radius' 'mean texture' 'mean perimeter' 'mean area' …]

（2）模型创建、训练与测试

首先，调用 model_selection 模块的 train_test_split()函数，将数据集拆分成训练集（75％的数据）和测试集（25％的数据）。

然后，创建 SVC 分类器 clf，设参数 kernel='rbf'，C=1.0，gamma=0.1。

```
from sklearn. model_selection import train_test_split
X_train,X_test,y_train,y_test=train_test_split(cancer. data,cancer. target,
                                               random_state=0)
from sklearn. svm import SVC
clf=SVC(kernel='rbf',C=1.0,gamma=0.1)    #构建 svm 分类器
```

最后，用训练集数据训练分类器 clf，计算所得模型的分类精度。

```
svm. fit(X_train,y_train)                    #模型训练
print("训练集上准确度为:{:.2f}". format(svm. score(X_train,y_train)))
print("测试集上准确度为:{:.2f}". format(svm. score(X_test,y_test)))
```

输出结果为

训练集上准确度为:1. 00

测试集上准确度为:0. 63

结果分析：该模型在训练集上准确度为 100％，而在测试集上为 63％，呈现严重过拟合。其原因之一可能与 cancer 数据中不同特征的取值范围差异较大有关。SVM 对特征取值范围的差异敏感，要求所有特征具有相似的变化范围。解决该问题的一种方法是对特征进行规范化，使得每个特征取值都在同一范围内变化。

scikit‐learn 模块 preprocessing 中提供了多种可进行数据规范化的类，其中 Min-MaxScaler 类是可将数据缩放到指定范围内。

MinMaxScaler 类的语法格式为

MinMaxScaler (feature_range＝(0,1),copy＝true)

说明：将特征取值缩放到 feature_range 指定范围内，默认范围为 0～1。

下面对乳腺癌数据特征进行 0－1 规范化，然后再次训练模型，观察其性能。

（3）采用 0－1 缩放，预处理数据

```
from sklearn. preprocessing import MinMaxScaler       #导入缩放器类
scaler＝MinMaxScaler()                                #创建 0－1 缩放器
scaler. fit(X_train)                                  #拟合数据,即计算特征的最大值和最小值
X_train_scaled＝scaler. transform(X_train)           #将 X_train 缩放到[0,1]
X_test_scaled＝scaler. transform(X_test)             #将 X_test 缩放到[0,1]
svm. fit(X_train_scaled,y_train)                      #在缩放后的训练数据上学习 SVM
print("缩放后训练集上准确度:{:. 2f}". format(svm. score(X_train_scaled,y_train)))
print("缩放后测试集上准确度:{:. 2f}". format(svm. score(X_test_scaled,y_test)))
```

输出结果为

> 缩放后训练集上准确度:0.96
> 缩放后测试集上准确度:0.95

结果分析：缩放处理后，svm 的性能有明显提升。但测试集和训练集的准确度非常接近，仍没接近 100% 的准确度，说明模型处于欠拟合状态，可通过调大模型参数 C 或 gamma 来改进。

（4）调节 SVM 模型参数

```
#调大 svm 参数 C 或 gamma,以拟合更复杂的模型,这里调大 C
svm＝SVC(C＝1000)
svm. fit(X_train_scaled,y_train)

print("C＝1000 已缩放训练集上准确度:{:. 3f}". format(svm. score(X_train_scaled,
    y_train)))
print("C＝1000 已缩放测试集上准确度:{:. 3f}". format(svm. score(X_test_scaled,
    y_test)))
```

输出结果为

> C＝1000 已缩放训练集上准确度:0.988
> C＝1000 已缩放测试集上准确度:0.972

结果分析：调节 SVM 模型的超参数"误差惩罚系数 C"，令其等于 1 000 时，可以显著地改进模型。这是因为调大 C 就加大了对错分情况的惩罚力度，进而提高了分

类的准确率。由此可见，调参对提升 SVM 模型的泛化性能很重要。读者可以尝试同时调节 svm 参数 C 和 gamma，看看能否找到一组参数使得分类器的性能达到最优。

3. scikit-learn 中的网格搜索

寻找使模型泛化性能最优的超参数对所有参数模型都是必要的。但是手动调参十分费时，特别是有多个超参数的情况。scikit-learn 提供了一种带交叉验证的网格搜索（grid search）方法，可根据人们提供的超参数取值，穷尽搜索指定评估器的超参数组合，通过交叉验证方式找出最优超参数组合。scikit-learn 提供的 GridSearchCV 类以元评估器的形式实现了该方法。

GridSearchCV 类在 sklearn.model_selection 模块中，它的语法格式为

GridSearchCV（estimator，param_grid，scoring＝None，cv＝None，…）

说明：

① estimator 是待优化超参数的评估器对象（即模型对象），如 SVC 分类器。

② param_grid 为穷举搜索提供超参数取值网格，其为字典类型，以评估器的超参数名为键、对应的取值列表作为值。

③ scoring 在测试集上评估交叉验证模型性能的策略，其默认值为 None，此时使用评估器默认的性能评价指标。分类时常用 accuracy。

④ cv 设置交叉验证拆分策略，其为 int 型或交叉验证生成器，默认值为 None，此时使用交叉验证默认的 5 折。

GridSearchCV 类提供了模型训练、预测、评估的常用属性和方法，如表 1.6.8 所示。

▶表 1.6.8　GridSearchCV 类的常用属性和方法

属性或方法	描　述
best_estimator_	通过搜索选出的评估器，即在验证集上得分最高的评估器
best_params_	在验证集上得分最高的参数组合
fit(X_train,y_train)	运行所有参数集来拟合数据。X_train、y_train 均为数值型 NumPy 数组
predict(X_new)	调用具有最佳参数的评估器进行预测
score(X, y)	计算评估器在给定数据上的分类性能得分

在例 6.10 中，用 SVM 解决一个两类问题，实际上 SVM 还可用于多类任务。下面以人脸识别为例，来演示 SVM 在多类任务中的应用。在这个例子中，还将演示如何使用交叉验证网格搜索来寻找最优参数组合及其对应的最优模型。

【例 6.11】　SVM 人脸识别。

为带标签的人脸图像数据集 Wild 构建一个 SVM 分类器。利用交叉验证网格搜索来训练，以寻找最优参数组合及其对应的最优模型。

分析：本例是一个多分类问题，下面分步详解。

（1）获取数据

Wild 数据集里包含数千张公开的人脸照片。scikit–learn 内置了获取该数据集的函数 fetch_lfw_people()。下面加载数据，查看数据中人脸对应的姓名和人脸图像的形状。

```
from sklearn. datasets import fetch_lfw_people
faces = fetch_lfw_people(min_faces_per_person=60,funneled=False)
print(faces. target_names)
print(faces. images. shape)
```

输出结果为

```
['Ariel Sharon' 'Colin Powell' 'Donald Rumsfeld' 'George W Bush'
'Gerhard Schroeder' 'Hugo Chavez' 'Junichiro Koizumi' 'Tony Blair']
(1348, 62, 47)
```

每张人脸图像含有 $62 \times 47 = 2\,914$ 像素。每个像素是一个特征，该数据集就有 $2\,914$ 个特征。为提高处理效率，先使用 PCA（主成分分析）来提取 150 个主成分，然后以此为特征训练 SVC。

（2）创建预处理器和分类器，构成管道

scikit–learn 提供的 PCA 类可提取指定数目的主成分。

PCA 类在 sklearn. decomposition 模块下，它的语法格式为

PCA（n_components=None,whiten=False, random_state=None,…）

说明：

① n_components 是提取的主成分个数。若未设，则取 min（样本数，特征数）。

② whiten 设置是否白化，其默认值为 False。白化有时可以提高下游估计器的预测精度。

本例中先创建一个 PCA 预处理器和一个 SVC 分类器，然后将降维预处理和分类器训练串联成管道。

```
#用 PCA 提取 150 个主成分
from sklearn. decomposition import PCA
from sklearn. svm import SVC
from sklearn. pipeline import make_pipeline


pca = PCA(n_components=150,svd_solver='randomized',
          whiten=True,random_state=42)          #白化提高下游预测精度
svc = SVC(kernel='rbf',class_weight='balanced')  #创建 svm 分类器
model = make_pipeline(pca,svc)                    #创建管道
```

（3）网格搜索最优参数组合

利用 GridSearchCV 搜寻模型的最优参数组合。超参数取值网格是一个字典，其中键是模型的超参数名称，值是超参数的取值集合。模型的超参数名称可调用它的 get_params()查知。在此，调用 model.get_params()查得超参数为 svc__C 和 svc__gamma。

```
from sklearn.model_selection import train_test_split
Xtrain,Xtest,ytrain,ytest=train_test_split(faces.data,faces.target,random_state=42)


#交叉验证网格搜索
from sklearn.model_selection import GridSearchCV
param_grid={'svc__C':[1,5,10,50],'svc__gamma':[0.0001,0.0005,0.001,0.005]}
grid = GridSearchCV(model,param_grid,cv=3)
grid.fit(Xtrain,ytrain)
print(grid.best_params_)    #输出最优参数组合
```

输出结果为{'svc__C': 1, 'svc__gamma': 0.005}。

（4）获取最优模型，评估模型

```
model = grid.best_estimator_    #最优模型
print("最优模型在测试集上得分:{:.3f}".format(model.score(Xtest,ytest)))
yfit = model.predict(Xtest)
```

输出结果为最优模型在测试集上得分：0.831。

（5）打印分类性能报告和可视化混淆矩阵

```
from sklearn.metrics import classification_report
print(classification_report(ytest,yfit,target_names=faces.target_names))


import seaborn as sns; sns.set()    #设置 seaborn 绘图风格
from sklearn.metrics import confusion_matrix
mat = confusion_matrix(ytest,yfit)
sns.heatmap(mat.T, square = True,annot = True, fmt='d', cbar=False,
                        xticklabels = faces.target_names,
                        yticklabels = faces.target_names)
plt.xlabel('true label')
plt.ylabel('predicted label')
plt.show()
```

输出结果为

	precision	recall	f1－score	support
Ariel Sharon	0.83	0.67	0.74	15
Colin Powell	0.92	0.88	0.90	68
Donald Rumsfeld	0.74	0.74	0.74	31
George W Bush	0.86	0.90	0.88	126
Gerhard Schroeder	0.57	0.87	0.69	23
Hugo Chavez	1.00	0.40	0.57	20
Junichiro Koizumi	1.00	0.83	0.91	12
Tony Blair	0.80	0.83	0.81	42
accuracy			0.83	337
macro avg	0.84	0.77	0.78	337
weighted avg	0.85	0.83	0.83	337

数据预测结果的混淆矩阵如图 1.6.17 所示。

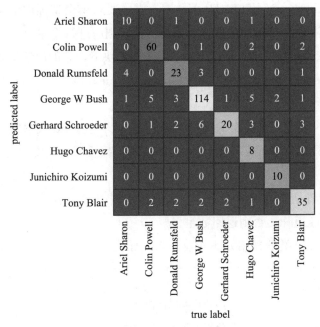

图 1.6.17 数据预测结果的混淆矩阵

4. 非数值特征处理

前面例子中的数据都是数值类型的数据，每列描述数据点的连续特征

（continuous feature）。而许多实际应用中遇到的数据却不是这样的。比如，对于蘑菇是否有毒进行预测的问题，菌盖颜色就非常重要，而这个特征的可能取值来自一系列固定的类别（棕色，浅黄色，肉桂色，灰色，绿色，粉色，紫色，红色，白色，黄色），它表示的是定性属性而非定量数值，不以连续的方式变化，不同的取值之间也没有顺序，这类特征被称为分类特征（categorical feature）或分类变量，也称为离散特征（discrete feature）。

在 scikit‑learn 中，所有评估器所接收的输入数据都是数值类型的。如果想在含有分类特征的数据上训练一个评估器，无论是分类器还是回归器，都需要换一种方式来表示数据。

表示分类变量最常用的方法是使用独热编码（one-hot-encoding）或称 N 取一编码（one-out-of-N encoding），也称虚拟变量（dummy variable）。其思想是将一个分类变量替换为一个或多个新特征，新特征取值 0 或 1。对分类变量的每个类别引入一个新特征，若分类变量有 t 个类别，独热编码后将替换成 t 个新特征。

对数据中的分类特征进行独热编码的方法有以下两种。

① 调用 pandas. get_dummies()函数，该函数可自动变换所有具有对象类型（如字符串）的特征列。

② 使用 scikit‑learn 的 OneHotEncoder 类，要求单个特征取值全是字符串或者全为整数，不能混合字符串和数值。如果是数值，则应进行排序。

OneHotEncoder 类在 sklearn. preprocessing 模块下，它的语法格式为

OneHotEncoder（categories='auto', sparse=True, …）

说明：

① categories 设置每个要素的类别（唯一值），取值 auto 或数组列表，默认值为 auto，根据训练数据自动确定类别。categories 若为数组列表，则类别［i］包含第 i 列中预期的类别。

② sparse 设置是否返回稀疏矩阵，取值布尔型，默认值为 True。sparse 如果为 True，则返回稀疏矩阵；否则返回数组。

OneHotEncoder 类的常用方法如表 1.6.9 所示。

▶ 表 1.6.9
OneHotEncoder
类的常用方法

方　　法	描　　述
fit(X)	用独热编码器拟合 X
transform(X)	使用独热编码器变换 X
fit_transform(X)	先用独热编码器拟合 X，然后变换 X
inverse_transform(X)	将数据转换回原始表示形式

下面以汽车等级评估为例，使用 OneHotEncoder 来对其中的分类特征进行独热
编码预处理。

【例 6.12】 SVM 汽车等级评估。

根据用户购买汽车时关注的指标（如价格、舒适性、安全性），为一款汽车做等
级评估。利用 UCI 的 car. data 数据，训练一个 SVM 分类器，并评估分类性能，画出
分类器结果的混淆矩阵。

car. data 共有 1 728 条数据，其中每一行包含 6 个特征和 1 个分类标签，7 列描述
如表 1.6.10 所示。

列　号	列　名	含　义	可　取　值
1	buying	购买价格	vhigh,high,med,low
2	maint	维护费用	vhigh,high,med,low
3	doors	车门数量	2,3,4,5,more
4	persons	定员人数	2,4,more
5	lugs_boot	行李箱大小	small,med,big
6	safety	安全等级	low,med,high
7	class	分类标签	unacc,acc,good,vgood

▶表 1.6.10
6 个特征和 1
个分类标签

分析：前 6 列是特征列，且各列数据均是字符串。因此，用 OneHotEncoder 对前 6
列进行独热编码；最后一列是分类标签（class），取值有 unacc、acc、good、vgood 代表
由低到高的等级，用 LabelEncoder 将该列的 4 种不同取值转换为 0~3 的数字。

若一个数组包含 n 个不同的值，只要值不变且可比较，就可用 LabelEncoder 将
原数组的值转换为 $0\sim n-1$ 的数字。LabelEncoder 类也在 sklearn. preprocessing 模块
下，常用方法与 OneHotEncoder 相同，它的常用属性有 classes_，可用于查看每个编
码对应的原始值。

下面分步详解。

（1）获取数据

用 NumPy 提供的读文本文件的函数 genfromtxt()获取数据。

```
import numpy as np
data = np. genfromtxt(r'.. \\data\\car. data',delimiter = ',',dtype = np. str)
```

（2）数据预处理

```
#特征矩阵用 OneHotEncoder 编码,目标数组用 LabelEncoder 编码
from sklearn. preprocessing import OneHotEncoder
from sklearn. preprocessing import LabelEncoder
```

```
oh = OneHotEncoder(sparse=False)
le = LabelEncoder()
X=data[:,:-1]
y=data[:,-1]
X = oh.fit_transform(X)
y = le.fit_transform(y)
```

（3）模型创建、训练与测试

```
from sklearn.svm import SVC
from sklearn.model_selection import train_test_split


Xtrain,Xtest,ytrain,ytest = train_test_split(X,y,test_size = 0.3,random_state=3)


clf = SVC(kernel='rbf',random_state=42)
clf.fit(Xtrain,ytrain)


print("训练集上的准确率:{:.3f}".format(clf.score(Xtrain,ytrain)))
print("测试集上的准确率:{:.3f}".format(clf.score(Xtest,ytest)))
```

输出结果为

```
训练集上的准确率:0.988
测试集上的准确率:0.971
```

（4）画出混淆矩阵

```
import matplotlib.pyplot as plt
import seaborn as sns; sns.set()        #设置 seaborn 绘图风格
from sklearn.metrics import confusion_matrix


yfit = clf.predict(Xtest)


plt.figure(figsize=(4,4),dpi=150)  # dpi 设置像素值
mat = confusion_matrix(ytest,yfit)
sns.heatmap(mat.T, square = True,annot = True, fmt='d', cbar=False,
            xticklabels = le.classes_,yticklabels = le.classes_)
plt.xlabel('true label')
plt.ylabel('predicted label')
plt.show()
```

输出结果如图 1.6.18 所示。

5. SVM 的优点和缺点

SVM 是一种非常强大的模型，在低维和高维、线性和非线性的数据集上表现都很好，特别适用于小样本、高维度的数据。

SVM 也存在一些缺点。它对样本规模的缩放表现不好。当样本数高达 10 万甚至更大时，计算资源将面临挑战。此外，SVM 需要预处理数据，且调参需要十分小心。

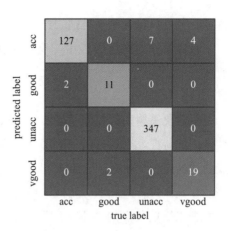

图 1.6.18　数据预测结果的
混淆矩阵

6.2.5　决策树

决策树（decision tree）是一种非参数监督学习技术，广泛应用于分类和回归任务，基于树结构来进行决策是人类决策时常用的处理机制。比如，周日与朋友聚会，你可能考虑"时间充裕吗?"。若时间"充裕"，你可能会再考虑"路途近吗?"，若"近"可以"骑单车"，若"不近"则"乘公交"；若时间"不充裕"，你决定"自驾"。现在，把系列思考及决策过程用一棵树来表示，如图 1.6.19 所示，这实际上就是一棵出行决策树。

在上述决策过程中，提出的每个问题都是对某个特征（也称属性）的判定；而每个判定结果要么导向进一步的判定问题，要么导出最终结论。从根节点到每个叶节点的路径就是一条决策路径，可以表示成一个决策规则，用于对新数据的预测。

决策树方法先利用给定的训练集，通过学习数据构造出一棵决策树，然后基于树结构对新数据进行预测。对同一任务，如出行决策任务，若提问的顺序不同，所构造的决策树也不一样。好的决策树

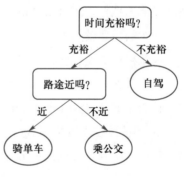

图 1.6.19　出行决策树

应该对未见样本处理能力强，即泛化能力强。决策树学习的目的就是为了构造一棵泛化能力强的决策树。

下面以分类任务中决策树的构建为例，简介决策树构建算法的思想。

1. 构建决策树

构建决策树的基本思想：从根节点开始建树，将训练集的所有样本放入根节点。从特征集合中选取一个特征，根据每个样本在该特征上的取值，将训练集中的样本划分到各个分支节点中。每个分支节点再用新特征来进一步划分，直到最后的叶节点。

每个叶节点只包含单一类别的样本（或大多数为同一类）。

在决策树的构建过程中，有两个关键问题需要考虑：划分特征选择、过拟合与剪枝。

（1）划分特征选择

构建决策树的首要问题是如何选取用于划分的特征。显然，应选择对分类起决定性作用的特征，令划分得到的每个子集中所包含的样本尽可能属于同一个类别，即节点的"纯度"尽量高，这将有利于分类的准确性，这样的特征称为最优划分特征。

在具体进行最优划分特征选择时，算法常采用信息增益、增益率、Gini 指数等量化准则来衡量节点的"不纯度"。如，经典算法 ID3 采用信息增益来选择划分特征，而信息增益偏向于选择取值较多的特征，导致树叶繁茂，极易过拟合，故其改进算法 C4.5 中采用信息增益比（或信息增益率）替代信息增益。后面出现的分类回归树（classification and regression tree，CART）算法则使用基尼指数来进行划分特征选择。

（2）过拟合与剪枝

在决策树的构建过程中，还有一个重要问题需要考虑，即过拟合。随着决策树深度的不断增加，现有叶节点的不纯度会逐渐下降。可以预见，当深度到达某一值时，所有叶节点就都是纯的，即每个叶节点中的样本同属于一个类别。这棵树对训练集数据已经完美拟合，而对未见过的新数据分类效果却不好，这就是过拟合现象。过拟合是决策树的主要缺陷。

决策树算法通过剪枝来降低过拟合，剪枝采用两种策略：一种是及早停止树的生长，称为预剪枝（pre—pruning）；另一种是先建树，随后删除或折叠信息量很少的节点，称为后剪枝（post—pruning）。

① 预剪枝在决策树构造过程中，为防止继续划分出现过拟合，一般采用限制树的最大深度、限制叶节点的最大数目、规定一个节点中包含样本的最小数目等方法。

② 后剪枝是先将训练集生成一棵完整的决策树，然后自底向上地对非叶节点进行考察，若将该节点对应的子树替换为叶节点能带来泛化性能的提升，则将该子树替换为叶节点。后剪枝决策树的泛化性能往往优于预剪枝决策树，但是其训练时间开销大。

经典算法 ID3 没有做剪枝处理，故导致树庞大而过拟合；C4.5 和 CART 均采用后剪枝策略。虽然目前后剪枝较为流行，但 scikit—learn 只实现了预剪枝，没有实现后剪枝。

2. scikit‑learn 中的决策树评估器

scikit‑learn 中提供的决策树评估器有用于分类的 DecisionTreeClassifier 和用于

回归任务的 DecisionTreeRegressor。

下面重点介绍 DecisionTreeClassifier 类的使用，DecisionTreeRegressor 类的使用方法与此类似。

DecisionTreeClassifier 类在 sklearn.tree 模块中，其语法格式为

DecisionTreeClassifier (criterion='gini',max_depth=None,min_samples_leaf=1,random_state,…)

说明：

① criterion 设置划分特征选择函数，是 string 型，可选 entropy（信息增益）和 gini（基尼不纯度）。默认值为 gini。

② max_depth 设置决策树的最大深度，是预剪枝策略，是 int 型，默认值为 None。

③ min_samples_leaf 设置叶节点样本数的最小值，是预剪枝策略，是 int 型，默认值为 1。

DecisionTreeClassifier 类提供的常用方法和属性如表 1.6.11 所示。

属性或方法	描　　述
feature_importances_	返回一个数组，保存各个特征对决策的重要度，数组型
fit(X,y)	训练模型。X 为特征矩阵，y 为目标数组
predict(X_new)	预测新数据的类别
score(X, y)	计算模型的分类准确率

▶表 1.6.11 DecisionTreeClassifier 类的常用属性和方法

下面以乳腺癌预测为例，详细介绍决策树的使用，特别是预剪枝的作用。

【例 6.13】 基于决策树的乳腺癌预测。

利用 scikit-learn 内置的 load_breast_cancer()函数，获取乳腺癌数据集。先创建一棵未剪枝的决策树分类器，再建一棵剪枝处理的树，设置 max_depth=4，比较两个分类器的分类性能。

分析：本例的重点是考察预剪枝的作用，下面分步详解。

（1）获取数据

调用 sklearn.datasets 中的 load_breast_cancer()函数，获取乳腺癌数据集（共 569 个样本，其中良性和恶性样本数目分别为 357 个和 212 个），并将其划分成训练集（75%，426 个样本）和测试集（25%，143 个样本）。

```
from sklearn.datasets import load_breast_cancer
from sklearn.model_selection import train_test_split
cancer=load_breast_cancer()
```

```
X_train, X_test, y_train, y_test = train_test_split(cancer. data, cancer. target,
                                    stratify = cancer. target, random_state = 42)
```

（2）构建一个未剪枝树分类器

采用默认设置构建一个决策树分类器，即参数取默认值 max_depth = 'None', min_samples_leaf = 1。此树不做任何剪枝处理，将完全展开（树不断分支，直到所有叶节点都是纯的）。

```
from sklearn. tree import DecisionTreeClassifier
clf = DecisionTreeClassifier(random_state = 0)
clf. fit(X_train, y_train)
print("训练集上的准确率: {:. 3f}". format(clf. score(X_train, y_train)))
print("测试集上的准确率: {:. 3f}". format(clf. score(X_test, y_test)))
```

输出结果为

训练集上的准确率: 1.000
测试集上的准确率: 0.937

结果分析：训练集上的准确率为 100%，说明叶节点都是纯的，树的深度和复杂度都很高。而测试集上的准确率只有 93.7%，出现过拟合现象。

（3）GraphViz 可视化未剪枝的决策树

GraphViz（graph visualization software）是一个由 AT&T 实验室启动的开源工具包，用于绘制 DOT 语言脚本描述的图形。用 GraphViz 可视化决策树分为以下两步。

步骤 1：调用 scikit - learn 的 export_graphviz() 函数将树导出为 DOT 格式脚本或文件。

export_graphviz() 函数在 sklearn. tree 模块中，其语法格式为

export_graphviz (decision_tree, out_file = None, feature_names = None, class_names = None, filled = False, impurity = True, …)

说明：

① decision_tree 是待导出给 GraphViz 的决策树。

② out_file 指定输出文件名，是 String 型，默认值为 None（此时返回 DOT 格式字符串）。

③ feature_names 指定特征名称，是字符串列表，默认值为 None。

④ class_names 指定类别名称，是字符串列表，默认值为 None。

⑤ filled 设置是否为节点填色，是布尔型，默认值为 False。

⑥ impurity 设置是否显示不纯度指标（entropy 或 gini），是布尔型，默认值为 True。

步骤 2：调用 graphviz 库中 Source( ) 函数显示树。

graphviz 需要先下载，下载的 graphviz 压缩包（如 graphviz－2.38.zip）解压到 Anaconda3 文件夹下，如 C:\ Anaconda3\graphviz－2.38。然后编辑系统环境变量，将解压文件夹下 bin 文件夹所在路径加入系统环境变量的 Path 中。如 bin 所在路径 C:\ Anaconda3\graphviz－2.38\release\bin。最后直接使用 pip 安装 graphviz，即 pip install graphviz。

graphviz 库用于显示决策树和将决策树保存为文件的函数有以下两个。

● graphviz.Source(source,…)。显式决策树，参数为 DOT 格式的字符串。

● graphviz.render(filepath,…)。将 DOT 文件或字符串以 PDF 格式输出到指定文件。

graphviz 库是外部模块，使用前需先导入。

本例中，先利用 export_graphviz 将上一步构建的决策树 clf 存为 DOT 格式的字符串。

```
from sklearn.tree import export_graphviz
dot_data＝export_graphviz(clf,out_file＝None,class_names＝["malignant","benign"],
        feature_names＝cancer.feature_names,impurity＝False,filled＝True,
        rounded＝True)
```

然后导入 graphviz，利用 Source( ) 函数读该 DOT 格式数据，显示树形，如图 1.6.20 所示。

```
import graphviz
graphviz.Source(dot_data)   #读取 dot 格式数据
```

再用 graphviz 引擎渲染 DOT 格式数据，存入指定文件 cancertree。

```
graph ＝ graphviz.Source(dot_data)
graph.render("cancertree")
```

输出结果为 cancertree.pdf。

（4）创建预剪枝的决策树

采用最大深度限制的预剪枝策略，设置 max_depth＝4，创建预剪枝决策树。

```
tree＝DecisionTreeClassifier(max_depth＝4,random_state＝0)   #设置 max_depth＝4
tree.fit(X_train,y_train)
```

```
print("剪枝后训练集上的准确率：{:.3f}".format(tree.score(X_train,y_train)))
print("剪枝后测试集上的准确率：{:.3f}".format(tree.score(X_test,y_test)))
```

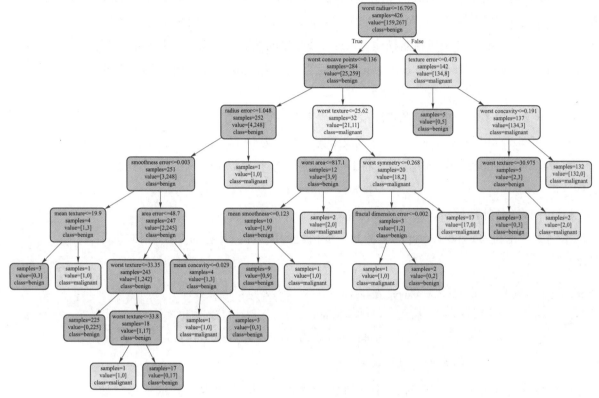

图 1.6.20　未剪枝的乳腺癌分类决策树

输出结果为

剪枝后训练集上的准确率：0.988

剪枝后测试集上的准确率：0.951

结果分析：剪枝后，训练集上的分类准确率为 98.8%，略有下降。但在测试集上的分类准确率有明显提高，说明泛化能力得到提升。

（5）可视化预剪枝的决策树

将决策树对象 tree 保存为 DOT 格式字符串，存入 dot_data2 变量中。利用 Source() 函数读该 DOT 格式数据，显示树形如图 1.6.21 所示。

```
dot_data2=export_graphviz(tree,out_file=None,class_names=["malignant","benign"],
            feature_names=cancer.feature_names,filled=True,rounded=True)



import graphviz
graphviz.Source(dot_data2)
```

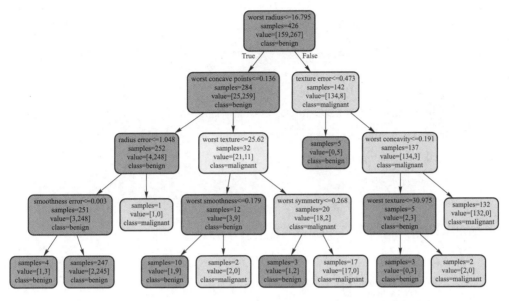

图 1.6.21　预剪枝的乳腺癌分类决策树

用 graphviz 引擎渲染 DOT 格式数据，存入指定文件 cancertree2。

```
graph = graphviz.Source(dot_data2)
graph.render("cancertree2")
```

输出结果为 cancertree2.pdf。

（6）查看树的特征重要性

对于庞大的树，查看整棵树将十分费力。此时，可利用 DecisionTreeClassifier 类的 feature_importances_ 属性查看各个特征对分类的重要程度，也能大致了解整棵树的工作原理。feature_importances_ 属性取值介于 0～1，其中 0 表示"根本没用到"，1 表示"完美预测目标值"。所有特征的重要度之和为 1。

```
print("Feature importances:\n{}".format(tree.feature_importances_))
```

输出结果为

Feature importances:

```
[0.          0.          0.          0.          0.          0.
 0.          0.          0.          0.          0.01019737  0.04839825
 0.          0.          0.0024156   0.          0.          0.
 0.          0.          0.72682851  0.0458159   0.          0.
 0.0141577   0.          0.018188    0.1221132   0.01188548  0.        ]
```

将特征重要性可视化，代码如下。

```
import matplotlib. pyplot as plt
import numpy as np

n_features=cancer. data. shape[1]    #特征数目
plt. barh(range(n_features),tree. feature_importances_,align='center')
plt. yticks(np. arange(n_features),cancer. feature_names)
plt. xlabel("Feature importance")
plt. ylabel("Feature")
plt. show()
```

输出结果为 Text(0,0.5,'Feature')。

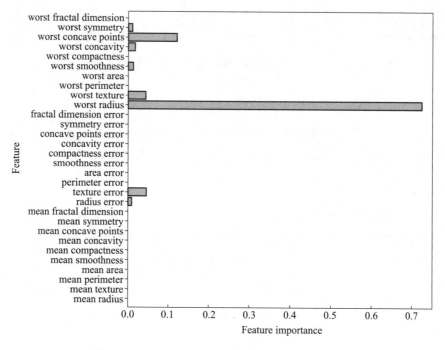

图 1.6.22   乳腺癌数据构造的决策树的特征重要度

从图 1.6.22 可以看出，根节点划分用到的特征"worst radius"是最重要的特征。观察决策树图 1.6.21，可以发现，worst radius≤16.796（左枝上的第 1 个节点）时，训练集中的 284 个样本被归为良性，其中 259 个样本是真良性；worst radius>16.796（右枝上的第 1 个节点）时，训练集中的 142 个样本被归为恶性，其中 134 个样本是真恶性。可见，该特征划分的结果（良性准确率 259/284，恶性准确率 134/142），已经将两类区分得很好。

3. 决策树的优点和缺点

决策树的主要优点有两个：一是模型容易可视化，因此直观且易于理解；二是算法不受数据缩放的影响，因此不需特征规范化预处理。

决策树的主要缺点是：决策树很容易过拟合，即使做了预剪枝也在所难免，泛化性能差。为降低过拟合，通常使用多棵树集成的方法替代单棵决策树。

6.2.6 随机森林

集成（ensemble）是通过组合多个学习器来提升泛化性能的技术。集成的个体学习器可以是同种类型的，如都是决策树，也可以是不同种类的，如同时包含决策树和神经网络。

根据个体学习器的生成方式，集成学习大致分为以下两大类。

① 个体学习器之间不存在强依赖关系，可同时生成的并行化方法，主要有Bagging（boostrap aggregating）算法和随机森林（random forest）。

② 个体学习器之间存在强依赖关系，必须串行生成的序列化方法，主要有Boosting（自适应提升）算法族，最典型的代表如AdaBoost、梯度提升决策树（gradient boosted decision tree）。

在实际应用中，以决策树为基础的两种集成模型（随机森林和梯度提升决策树）对大多数的分类和回归任务效果都较好。scikit-learn对这两种集成模型都给予了实现。本节将重点介绍随机森林。

1. 随机森林

随机森林是许多决策树的集合，其中每棵树与其他树都略有不同。它基于这样一种思想：每棵树的预测都可能相对较好，但又可能对部分数据过拟合。若构造许多棵树，每棵树的预测都很好，且都以不同的方式过拟合，那么就可对这些树的结果取平均来降低过拟合。这样既能降低过拟合，又能保持树的预测能力。随机森林用于分类模型如图1.6.23所示。

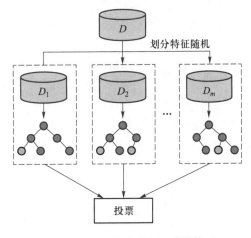

图 1.6.23 随机森林用于分类模型

为实现上述策略，需要构造许多棵"好而不同"的决策树。随机森林通过引入两个随机性，来确保每棵树都各不相同。

（1）采样的随机性。从数据集（n个样本）中用自助采样（bootstrap，有放回地抽样）随机选取n个用于构造树的数据点。也就是说，从n个样本构成的数据集中有放回地重复随机抽取一个样本，共抽取 n 次，这样就创建了一个与原数据集大小相等的数据集，但原数据集中有些数据点会缺失（大约 1/3），有些会重复。

（2）划分特征选择的随机性。先从所有特征（d 个）中随机选取含 max_features 个特征的子集，再从中选出最优特征用于划分。参数 max_features 控制随机性的引入程度：若 max_features＝d，则每次划分都要考虑所有特征，此时特征选择过程没有随机性；若 max_features＝1，随机选 1 个特征用于划分，此时特征选择的随机性最大，但也失去了选择最优划分的余地。如果 max_features 较大，那么随机森林中的树将会十分相似；如果 max_features 较小，则随机森林中的树将会差异很大，为了很好地拟合数据，每棵树的深度都很大。

利用随机森林进行预测，算法首先用森林中的每棵树做预测，然后给出集成结果。对于回归，则将每棵树的预测结果"取平均值"作为集成模型的最终结果。对于分类，则用"软投票"（soft voting）策略。即每棵树给出每个可能输出标签的概率，然后对所有树的预测概率取平均值，最后将概率最大的类别作为预测结果。

2. scikit－learn 中的随机森林评估器

在 scikit－learn 中，随机森林分类模型通过 RandomForestClassifier 评估器实现的。scikit－learn 也提供了随机森林回归的评估器 RandomForestRegressor，语法类似。

RandomForestClassifier 在 sklearn. ensemble 模块中，它的语法格式为

RandomForestClassifier (n_estimators＝10,max_features＝'auto', random_state＝None,…)

说明：

① n_estimators 设置森林中树的个数，是 int 型，默认值为 10。越多的树，取平均就越能降低过拟合，但需要的内存也越多，训练时间也越长。经验做法是"在时间和内存允许的情况下尽量多"。

② max_features 设置寻找最优划分时要考虑的特征数量，其值域为{' auto', 'sqrt', 'log2'}或 int 型或 float 型的数，默认值为 auto。如果取 auto（或 sqrt），那么 max_features＝sqrt(n_features)。如果取 log2，则 max_features＝log2(n_feature)。如果取 None，则 max_features＝n_features。对于分类，推荐取默认值 sqrt(n_features)；对于回归，推荐取 n_features。

RandomForestClassifier 提供模型训练、预测、评估的方法有 fit、predict、score。这些方法都采用标准接口，这里不再赘述。

下面仍以乳腺癌预测为例，详细介绍随机森林分类的使用。

【例 6.14】　用随机森林预测乳腺癌。

（1）获取数据

```
from sklearn. datasets import load_breast_cancer
from sklearn. model_selection import train_test_split
cancer＝load_breast_cancer()

X_train,X_test,y_train,y_test＝train_test_split(cancer. data,cancer. target,random_state＝42)
```

（2）创建随机森林分类器

创建一个包含 100 棵树的随机森林，max_features 等参数采用默认值。

```
from sklearn. ensemble import RandomForestClassifier

forest ＝ RandomForestClassifier(n_estimators＝100,random_state＝0)
forest. fit(X_train,y_train)

print('训练集上的准确率{:. 3f}'. format(forest. score(X_train,y_train)))
print('测试集上的准确率{:. 3f}'. format(forest. score(X_test,y_test)))
```

输出结果为

```
训练集上的准确率 1. 000
测试集上的准确率 0. 972
```

从测试结果看，随机森林分类准确率较上例中预剪枝的决策树提高了 2.1 个百分点。

（3）可视化特征重要性

与决策树类似，随机森林也可以给出特征重要性，计算方法是将森林中所有树的特征重要性取平均。RandomForestClassifier 的 feature_importances_ 属性存储特征重要性。

```
import matplotlib. pyplot as plt
import numpy as np

n_features＝cancer. data. shape[1]　　#特征数目
plt. barh(range(n_features),forest. feature_importances_,align='center')
plt. yticks(np. arange(n_features),cancer. feature_names)
plt. xlabel("Feature importance")
plt. ylabel("Feature")
plt. show()
```

输出如图 1. 6. 24 所示。

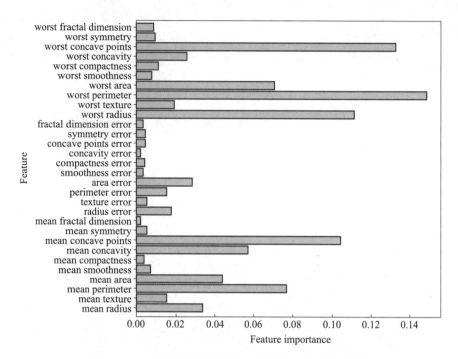

图 1.6.24　乳腺癌数据集构造的随机森林的特征重要性

与单棵树相比，随机森林中有更多特征的重要性不为零，如图 1.6.24 所示。由于构造随机森林过程中引入的随机性，算法需要考虑多种可能的解释。随机森林给出的特征重要性要比单棵树给出的更为可靠。

3. 随机森林的优点和缺点

随机森林是目前应用最广泛的机器学习方法之一，它既有决策树的所有优点，同时又弥补了决策树的一些缺陷。这种方法简单且效果好，通常不需要反复调参就可给出很好的结果，也不需要对数据进行缩放处理。即使对非常大的数据集，随机森林的表现也很好。

对于维度非常高的稀疏数据（比如文本数据），随机森林的效果往往不理想。这类数据使用线性模型（如 SVM）可能更合适。此外，随机森林对内存要求大，训练和预测的速度也比线性模型慢。因此，随机森林不适合对于时间和内存要求都较高的应用。

6.3　聚类

在无监督学习中，训练样本不含任何标签信息，学习算法通过对未标注样本的学习来揭示数据内在的结构及规律。此类学习中最广为应用的是"聚类"。

6.3.1　引例——客户分组

客户分组具有重要的商业和营销价值。在一些商业应用中，经常需要将客户划分到不同的群组中，以便制定出相应的营销策略来提供更好的服务。

日常生活中，人们也经常做些分组操作。比如整理书架上的图书时，通常会根据主题将其分成几个组，如哲学、小说、计算机、数学 4 个组。把主题相似的图书放在一起，而主题不同的分放到不同的层架，这样根据主题可以快速查找想看的图书。

无论是客户分组还是图书分架，实际上都是根据数据内在性质将数据集划分为若干子集（cluster，称为聚类簇）。这类任务在机器学习中被称为聚类（clustering）。其目标是划分数据，使得同一个簇内的数据点非常相似，而不同簇间的数据点极为不同。

聚类是无监督学习中研究最多的，算法也多种多样。根据所用学习策略的不同，聚类算法可分为以下 3 类：

（1）将聚类结构视为一组原型的原型聚类法，如 k 均值等；

（2）根据样本分布的密度来确定聚类结构的密度聚类法，如 DBSCAN 等；

（3）将数据集划分成树形结构的层次聚类法，如 AGNES 等。

本章重点讨论 k 均值聚类算法，介绍其原理及算法实现，并通过实例演示 k 均值聚类的用法。

6.3.2　聚类性能度量

与前面讲过的监督学习不同，聚类任务中的训练数据是未经标注的，通常没有正确的聚类结果。对一个数据集，采用不同的聚类算法，所得到的聚类结果可能不同。那么，怎样评估聚类的结果呢？

通常根据有无参考模型，将聚类性能度量指标（也称有效性指标）分为两类：一类将聚类结果与某个参考模型进行比较，称之为外部指标，常用的有兰德指数、Jaccard 系数、FM 指数等；另一类直接观察聚类结果而不利用任何参考模型，称为内部指标，常用的有轮廓系数、DB 指数、Dunn 指数等。

1. 兰德指数

兰德指数通过观察聚类算法划分结果与参考模型划分结果的一致程度来评估聚类性能。

已知数据集 $D=\{x^{(1)},\cdots,x^{(n)}\}$，样本对 $(x^{(i)},x^{(j)})$ $(i<j)$ 的总数为 $n(n-1)/2$。兰德指数（Rand index，RI）的计算公式为

$$\mathrm{RI}=\frac{2(a+d)}{n(n-1)}\qquad\qquad（式 1.6.11）$$

其中 a 是数据集中"被某聚类算法划分到同簇，也被参考模型划分到同簇中的样本对"的个数；d 是"被聚类算法划分到不同簇，也被参考模型划分到不同簇中的样本对"的个数。显然，兰德指数取值为 $[0,1]$，其值越大越好。

scikit - learn 的 metrics 类提供了计算兰德指数的函数 adjusted_rand_score()。

2. 轮廓系数

轮廓系数同时考察聚类结果的簇内凝聚度和簇间离散度，评估聚类的性能。轮廓系数为数据集中每个样本点 i 定义如下计算公式

$$s(i) = \frac{b^{(i)} - a^{(i)}}{\max(a^{(i)}, b^{(i)})} \qquad (式 1.6.12)$$

其中 $a^{(i)}$ 表示样本点 i 与其所在簇内其他样本点的平均距离，$b^{(i)}$ 表示"样本点 i 与某一不包含它的簇内所有样本点的平均距离"的最小值。

轮廓系数取值为 $[-1,1]$，其值越大表示聚类效果越好。

scikit - learn 的 metrics 类提供了计算轮廓系数的函数 silhouette_score()。

6.3.3 k 均值聚类

k 均值聚类（$k-$means）是原型聚类法中最简单、最经典的算法。所谓原型是指样本空间中具有代表性的点。k 均值聚类将给定数据集中的数据划分到 k 个簇中，使得每个数据到它所在簇的均值（簇中心）的距离的平方和最小。簇中心就是 k 均值聚类的原型。簇个数 k 由用户预先设定。

1. k 均值聚类及其实现

根据 k 均值聚类的基本思想，自行设计并实现 k 均值聚类的函数。首先，给出 k 均值聚类算法如下：

输入： 数据集 $D = \{x^{(1)}, \cdots, x^{(n)}\}$，聚类簇个数 k

过程：

（1）从 D 中随机选择 k 个样本作为初始簇中心，即均值 $u^{(1)}, \cdots, u^{(k)}$

（2）遍历 D 中的每个数据点 $x^{(i)}, i = 1, \cdots, n$

　　　计算数据点 $x^{(i)}$ 与簇中心 $u^{(1)}, \cdots, u^{(k)}$ 之间的距离

　　　将数据点 $x^{(i)}$ 分配到距其最近的簇

（3）遍历所有的簇，计算每簇中所有点的均值，并将其作为新的簇中心

（4）重复步骤（2）（3），直到所有数据点的簇分配结果不再变化为止

输出： 簇划分 $C = \{C_1, \cdots, C_k\}$

在 k 均值聚类算法中，样本被分配距其最近的簇，而采用不同的距离计算方法，聚类结果可能不同。事实上，距离度量或相似性度量是所有聚类算法都涉及的基本问题。

距离度量有多种，选择时应考虑特征是否有序。有序特征，如连续特征，或取值存在序关系的离散特征，可以直接在特征值上计算距离，常用欧氏距离、闵可夫斯基距离。无序特征，如定义域为{"鸟","汽车","猫"}的离散特征，则不能直接在特征值上计算距离，可采用 VDM（value difference metric）距离、夹角余弦距离。

【例 6.15】 编程实现 k 均值聚类算法，存入文件 myKMeans. py 中。

分析：为实现 k 均值聚类算法，首先自定义两个辅助函数。① 函数 distEclud()，用于计算两个向量间的欧氏距离；② 函数 randCent()，用给定数据集初始化一个包含 k 个随机簇中心的集合，并保证随机点在数据集的边界内。

然后，自定义一个实现 k 均值聚类算法的函数 kMeans()。创建 k 个随机簇中心，将每个点分配到离其最近的簇中，再重新计算簇中心。该过程重复多次，直到数据点的簇分配不发生变化为止。

相关代码如下：

```python
import numpy as np

#计算两向量的欧氏距离
def distEclud(vecA,vecB):
    return np.sqrt(np.sum(np.power(vecA-vecB,2)))

#随机初始化 k 个簇中心
def randCent(dataSet,k):
    m=np.shape(dataSet)[1]                    #获取特征数目 m
    centroids=np.mat(np.zeros((k,m)))         #创建 k 行 m 列的全 0 矩阵
    for j in range(m):
        minJ=min(dataSet[:,j]);maxJ=max(dataSet[:,j])
        rangeJ=float(maxJ-minJ)
        centroids[:,j]=minJ+rangeJ * np.random.rand(k,1)
                                              #随机初始化簇中心的第 j 特征列
    return centroids

#实现 k 均值算法
```

```
def kMeans(dataSet,k,distMeas=distEclud,createCent=randCent):
    n=np.shape(dataSet)[0]              #样本数 n
    clusterAssment=np.zeros((n,2))      #保存簇划分结果
    centroids=createCent(dataSet,k)     #簇中心矩阵
    clusterChanged=True
    while clusterChanged:
        clusterChanged=False
        #遍历每个样本 i
        for i in range(n):
            minDist=np.inf;minIndex=-1
            #寻找最近的簇中心 j
            for j in range(k):
                distJI=distMeas(centroids[j,:],dataSet[i,:])
                if distJI<minDist:
                    minDist=distJI; minIndex =j
            if clusterAssment[i,0] ! =minIndex:clusterChanged=True
            clusterAssment[i,:]=minIndex,minDist**2      #将每个点分配到最近的簇
        #更新簇中心的位置
        for cent in range(k):
            ptsInClust=dataSet[np.nonzero(clusterAssment[:,0]==cent)[0]]
            if len(ptsInClust)>0:
                centroids[cent,:]=np.mean(ptsInClust,axis=0)
    return centroids, clusterAssment
```

kMeans(dataSet,k,distMeas=distEclud,createCent=randCent)函数接受 4 个参数：数据集 dataSet 和簇数目 k 是必选参数，而用来计算距离的参数 distMeas 和初始化簇中心的参数 createCent 是可选的。函数返回所有的簇中心与点分配结果。

2. scikit‐learn 中 k 均值聚类

scikit‐learn 的 cluster 模块提供了 KMeans 类，它给出了 k 均值聚类算法的高效实现。读者使用前应先导入，语句为 from sklearn.cluster import KMeans。

KMeans 类在 sklearn.cluster 中，其语法格式为

KMeans (n_clusters=8,init='k-means++', …)

说明：

① n_clusters 设置簇的个数，是 int 型，默认值为 8。

② init 为初始化簇中心的方法，默认为 k-means++。

KMeans 类的主要方法和属性如表 1.6.12 所示。

属性或方法	描　　述
fit(X)	模型训练。X 为输入数据的矩阵，不带标签，是 NumPy 数组
labels_	每个样本点的标签

▶表 1.6.12

KMeans 类的
主要方法和属性

下面以鸢尾花数据为例，详细介绍 k 均值聚类算法的使用。

【例 6.16】　鸢尾花数据集的 k 均值聚类分析。

分别调用例 6.15 自定义的 k 均值聚类函数 kMeans()、scikit-learn 提供的 kMeans 类，构建一个 k 为 3 的 k 均值聚类模型，对鸢尾花数据集进行聚类分析。选用适当的性能度量指标评估两个模型的聚类结果。

分析：本例中 iris 数据集自带类别标签，因此选用兰德指数来评价模型。

（1）加载数据

加载 scikit-learn 自带的 iris 数据集。取数据集不带标签的特征数据存入 X，用于聚类分析。

```
import numpy as np
from sklearn. datasets import load_iris


iris=load_iris()
X=iris. data
y=iris. target
```

（2）调用自定义的 kMeans() 构建 k 均值聚类模型

导入自定义的 kMeans() 函数。令簇个数为 3，创建一个 k 均值聚类模型，并将簇划分结果存入 clustAssment 中。

```
#建立 k=3 的 K 均值聚类模型,返回簇划分结果给 clustAssment
from myKMeans import kMeans
mycent,clustAssment=kMeans(X,3)
```

（3）用 cluster 的 KMeans 新建一个 k 均值聚类模型

```
from sklearn. cluster import KMeans
km=KMeans(n_clusters=3)
km. fit(X)
```

（4）聚类评估

用兰德指数评估两个模型的聚类结果。

```
from sklearn import metrics
s_num=len(clustAssment)    #样本个数
y_=np. array(clustAssment[:,0]). reshape(s_num)    #模型返回的样本标签
#用兰德指数评估自定义函数聚类结果
ri1=metrics. adjusted_rand_score(y,y_)
print("自定义函数 kMeans 聚类结果的兰德指数:{:. 4f}". format(ri1))


#用兰德指数评估 scikit-learn 的 KMeans 模型聚类结果
ri2=metrics. adjusted_rand_score(y,km. labels_)
print("cluster 的 KMeans 聚类结果的兰德指数:{:. 4f}". format(ri2))
```

输出结果为

自定义函数 kMeans 聚类结果的兰德指数:0. 716 3

cluster 的 KMeans 聚类结果的兰德指数:0. 730 2

结果分析:多次运行自定义 kMeans()函数进行聚类分析时,会发现得到的聚类结果不尽相同,相应的兰德指数有高有低,这是由于该算法随机选取数据集中 k 个点作为初始簇中心导致的。由此可见,k 均值聚类受初始簇中心位置的影响。而多次运行 scikit-learn 提供的 KMeans 类所构建的聚类模型,其结果的兰德指数几乎不变,其原因是 KMeans 类默认使用经过优化的簇中心初始化方法 k-means++。

k-means++ 按照如下思想选取 k 个簇中心:若已选取了 i 个初始簇中心(0< i<k),则在选取第 i+1 个簇中心时,距离当前 i 个簇中心越远的点会有更高的概率被选为第 i+1 个簇中心。第 1 个簇中心(i=1)通过随机方法选取。

(5) 选择簇的数目 k

簇数目的选择也是影响 k 均值聚类结果的一个重要因素。例 6.16 中的数据集自带类别信息,簇数目可自然地设为数据集类别个数。然而,聚类任务中的数据集往往是未经标注的,这种情况应该怎样选择簇数目 k 呢?

一种常用的方法是尝试多个 k,得到各聚类结果对应的轮廓系数值,选择使轮廓系数取值最大的 k。

再回到例 6.16 中,令 k 分别取 2、3、4、5、6、7、8、9,建立相应模型后,获得各模型聚类结果的轮廓系数,找出轮廓系数峰值对应的 k。在步骤(4)聚类评估后,继续进行下面各步。

(6) k 的选择

```
scores=[]
ks=np. arange(2,10) # [2,9]
```

```
max_index=-1;max_score=-1
for k in ks:
    #训练模型
    kmeans=KMeans(k)
    kmeans.fit(X)
    score=metrics.silhouette_score(X,kmeans.labels_,metric='euclidean',
                                    sample_size=len(X))
    scores.append(score)
    if score>max_score:
        max_score=score;max_index=k
print("\n 轮廓系数峰值={:.4f},此时簇数目 k={:}。".format(max_score,max_index))
```

输出结果为

轮廓系数峰值=0.680 8,此时簇数目 k=2

为直观地显示轮廓系数与 k 值的关系,可画出轮廓系数得分条形图。

(7) 画图并找出峰值

```
import matplotlib.pyplot as plt
#画出得分条形图
plt.figure()
plt.bar(ks,scores,width=0.6,color='g',align='center')
plt.title('silhouette Coefficient vs. number of clusters')
plt.xlabel('k')
plt.ylabel('silhouette Coefficient')
plt.show()
```

输出结果如图 1.6.25 所示。

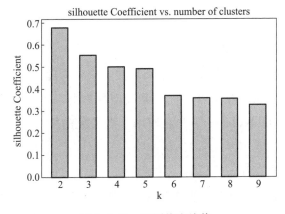

图 1.6.25 画图找出峰值

图1.6.25显示，聚类个数取2时，聚类结果的轮廓系数最大。事实上，从iris数据集中的三类鸢尾花（Setosa，Versicolor，Virginica）分布来看，Versicolor和Virginica两类样本的特征取值接近，分布区域重叠（如图1.6.26所示），算法在无监督的情况下自然地将这两类数据聚为一类也是合理的。

取iris数据的前两个特征分别作为 x、y 轴坐标，在二维空间画出iris数据。代码如下：

```
#画出iris数据，取数据的前两列在二维空间画散点图
import seaborn as sns; sns. set( )
import pandas as pd
iris = pd. read_csv('. . \data\iris. csv')
sns. scatterplot(x='sepal_length',y='sepal_width',hue="species",data = iris,
                style="species")
```

输出结果如图1.6.26所示。

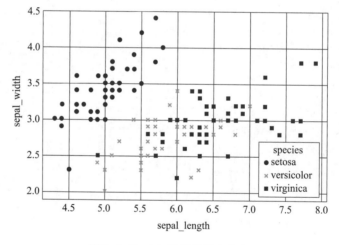

图1.6.26　iris数据集样本分布

3. k 均值聚类算法的局限性

k 均值聚类算法是一种较为流行的聚类算法，它容易理解和实现，而且运行速度也较快。此外，k 均值聚类算法可以扩展到大型数据集，scikit - learn提供了一个 k 均值聚类变体MiniBatchKMeans类，它使用小批量数据来减少计算时间，提高处理大型数据集的速度。

k 均值聚类算法也存在一些局限，主要有以下几个方面：要求事先指定簇的个数 k；受初始簇中心影响；k 均值聚类算法假设簇形状是球形，对非球形、复杂形状的簇效果不好；对大小不同、密度不同的簇，k 均值聚类算法效果也不好。此外，k 均

值聚类算法对噪声敏感。

对上述问题，DBSCAN（density－based spatial clustering of applications with noise）聚类可以有效解决。DBSCAN 是另一种非常有用的聚类算法，它的主要优点是不需要事先指定簇的个数，可以划分复杂形状的簇，还可以找出不属于任何簇的点（即噪声）。DBSCAN 虽然比 K 均值聚类稍慢，但也可以扩展到较大的数据集。感兴趣的读者可查阅资料深入了解。

6.4　神经网络与深度学习

前面介绍的方法都是从统计学习的角度来分析数据的，并没有与自然智能发生直接联系。本节将要介绍的神经网络（neural network，NN）则试图通过对人脑神经组织的模拟，建立数学模型来实现机器智能。神经网络兴起于 20 世纪 80 年代，出现短暂的繁荣后，因计算过于复杂、难以训练而陷入低谷。近几年，随着机器算力的增强和大数据的出现，深度神经网络（即深度学习）凭借超强学习能力再次成为热点，同时掀起人工智能发展的新浪潮。而今，深度学习已广泛应用于现实世界的各类数据分析，特别是文字、图像、语音、视频等感知数据的分类、聚类、生成等任务。

6.4.1　感知机

神经网络由一层层神经元组成。这些神经元模拟人脑中的生物神经元工作机理。在生物神经网络中，每个神经元与其他神经元相连，当它"兴奋"时，会向相连的神经元发送化学物质，从而改变这些神经元内的电位。如果某神经元的电位超过一个"阈值"，就被激活，即"兴奋"起来，向其他神经元发送化学物质。

1943 年，W. S. McCulloch 和 W. H. Pitts 提出一种神经元数学模型，即 M－P 神经元模型（简称 M－P 模型），它是神经网络中最常用的一种功能神经元模型。M－P 神经元具有以下 3 个功能。

① 接收来自其他 n 个 M－P 神经元传递过来的信号；

② 在传递过程中为信号分配权重；

③ 对得到的信号进行汇总、变换并输出。

M－P 模型结构如图 1.6.27 所示。

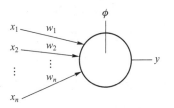

图 1.6.27　M－P 模型结构图

其中 $x_1, \cdots, x_n$ 为其他 n 个神经元的输入信号；$w_1, \cdots, w_n$ 为这些信号对应的权重；ϕ 是该神经元对输入信号的变换函数，通常称为激活函数；y 是模型输出，公式为

$$y = \phi(\sum_{i=1}^{n} w_i x_i + b) \qquad\qquad (式\ 1.6.13)$$

其中 b 是神经元对输入信号的"平移"，常称为偏置。

若令 ϕ 为阶跃函数，即 $\phi(x) = \mathrm{sgn}(x) = \begin{cases} 1 & x \geqslant 0 \\ 0 & x < 0 \end{cases}$，则

$$y = \mathrm{sgn}(\sum_{i=1}^{n} w_i x_i + b) = \mathrm{sgn}(\boldsymbol{w}^{\mathrm{T}} \boldsymbol{x} + b) \qquad\qquad (式\ 1.6.14)$$

（式 1.6.14）是感知机（perceptron）的决策公式。其中 $\boldsymbol{x} = (x_1, x_2, \cdots, x_n)^{\mathrm{T}}$，$\boldsymbol{w} = (w_1, w_2, \cdots, w_n)^{\mathrm{T}}$，T 表示向量转置操作。若 $\boldsymbol{w}^{\mathrm{T}} \boldsymbol{x} + b \geqslant 0$，则判定 $y = 1$；否则，判定 $y = 0$。

感知机是采用单个 M－P 模型设计的最简单分类器。对于线性可分数据集，感知机通过学习总能找到一个合适的超平面，将两类样本分开。而对非线性问题，如异或问题，感知机则不适用。

为了解决非线性问题，人们将多个感知机组成多层网络，这种网络被称为多层感知机模型（multi－layer perceptron，MLP）。多层感知机为更复杂的深度学习方法奠定了基础。

6.4.2　前馈神经网络

神经网络可由以下 3 个关键组件来描述。

① 模型的架构或称拓扑，它描述了神经元的类型和神经元之间的连接结构；

② 神经元使用的激活函数；

③ 寻找权重（和偏置）最优值的学习算法。

最常见的神经网络架构是层级结构，每层神经元与下一层神经元全互连，同层神经元之间不相连，也不存在跨层连接，这种架构的神经网络称为多层前馈神经网络（multi－layer feed forward neural network），简称前馈神经网络，也就是多层感知机。

1. 前馈神经网络

一个前馈神经网络一般由一个输入层、一个或多个隐藏层、一个输出层组成，其中输入层接收外界输入信号（无须修改直接向前馈送）；隐藏层和输出层对前一层传递来的信号进行加工，最终结果由输出层神经元输出，如图 1.6.28 所示。

信号在前馈神经网络中从输入层向输出层的方向单向流动，输入层把信号传递给隐藏层，隐藏层再向下传递，最后将信号传递给输出层。这种神经网络实现的是从输入层到输出层的映射。

前馈神经网络的每个（非输入）神经元都是一个 M－P 神经元，对信号进行某种

非线性函数变换。与感知机不同，这里不能使用阶跃函数，而应用一个连续、光滑的可微函数来近似它，如 sigmoid( )函数，阶跃函数与 sigmoid( )函数对比如图 1.6.29 所示。这是因为神经网络学习中涉及激活函数的梯度计算，这就要求激活函数必须可导。神经网络常用的激活函数如表 1.6.13 所示。

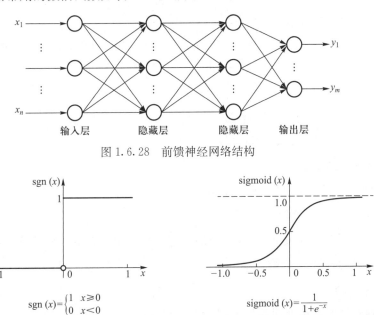

图 1.6.28 前馈神经网络结构

sgn (x)

$$\text{sgn}\,(x)=\begin{cases}1 & x\geqslant 0\\ 0 & x<0\end{cases}$$

(a) 阶跃函数

sigmoid (x)

$$\text{sigmoid}\,(x)=\frac{1}{1+e^{-x}}$$

(b) sigmoid( )函数

图 1.6.29 阶跃函数与 sigmoid 函数

激 活 函 数	计 算 公 式
sigmoid( )函数	$\phi(x)=\dfrac{1}{1+e^{-x}}$，将 $[-\infty,+\infty]$ 的值映射到 $[0,1]$
tanh( )函数	$\phi(x)=\dfrac{e^x-e^{-x}}{e^x+e^{-x}}$，将 $[-\infty,+\infty]$ 的值映射到 $[-1,1]$
ReLU（Recitified Linear Unit）函数	$\phi(x)=\max\,(0,\,x)$

▶表 1.6.13
神经网络常用的激活函数

　　神经网络学习的过程，就是在训练数据集上利用学习算法来调整神经元之间"连接权"和每个功能神经元的"偏置"的过程。连接权重和偏置是神经网络的参数，神经网络学习的目标就是寻找一组参数，使得模型的预测损失函数达到最小值，这可通过梯度下降法及其改进 SGD、RMSProp、Adam 等优化算法迭代求得。

　　前馈神经网络随层数的增多表达能力增强。已经证明只需要一个包含足够多神经元的隐藏层，多层前馈神经网络就能以任意精度逼近任意复杂度的连续函数。正因为如此，神经网络容易陷入过拟合。此外，隐藏层神经元数目如何设置也没有可循之规，实际应用中通常使用试错法来调节。

2. scikit - learn 中的 MLP

scikit - learn 的 neural _ network 模块对前馈神经网络提供了有力支持，实现了用于分类任务的 MLPClassifier 类和用于回归的 MLPRegressor 类。本书重点讨论 MLP-Classifier，它采用误差逆传播算法（BP）进行网络学习。

MLPClassifier 类的语法格式为

MLPClassifier（solver='adam'，activation='relu'，hidden_layer_sizes=（100,），alpha=0.000 1，max_iter=200，random_state，…）

说明：

① solver 设置权重优化的算法。值域为{'lbfgs', 'sgd', 'adam'}，默认为'adam'。'adam' 在相对较大的数据集上效果较好（几千个样本或更多）；'lbfgs'在小数据集上收敛更快，效果也更好。

② activation 设置激活函数，值域为{'identity', 'logistic', 'tanh', 'relu'}，默认为'relu'。

③ hidden_layer_sizes 设置神经网络结构。它是元组类型，元组第 i 个元素值表示第 i 个隐藏层的神经元个数。如（5,10,5）表示 3 个隐藏层，每层节点数分别为 5、10、5。默认值是 100。

④ alpha 是正则化惩罚参数，默认为 0.000 1。

⑤ max_iter 是最大迭代次数，指 BP 的学习次数。默认值为 200。

MLPClassifier 类提供模型训练、预测、评估的方法，并用 coefs_属性存放神经网络中各个层的权重矩阵。它的常用方法和属性如表 1.6.14 所示。

属性或方法	描　　述
coefs_	列表，长度为 $n-1$。表中的第 i 个元素表示层 i 的权重矩阵
fit(X_train, y_train)	训练模型。X_train、y_train 均为数值型 NumPy 数组
predict(X_new)	预测新数据的类别
score(X, y)	计算模型的分类准确率

▶表 1.6.14 MLPClassifier 类的常用方法和属性

例如，创建一个含有两个隐藏层的 MLP，每个隐藏层有 10 个神经元，其他参数取默认值。该分类器命名为 mlp。

```
from sklearn. neural_network import MLPClassifier
mlp=MLPClassifier(hidden_layer_sizes=(10,10))
```

下面以乳腺癌数据为例，介绍 MLP 的使用方法，并分析影响神经网络分类性能的主要因素。

【例 6.17】 MLP 在乳腺癌数据集上的应用。

利用 scikit-learn 自带的乳腺癌数据集，训练一个含单隐藏层的神经网络分类器 mlp，参数均取默认值，测试该分类器并分析测试结果。改变随机初始化种子，分别取 0、11、22、42，观察网络性能的变化。尝试如下改进策略。

① 采用 scikit-learn 的 preprocessing 模块提供的缩放类 StandardScaler，对数据进行标准化处理，使得各个特征的均值为 0，取值缩放到单位方差。用缩放后的数据再训练一个新的神经网络分类器，令随机种子分别取 0、11、22、42，观察数据缩放后网络性能的变化。

② 提高迭代次数，从默认的 200 次提高到 1 000 次，重新训练分类器，返回预测结果。

③ 可视化模型权重，以便观察模型学习结果。

分析：本例重点是分析数据缩放对神经网络分类性能的影响。

(1) 建立一个神经网络分类模型

该网络（名为 mlp1）含有单隐藏层，隐藏层神经元个数默认为 100，优化器默认为 adam，激活函数默认为 relu。

```
from sklearn. neural_network import MLPClassifier
from sklearn. model_selection import train_test_split
from sklearn. datasets import load_breast_cancer
cancer=load_breast_cancer()
X_train,X_test,y_train,y_test=train_test_split(cancer. data,cancer. target,random_state=0)


mlp1=MLPClassifier()   #参数均取默认值
mlp1. fit(X_train,y_train)


print("训练集的准确率:{:.3f}". format(mlp1. score(X_train,y_train)))
print("测试集的准确率:{:.3f}". format(mlp1. score(X_test,y_test)))
```

输出结果为

训练集的准确率:0.838

测试集的准确率:0.832

(2) 改变初始权重，新建模型

新建网络 mlp2，令 random_state 分别取 0、11、22、42，其他参数保持不变。观察初始权值的变化对网络性能的影响。

```
for k in [0,11,22,42]:
    mlp2=MLPClassifier(random_state=k) # random_state 分别取 0、11、22、42
    mlp2. fit(X_train,y_train)
    print("random_state=%d 时,训练集的准确率:%. 3f,测试集的准确率:%. 3f"%
          (k,mlp2. score(X_train,y_train),mlp2. score(X_test,y_test)))
```

输出结果为

```
random_state=0 时,训练集的准确率:0. 908,测试集的准确率:0. 909
random_state=11 时,训练集的准确率:0. 824,测试集的准确率:0. 790
random_state=22 时,训练集的准确率:0. 373,测试集的准确率:0. 371
random_state=42 时,训练集的准确率:0. 906,测试集的准确率:0. 881
```

输出结果显示，random_state 取 0 和 42 时，网络性能明显好于 random_state 取 22 的情况。这说明对本例乳腺癌原始数据集，神经网络模型的分类性能受初始权值的显著影响。

（3）缩放预处理后，再建新模型

首先利用 StandardScaler 缩放方法预处理数据，使得各个特征取值都呈 0 均值、单位方差的标准分布。然后，再建一个新网络 mlp3，令初始化种子分别取 0、11、22、42，观察数据标准缩放后，网络性能的变化。

```
from sklearn. preprocessing import StandardScaler
scaler=StandardScaler()
scaler. fit(X_train)
X_train_scaled=scaler. transform(X_train)
X_test_scaled=scaler. transform(X_test)

#在缩放后的训练集上学习 mlp3
for k in [0,11,22,42]:
    mlp3=MLPClassifier(random_state=k) # random_state 分别取 0、11、22、42
    mlp3. fit(X_train_scaled,y_train)
    print("random_state=%d 时,缩放后训练集的准确率:%. 3f,测试集的准确率:%. 3f"%
          (k,mlp3. score(X_train_scaled,y_train),mlp3. score(X_test_scaled,y_test)))
```

输出结果为

```
random_state=0 时,缩放后训练集的准确率:0. 991,测试集的准确率:0. 965
random_state=11 时,缩放后训练集的准确率:0. 991,测试集的准确率:0. 958
random_state=22 时,缩放后训练集的准确率:0. 991,测试集的准确率:0. 958
random_state=42 时,缩放后训练集的准确率:0. 993,测试集的准确率:0. 965
```

输出结果表明，用标准化缩放后的数据训练的网络，其分类性能对初始权值取值变化不再敏感，测试集的预测准确度均在 96% 左右。

（4）提高迭代次数，再建新模型

将迭代次数从默认的 200 次提到 1 000 次，重新训练分类器，评估预测结果。

```
mlp4=MLPClassifier(max_iter=1000,random_state=0)
mlp4. fit(X_train_scaled,y_train)

print("提高迭代次数至 1 000 次后,已缩放训练集上的准确率:%.3f"%
    (mlp4. score(X_train_scaled,y_train)))
print("提高迭代次数至 1 000 次后,已缩放测试集上的准确率:%.3f"%
    (mlp4. score(X_test_scaled,y_test)))
```

输出结果为

提高迭代次数至 1 000 次后,已缩放训练集上的准确率:0.993

提高迭代次数至 1 000 次后,已缩放测试集上的准确率:0.972

（5）模型权重可视化

为了显示最终网络学习的结果，将输入层和第一个隐藏层之间的连接权重矩阵可视化。

```
import matplotlib. pyplot as plt
plt. figure(figsize=(20,5))
plt. imshow(mlp4. coefs_[0],interpolation='none',cmap='viridis')
plt. yticks(range(30),cancer. feature_names)
plt. xlabel("Columns in weight matrix")
plt. ylabel("Input feature")
plt. colorbar()
plt. show()
```

输出结果如图 1.6.30 所示。

图 1.6.30 中矩阵的行对应乳腺癌数据的输入特征（取前 30 个特征），列对应隐藏层神经元（100 个）。在权重矩阵图中，第 i 行、第 j 列元素的值代表第 i 个输入特征与第 j 个隐藏层神经元的连接权值，浅色代表较大的正值，而深色代表负值。

结果分析：前馈神经网络的分类性能受多种因素影响，如输入数据特征取值范围的变化、初始权重的设置、迭代次数等。通常需要对输入数据做缩放预处理，降低因特征取值范围的差异导致的网络性能波动。此外，在计算力允许的情况下，提高训练轮次也是提升网络性能的常用手段。

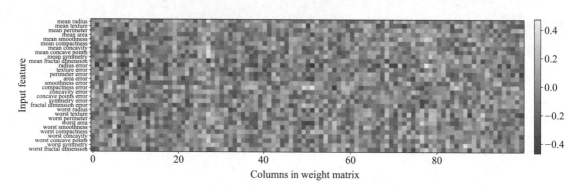

图 1.6.30 输入层与第一个隐藏层之间的连接权重矩阵图

6.4.3 深度学习简介

多层神经网络能解决非线性问题，但是网络层数却不多，只有几层。这是因为随着层数的增加，用于训练神经网络的反馈信号会逐渐消失。21 世纪初，有助于 BP 的先进方法陆续出现，神经网络训练层数得以加深。

2012 年深度卷积神经网络取得在 ImageNet 挑战赛上将 top－5 精度从 74.3% 提升到 83.6% 的惊人效果，从此成为计算机视觉任务的首选算法。实际上，深度学习在计算机视觉、语音识别、自然语言理解等所有感知任务上都十分有效，已成为公认的最优算法。

深度学习（深层神经网络）的成功得益于以下三大推动力量。

① 算力。2007 年以来，NVIDIA、AMD 等公司陆续推出的图形处理单元（GPU）为训练深度学习模型提供了超级计算能力，也为深度学习发展奠定了硬件基础。如，NVIDIA TITAN X 可以实现每秒 6.6 万亿次 32 位浮点运算。使用一块 TITAN X 显卡，只需几天就可以训练出几年前赢得 ILSVRC 竞赛的 ImageNet 模型。

② 数据。没有数据一切皆不可能。互联网的兴起，使得收集和分发用于机器学习的超大型数据集变为可行，如 Ficker 网站、YouTube 视频、维基百科等已成为大公司收集图像数据集、视频数据集和自然语言数据集的主要来源。

③ 算法。训练深层网络模型就必须解决 BP 问题。2010 年前后出现重要的算法改进，如更好的激活函数、权重初始化方案、优化方案等。2014 年后人们又陆续发现了批标准化、残差连接和深度可分离卷积等更先进的有助于 BP 的方法，使得训练上千层的神经网络模型成为可能。

深度学习不仅在许多问题上都表现出更好的性能，也让解决问题变得更加简单。因为它将特征工程完全自动化。特征工程即对初始输入数据进行处理，使其更适合所用方法的技术。如在 SVM 中，手动对初始输入数据进行 0－1 缩放处理。特征工程曾是机器学习工作流程中最关键的一步，而深度学习将这一步自动化，这极大地简化了机器学习工作流程，将复杂的多阶段流程替换为一个简单的、端到端的深度学习模型。

1. 深度学习特点

深度学习（deep learning）是机器学习的一个分支，它是从数据中学习表示的多级方法。深度学习强调从连续的层（神经层）中进行学习，这些层对应越来越有意义的表示。那么深度学习算法学到了怎样的数据表示呢？

如图 1.6.31 所示，该网络将人脸图像转换成不同抽象层次的表示：超局部的边缘组合成局部对象，如耳朵或眼睛，这些局部对象又组合成高级概念，如人脸。

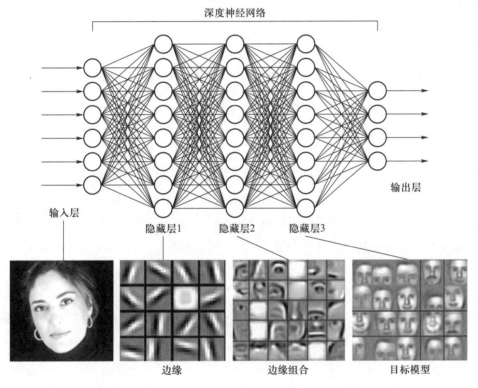

图 1.6.31　人脸识别模型学到的深度表示

在从数据中进行学习时，深度学习有两个基本特征。

① 通过渐进的、逐层的方式形成越来越复杂的表示；

② 对中间那些渐进的表示进行共同学习，即每一层的变化都要同时考虑上下两层的需要。

这种方法比贪心地叠加浅层模型更加强大。

2. 深度学习的核心组件

深度神经网络通过一系列简单的数据变换（层）来实现从输入到目标的映射，这些数据变换都是通过观察示例学习到的。其具体学习过程如下。

（1）网络中每层对输入数据所做的具体操作保存在该层的权重中。权重即为该层的参数。学习就是为神经网络的所有层找到一个组权值，使得该网络能将每个示例输入与其目标正确地一一对应。

（2）为使所有参数正确取值，定义一个损失函数（loss function），也称目标函数，来控制神经网络的输出。它计算网络预测值与真实目标值之间的距离，以此来衡量该网络在这个输入示例上的效果。

（3）以这个距离值为反馈信号对权值进行微调，来降低当前输入示例对应的损失值。这种调节由优化器（optimizer）来完成，它实现了 BP。

（4）通过循环训练，网络处理的示例越来越多，权值也向正确的方向逐步微调，损失值也逐渐降低。循环迭代足够多次后，得到的权值使损失函数最小，得到训练好的网络。

层、模型、损失函数、优化器是深度神经网络的核心组件。

① 层：深度学习的基础组件。层是一个数据处理模块，将一个或多个输入张量（张量是任意维度的矩阵）转换成一个或多个输出张量。不同的张量格式与不同的数据处理类型需要不同的层。如，简单的向量数据保存在 2 维张量中，通常用全连接层来处理。而图像数据保存在 4 维张量中，用卷积层来处理。序列数据保存在 3 维张量中，通常用循环层来处理。

构建深度学习模型就是将相互兼容的多个层拼接在一起，来建立有用的数据变换流程。

② 模型：层构成的网络。深度学习模型是层构成的有向无环图。常见的网络拓扑结构有线性堆叠网络、双分支（two－branch）网络、多头（multihead）网络、Inception 模块。

③ 损失函数与优化器：配置学习过程的关键。确定了网络架构后，还需要选择以下两个参数来配置学习过程。

a. 损失函数（目标函数）。衡量当前任务是否成功完成。损失函数选择的一般原则是，对于二分类问题，使用二元交叉熵损失函数；对于多类问题，采用分类交叉熵损失函数；对于回归问题，使用均方误差损失函数，等等。对一个全新问题，损失函数需要自定义。

b. 优化器。决定如何基于损失函数对网络进行更新。常用的优化器是随机梯度下降（SGD）的某个变体。

3. 主流深度学习框架

为了方便研究超大规模的深度神经网络，人们开发了多个深度学习框架，主要有 TensorFlow、CNTK、Theano、PyTorch、PaddlePaddle。TensorFlow 由 Google 开发，CNTK 由微软开发，Theano 由蒙特利尔大学的 MILA 实验室开发，PyTorch 由 FaceBook 基于 Torch 推出，PaddlePaddle 是百度研发的深度学习平台。目前应用最广泛的是 TensorFlow 和 PyTorch。

习　题

一、简答题

1. 机器学习方法分为哪几类?

2. 什么是训练集和测试集? 两者有什么区别?

3. 什么是欠拟合和过拟合? 怎样应对这两种情况?

4. 什么是模型的超参数? 怎样进行超参数选择?

5. 怎样评价一个分类器的性能? 有哪些常用的指标?

6. 如何评价一个回归模型的性能?

7. 对没有外部标签的数据，如何评价一个聚类算法的优劣?

二、编程题

1. 下载隐形眼镜数据集 lenses. data。lenses. data 数据有 6 列，第 2～5 列是特征列，分别描述患者年龄类型、眼镜类型、是否散光、眼泪量；最后 1 列是类别标签，有 3 个值: 1 表示应戴硬隐形眼镜，2 表示应戴软性隐形眼镜，3 表示不应该戴隐形眼镜。请编写一个函数，用于读取 lenses. data 文件，并将其整理成特征矩阵和目标数组形式。

2. 利用 scikit-learn 的 SVM 模型预测鸢尾花种类，要求用网格搜索寻找最优参数组合及相应的分类器。

3. 利用 scikit-learn 的决策树模型预测隐形眼镜类型，并用 GraphViz 可视化决策树。

4. 利用 scikit-learn 随机森林分类评估器识别手写数字，输出分类结果报告和混淆矩阵。

提示: 手写数字数据集可用 sklearn. datasets 的 load_digits()获取。

```
from sklearn. datasets import load_digits
digits = load_digits()
```

5. 利用 scikit‐learn 的 make_moons() 函数生成两个半月形状的 two‐moons 数据（200 个样本），并用 k 均值聚类算法进行聚类，然后可视化簇分配和簇中心。

　　提示：two‐moons 数据获取方式为

```
from sklearn. datasets import make_moons

X,y = make_moons(n_samples = 200,noise = 0. 05,random_state = 0)
```

6. 利用 scikit‐learn 提供的前馈神经网络评估器对 iris 数据集进行分类，尝试用不同的 random_state 参数值来初始化分类器，观察初始权重的变化对分类性能的影响；对原始数据进行预处理后，重新训练网络，观察并分析网络性能的变化。

实 验 篇

实验 1
Python 基础

一、实验目的

1. 掌握 Python 开发环境的下载和安装。

2. 掌握简单 Python 程序设计的基本组成。

3. 掌握 Python 的基本数据类型、输入输出数据的基本方法。

4. 掌握 Python 的基本控制结构。

5. 掌握 Python 函数的定义和调用方法。

二、实验内容

1. 在计算机上安装 Python 开发环境。

（1）安装 IDLE 开发环境。

（2）安装 Aanaconda 开发环境。

2. 编写一个华氏温度与摄氏温度的换算程序。要求输入摄氏温度，计算并且输出华氏温度。华氏温度与摄氏温度的转换关系为

$$华氏温度＝9/5×摄氏温度＋32$$

3. 编写一个程序，要求输入直角三角形的斜边和一条直角边，求另外一条直角边、周长和面积。

4. 求一元二次方程的根。

要求输入一元二次方程的 3 个系数 a、b、c，根据系数值，可得出如下 3 种根：

（1）$\Delta > 0$，两个实根；

（2）$\Delta = 0$，重根，即相同的根；

（3）$\Delta < 0$，无实数根。

其中 Δ 为判别式，即 $b^2 - 4ac$。

输出两个实根 $x1$ 和 $x2$，若没有实根则输出信息"无实根"。

5. 在购买某物品时，消费金额 x 与支付金额 y 的对应关系如下：

$$y = \begin{cases} x & x < 1\,000 \\ 0.9x & 1\,000 \leqslant x < 2\,000 \\ 0.8x & 2\,000 \leqslant x < 3\,000 \\ 0.7x & x \geqslant 3\,000 \end{cases}$$

提示：注意计算公式和条件表达式的正确书写。

6. 编写程序输入上网的时间，计算上网费用，计算的方法如下：

$$费用 = \begin{cases} 30\ 元 & <10\ 小时 \\ 每小时\ 2.5\ 元 & 10\sim50\ 小时 \\ 每小时\ 2\ 元 & \geqslant50\ 小时 \end{cases}$$

为了鼓励多上网，每月收费最多不超过 150 元。

7. 随机产生一个 $[5,10]$ 内的整数 n，分别打印具有 n 行的有规律字符图，如图 2.1.1 所示。

提示：

(1) 随机数产生要导入 random 库，调用 randint(a,b)函数；

(2) 利用序列 range()函数，获得字母编码值，调用 chr()函数将字母编码值转换成字母；

(3) 对于图 2.1.1 (b) 产生奇数随机数，利用 n=random. randrange(5,10,2)实现；每行字符不同可增加一个计数器变量，每输出一行加 1，再转换成字母的编码值。

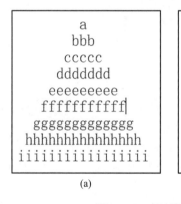 

图 2.1.1 运行效果

8. 计算 $S=1+\dfrac{1}{2}+\dfrac{1}{4}+\dfrac{1}{7}+\dfrac{1}{11}+\dfrac{1}{16}+\dfrac{1}{22}+\dfrac{1}{29}+\cdots$，当第 i 项的值小于 10^{-4} 时结束。

提示：找出规律，第 i 项的分母通项为 $t_i=t_{i-1}+(i-1)$，i 从 1 开始，$t_0=1$。

9. 计算 π 的近似值，π 的计算公式为

$$\pi = 2 \times \frac{2^2}{1 \times 3} \times \frac{4^2}{3 \times 5} \times \frac{6^2}{5 \times 7} \times \cdots \times \frac{(2 \times n)^2}{(2n-1) \times (2n+1)}$$

求 $n=1\,000$ 时的结果，并与数学库提供的常数 pi 进行验证，为提高精度，如何设置 n 的值？

10. 编写程序显示所有的水仙花数。所谓水仙花数，是指一个 3 位数，其各位数

字立方和等于该数字本身。例如，153 是水仙花数，因为 $153 = 1^3 + 5^3 + 3^3$。

11. 编写函数求斐波那契数列的前 n 个数据。

要求：返回值是斐波那契数列的前 n 个数据的列表，调用该函数，并输出序列。

12. 编写判断 m 是否为素数的函数 fun(m)。若 m 是素数，则返回 True；否则返回 False，并利用函数输出 2～100 所有的素数。

13. 随机产生 30 个成绩（0～100）放入列表 a 中，设计一个函数 MyFun()，将 a 传递给它，再为函数设定一个默认值参数 grade。grade 传递 5、4、3、2、1，分别统计优、良、中、及格和不及格的人数。不传递值时，统计优秀者人数。请分别使用不指定关键字、指定关键字、不给默认值参数值 3 种方式调用函数。

14. 编写函数 $s(x)$，求级数和

$$s = x - \frac{x^3}{3!} + \frac{x^5}{5!} - \frac{x^7}{7!} + \cdots$$

当最后一项的绝对值小于 10^{-6} 时结束。

实验 2
数据组织与科学计算

一、实验目的

1. 掌握 NumPy 库的引用和常见函数的使用方法。

2. 掌握矩阵的重组和过滤。

3. 掌握利用 NumPy 实现矩阵的基本运算。

4. 掌握线性回归的原理及算法程序的实现。

二、实验内容

1. 引用 NumPy 库，生成一个数值在 $-0.5\sim0.5$ 的 8×3 矩阵，用 X 存放，然后计算矩阵每个元素的 exp 函数值，形成矩阵 Y。

2. 将 X 矩阵保存到文件 X.txt 中，要求每个数值保留 3 位小数，数值位宽 8 位，列间用 Tab 键间隔，再尝试将 X.txt 文件读入矩阵 X。

3. 将 X 矩阵最左侧加一列 1，其他列不变，得到矩阵 $X1$，并输出。

4. 计算 $(X1^{T}X1)^{-1}$ 并输出。

5. 在 Excel 中，根据线性方程 $y=3x_1-1.7x_2+x_3$，模拟 20 个样本的实验数据。模拟完毕后，用线性回归算法计算求解方程的系数。

6. 在题 5 的基础上，为函数增加两个非独立变量 x_4、x_5，方程变为 $y=3x_1-1.7x_2+x_3+1.2x_4-0.8x_5$，模拟 20 个样本的实验数据。其中 x_4、x_5 受 x_1、x_2、x_3 的约束为 $x_4=x_1+2x_2-x_3$，$x_5=2x_1-x_2$。模拟完毕后，计算得到的 X 矩阵的特征值，判断 5 个变量中独立变量有几个。

实验 3
数据统计分析

一、实验目的

1. 掌握 CSV 格式数据文件的加载与保存。
2. 掌握 Pandas 数据结构 Series 和 DataFrame 的基本操作。
3. 掌握使用 Pandas 进行数据合并、清洗、转换的方法。
4. 掌握使用 Pandas 进行数据汇总与统计的方法。

二、实验内容

1. 数据集 patient_heart_rate.csv 描述不同个体在不同时间的心跳情况。数据列包括病人的姓名、年龄、体重、性别和不同时间段的心率，如表 2.3.1 所示。

▶表 2.3.1
patient_heart_rate.csv 数据集

序　号	姓　名	年　龄	体　重	性　别	00～06	06～12	12～18
1	张海洋	68	70 公斤	m	72	69	71
2	孟晓舟	34	154 斤	f	85	84	76
3	毛不易	16	76 公斤	f	65	69	72
4	斯浩然	18	78 公斤	m	78	79	72
5	潘特	44	198 斤	f	69		75
6	胡丹	52	189 斤	f	68	75	72
7	杜威伟	19	56 公斤	f	71	78	75
8	苏晓	32	78 公斤	m	78	76	75
9	胡丹	52	189 斤	女	68	75	72
10	路啸	22	45 公斤	m	92	95	87

加载文件中的数据到 DataFrame 对象，序号列为索引，完成如下任务：

（1）查看哪些列有缺失值；

（2）统一性别列的表示方法，用 m、f 表示；

（3）统一体重列的单位为 kg，然后把"公斤"和"斤"去掉；

（4）将第 2～4 行 00～06 的心率设置为缺失值；

（5）填充心率缺失值：心率的缺失数据用 75 填充；

（6）将前两行设置为缺失值；

（7）删除有缺失值的行；

（8）查看是否有重复行，如有删除重复行；

（9）年龄列离散化：0～30 岁为青少年，31～59 岁为中年，60 岁及以上为老年，添加一列"年龄组"保存离散化后的数据，同时删除年龄列；

（10）重新设置索引为连续的整数（0～$n-1$，n 为数据的行数）。

2. 某外卖平台的客户信息保存在文件 users.csv 中，如表 2.3.2 所示；订单信息保存在文件 orders.csv 中，如表 2.3.3 所示。读入两个文件中的数据，合并到一个名为 user_order 的 DataFrame 对象中，完成如下任务。

客户编号	姓　名	性　别	地　址
1	张洋	男	上海市闵行区浦锦路 218 弄
2	段小梅	女	上海市宝山区牡丹江路 356 号
3	李敬鹏	男	上海市闵行区江月路 1800 号
4	李亮	男	上海市杨浦区四平路 1239 号
5	王霞	女	上海市静安区天目东路 80 号

▶ 表 2.3.2 users.csv 数据

客户编号	商　家	品　名	数　量	单　价
1	云海肴	过桥米线	2	49
1	丰收日	小炒肉	1	38
2	云海肴	过桥米线	1	49
2	丰收日	红烧肉	1	68
3	西秦美食	羊肉汤	1	33
4	西秦美食	肉夹馍	2	18
4	丰收日	牛肉粒	1	48
5	云海肴	汽锅鸡	1	88

▶ 表 2.3.3 orders.csv 数据

（1）查看 user_order 的行索引、列索引、各列的数据类型；

（2）查看订了"过桥米线"的客户的姓名；

（3）查看哪些客户在"云海肴"或者"丰收日"订餐；

（4）为 user_order 增加"小计"列（小计＝数量×单价）；

（5）计算每位客户的订餐总金额和所有订单的总金额；

（6）计算每个商家的订单数量和订单的平均金额；

（7）输出订单来自哪些商家（重复的只输出一次）；

（8）将姓名、品名、数量、小计 4 列的数据按小计降序排序后，写入文件 out.csv。

实验 4
数据可视化

一、实验目的

1. 掌握 Python 的绘图区和子绘图区的使用方法。

2. 熟悉常用图表的绘制方法。

3. 掌握图表常用组成元素的输出方法。

二、实验内容

1. 创建一个 1 行 2 列的绘图区，参考下面的参数方程，在第 1 行第 1 列绘制一个蝴蝶图案，在第 1 行第 2 列绘制一个花朵图案，效果如图 2.4.1 所示。

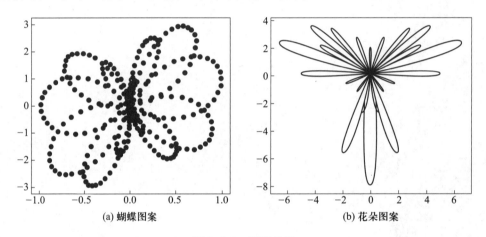

(a) 蝴蝶图案   (b) 花朵图案

图 2.4.1   图案效果

蝴蝶图案的参数方程为

$$p = \sin3\theta\cos3\theta$$
$$x = p(1 - \cos5\theta)$$
$$y = p(1 - 5\sin5\theta)$$

花朵图案的参数方程为

$$p = 3\sin3\theta + 3.5\cos10\theta\cos8\theta$$
$$x = p\cos\theta$$
$$y = p\sin\theta$$

2. 根据下面的参数方程绘制一个爱心图案，效果如图 2.4.2 所示。

$$s(x) = \sqrt{1 - (|x| - 1)^2}$$
$$t(x) = \cos^{-1}(1 - |x|) - \pi$$

3. 读取手机微信中的好友信息，绘制好友性别的统计图，效果如图 2.4.3 所示。

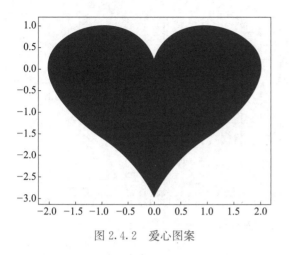

图 2.4.2　爱心图案

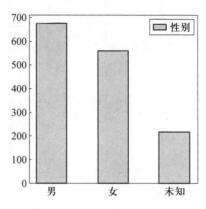

图 2.4.3　微信好友性别统计

提示：

要登录自己的微信必须先安装 itchat 库，安装命令为 pip install itchat。执行命令 itchat. login()会弹出微信登录的二维码，用手机微信扫描该二维码即可登录。

执行下面的命令即可获取所有好友的信息：

    friends = itchat. get_friends(update＝True)

4. 随机生成 1 000 个三维坐标点，坐标值的范围均为 [0,100]，利用 scatter()函数绘制其空间分布情况，效果如图 2.4.4 所示。

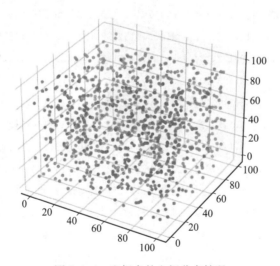

图 2.4.4　坐标点的空间分布情况

5. 给定 300 部电影的时长，利用 hist()函数绘制其分布情况，效果如图 2.4.5 所示。

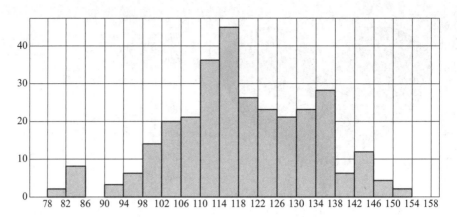

图 2.4.5　电影时长的分布情况

duration=[111,133,150,125,109,119,133,112,106,114,121,114,133,127,
144,115,136,118,139,123,131,127,115,118,112,139,139,119,146,
133,101,131,120,113,133,112,83,94,146,133,101,131,116,111,84,
137,115,122,116,131,98,125,131,124,139,131,117,128,108,135,
138,131,102,107,114,119,128,121,142,127,130,124,101,110,116,
117,110,128,128,115,99,136,126,134,95,138,117,111,78,132,124,
113,150,110,117,86,95,144,105,126,130,126,130,126,116,123,
106,112,138,123,86,101,99,136,123,117,119,105,137,123,128,
125,104,109,134,125,127,105,120,107,129,116,108,132,103,
136,118,102,120,114,105,115,132,145,119,121,112,139,125,
138,109,132,134,156,106,117,127,144,139,139,119,140,83,
110,102,123,107,143,115,136,118,139,123,112,118,125,109,
119,133,112,114,122,109,106,123,116,131,127,115,118,112,
135,115,146,137,116,103,144,83,123,111,110,111,100,154,
136,100,118,119,133,134,106,129,126,110,111,109,141,120,
117,106,149,122,122,110,118,127,121,114,125,126,114,140,
103,130,141,117,106,114,121,114,133,137,92,121,112,146,
97,137,105,98,117,112,81,97,139,113,134,106,144,110,137,
137,111,104,117,100,111,101,110,105,129,137,112,120,113,
133,112,83,94,146,133,101,131,116,111,84,137,115,122,106,
144,109,123,116,111,111,133,150,116]

6. 绘制一个饼图，显示自己本学期各门课程的学分占比情况。

7. 用 Seaborn 库中的方法可视化显示 AQI 与 CO 和 SO_2 之间的相关性分析热力图，效果如图 2.4.6 所示。

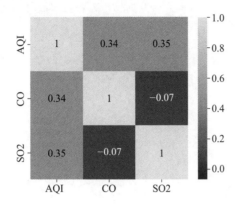

图 2.4.6　AQI 与 CO 和 SO_2 之间的相关性分析热力图

实验 5
网络爬虫与信息提取

一、实验目的

1. 掌握爬虫的工作流程。

2. 掌握实现向目标站点发起 request 请求，并获取 response 响应的方法。

3. 掌握使用 BeautifulSoup 进行内容解析并遍历标签树的方法。

4. 掌握使用 BeautifulSoup 进行内容解析并提取信息的方法。

5. 掌握使用正则表达式结合 BeautifulSoup 解析并提取信息的方法。

二、实验内容

1. 编写爬虫程序，对于用户输入的任意关键词，获取 360 搜索网站对该关键词的搜索结果的 HTML 代码，并打印显示此时的 URL。

（1）通过浏览器在 360 搜索网站上任意搜索一个关键词，然后观察其 URL。对于爬虫来说，只要替换其中的关键词，就可以向搜索引擎提交关键词。

（2）根据用户输入的关键词，设置好当前 URL，使用 requests 库的 get()方法实现对指定 URL 的请求，并观察 response 响应对象的 URL 链接和 text 内容。

2. 诗词名句网页中列出了 9 个年级共计 18 个学期的古诗词，编写爬虫程序，分别将每个学期对应的古诗词正文和作品赏析内容，整合存储到本地文本文件中。

（1）提取并拼接每个学期对应的链接地址。

（2）访问每个学期的页面，提取每一首诗词的编号、朝代、诗人、标题和内容。

（3）在每学期页面下提取并拼接每一首诗词对应的链接地址。

（4）在每一首诗词的页面提取该诗词的作品赏析内容。

（5）重复（1）～（4），遍历所有学期的页面和每学期的所有古诗词的链接地址，将每学期下所有古诗词的正文和作品赏析内容整合在一起，保存到本地文件中。

3. 编写爬虫程序，在 CSDN 博客中找一个自己感兴趣的博客主页，将其博主名、博客访问量、原创博文数目、排名、粉丝数、主页上每篇文章的标题和链接爬取出来。

（1）观察博客主页的源代码，定位要获取的信息，观察其位置和所在标签的属性。

（2）结合 BeautifulSoup 和正则表达式，获取信息。

4. 获取中国天气网上 8～15 天的天气预报信息，并结合理论篇例 5.9 中 7 天的天气预报信息，获取未来 15 天的每日最高温度和最低温度，并在同一张图中分别绘制最低温、最高温折线图。

（1）观察并获取 7 天内每天的最高温度和最低温度，分割出最低温度。

（2）观察并获取 8～15 天内的最高温度和最低温度，分割出最低温度。

（3）根据上面的数据分别绘制最高温折线图和最低温折线图。

实验 6
人工智能与机器学习

一、实验目的

1. 理解 k 近邻法原理，掌握 scikit - learn 中 kNN 分类评估器的用法。
2. 理解多项式回归原理，掌握使用多项式回归模型对连续数据进行预测的方法。
3. 理解决策树分类原理，掌握 scikit - learn 中决策树分类评估器的用法，画出决策树。
4. 理解支持向量机原理，掌握 scikit - learn 中 SVC 评估器的用法。
5. 理解集成学习原理，掌握 scikit - learn 中随机森林分类评估器的用法。
6. 理解神经网络分类原理，掌握 scikit - learn 中多层前馈神经网络的用法。
7. 理解模型选择的意义，学会用网格搜索选取最优模型及其参数。
8. 理解聚类分析的原理，掌握 scikit - learn 中 k 均值聚类的用法。

二、实验内容

1. kNN 分类器应用

（1）自定义一个规整的、带类标签数据集，训练一个 kNN 分类器，并评估分类器的准确率。尝试不同的 k，采用 cross_val_score 选出准确率最大的模型。

（2）用自己的最优模型预测一个新数据（自己选一个），分析属于自己数据中的哪个类别。

2. 多项式回归拟合正弦波

对一组带噪声的正弦波数据采用多项式基函数进行多项式变换，然后训练一个线性回归模型对其进行拟合。利用管道合并"多项式特征变换"和"线性回归模型初始化"操作，简化模型的训练过程。

（1）产生带高斯噪声的正弦波数据集 (X, y)，创建一个 7 次多项式回归模型来拟合这个数据集。

（2）将多项式次数调高（如 25），再次拟合，观察并分析结果。

3. 网页横幅广告判别

为网页横幅广告数据集（简称 ad 数据集）创建一个能判定是否为广告的决策树分类器，利用网格搜索找出最优参数组合。输出最优模型的分类性能报告。

网格参数取值如下：

$$params = \{'max\_depth':[140,150,155,160], 'min\_samples\_split':[2,3],$$
$$'min\_samples\_leaf':[1,2,3]\}$$

ad 数据集（ad. data）包括 3 279 张图片数据，其中 459 张是广告，另外 2 820 张是文章内容。数据集共 1 559 列，最后一列是类别标签（取值"ad."是广告，取值

"nonad." 不是广告）。前 1558 列是特征，包括图片的维度、网页 URL 中的文字、图片 URL 中的文字、图片的 anchor 属性文字，以及围绕图片标签的文字窗等。前 3 个特征是实数，分别是图片的宽度、高度和长宽比的编码数值。余下的特征对文字变量出现的频率进行二元编码。有 1/4 的样本缺少至少一个维度的值，这些缺失值使用一个空格和一个问号来标注。

提示：

（1）读取数据后，将最后一列赋给 y，前面 1558 列赋给 X。

（2）用 -1 替换缺失值 "X. replace(to_replace＝r'\?　', value＝-1, regex＝True, inplace＝True)"。

4. 蘑菇分类

分别使用 SVM、随机森林和多层前馈神经网络，为蘑菇数据集训练 3 个分类器，进行必要的调参，然后评估各个分类器性能。

蘑菇数据集包含 8123 个样本，分两类（有毒 p、无毒 e），有 22 个特征，为菌盖颜色、菌盖形状、菌盖表面形状、气味、菌褶等。

提示：分类特征可用 sklearn. preprocessing. OneHotEncoder()进行编码转换。

5. 用 k 均值聚类分析手写数字

对手写数字数据，不使用原始的标签信息，仅用 k 均值聚类探索数据，令 $k=10$，画出聚类结果的簇中心，看看各个簇中心是否与原标签类似。

提示：手写数字数据集可利用 scikit－learn 的 load_digits()函数获取。

参考文献 ▌▌▌▌▶

[1] 朝乐门. 数据科学 [M]. 北京：清华大学出版社，2016.

[2] 龚沛曾，杨志强. Python 程序设计及应用 [M]. 北京：高等教育出版社，2021.

[3] 张玉宏. Python 极简讲义 [M]. 北京：中国工信出版集团，2020.

[4] 同济大学数学系. 线性代数 [M]. 北京：人民邮电出版社，2017.

[5] Hilpisch Y. Python 金融大数据分析 [M]. 姚军，译. 北京：人民邮电出版社，2015.

[6] Idris I. Python 数据分析 [M]. 北京：人民邮电出版社，2016.

[7] 宋晖，刘晓强. 数据科学技术与应用 [M]. 北京：中国工信出版集团，2018.

[8] 黑马程序员. Python 数据分析与应用：从数据获取到可视化 [M]. 北京：中国铁道出版社，2019.

[9] McKinney W. 利用 Python 进行数据分析 [M]. 徐敬一，译. 北京：机械工业出版社，2018.

[10] 周志华. 机器学习 [M]. 北京：清华大学出版社，2016.

[11] 张学工. 模式识别 [M]. 北京：清华大学出版社，2010.